KB000715

코딩책과 함께 보는

소프트웨어
개념 사전

블록체인, 인공지능, 빅데이터, 사물인터넷 기술,
제4차 산업혁명 시대에 필요한 기본기를 다진다!

코딩책과 함께 보는

소프트웨어 개념 사전

컴퓨팅 사고력과
문제해결능력을 위한
나만의 비밀 노트

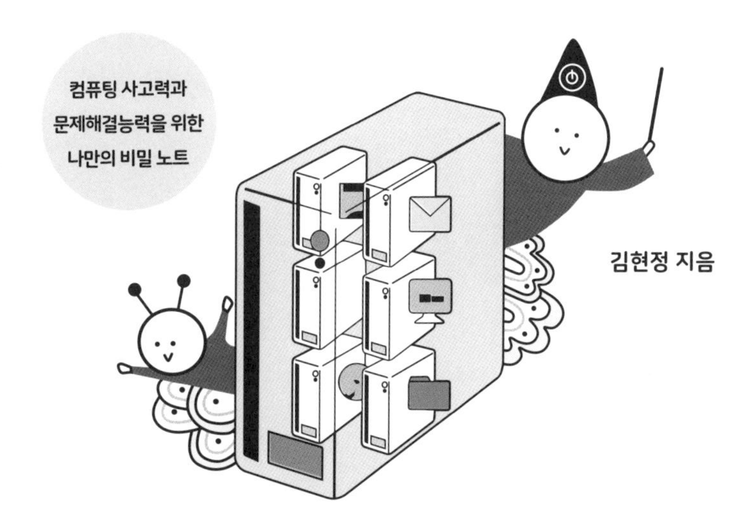

김현정 지음

궁리
KungRee

추천의 글

"SW교육 의무화로 코딩 공부에 대한 관심이 높다. 하지만 막상 어떻게 배울 수 있는지, 또 어떻게 가르쳐야 할지 막막할 수 있다. 그렇다면 김현정 작가의 '잇츠 스토리 시리즈' 책들로 시작해보길 바란다! 소프트웨어 교육을 시작한 학생은 물론 이들을 가르치는 교사들에게도 매우 유용한 지식과 정보를 발견할 수 있을 것이다." - 홍지연, 초등컴퓨팅교사협회 이사

"소프트웨어의 기본 개념과 원리를 쉽고 재미있게 설명하며 IT의 넓은 개념까지 탄탄하게 잡아주니, 초등학생은 물론 코딩 공부를 시작하는 중고등학생들에게 꼭 필요한 책이다! 단순한 스크래치를 이용한 프로그래밍 과정을 넘어 중간중간 '아두이노', '브레드보드' 등 하드웨어의 개념과 유래를 설명해준다는 점에서 특히 매력적이다. 코딩에 관심 있는 성인들에게도 추천할 만한 책이라고 생각한다. 프로그래밍 그 이상의 것을 얻어갈 수 있는 그야말로 알짜배기 책이다!" - 이수현, 씨큐브코딩 서초코어센터 강사

"현장에서 통하는 코딩 공부를 위해서는 코딩 문법뿐만 아니라 소프트웨어 기술을 이해해야 한다. 이런 측면에서 이 책은 코딩을 위한 바이블 같다. 소프트웨어 개념과 다양한 배경 지식을 이해하기 쉽게 설명해주고 게다가 재미있기까지 하다. 오랜 기간 소프트웨어 업계에 몸담은 개발자이자 소프트웨어 기업의 대표로서 코딩을 공부하는 이들에게 강력 추천한다."
- 권진만, (주)크레스프리 대표

"지금까지 이런 책은 없었다! 빅데이터, 블록체인, 피지컬 컴퓨팅, 코딩 언어 등 소프트웨어에 관한 지식을 폭넓고 이해하기 쉽게 풀어내어 누구라도 재미있게 읽을 수 있다. 어려운 컴퓨터 책을 보기 전에 기초 체력을 키우고 싶은 친구들에게 추천한다." - 노재율, 한국디지털미디어고등학교 해킹방어과

"소프트웨어의 큰 숲을 보게 해주는 책이다. 소프트웨어를 배우다 보면 특정 프로그래밍 언어의 문법에 매몰되어 꼭 알아야 할 큰 흐름의 개념과 원리를 놓칠 수 있는데, 저자는 바로 그런 점에 주안점을 두어 독자들이 소프트웨어라는 거대한 숲속에서 길을 잃지 않고 나아갈 수 있도록 친절하게 안내하고 있다. 아름다운 숲을 산책하듯 가볍고 즐거운 마음으로 꼭 읽어보길 권한다."
- 서정욱, 남서울대학교 정보통신공학과 교수

"모든 것이 소프트웨어로 동작하는 제4차 산업혁명 시대에 소프트웨어에 대한 이해는 매우 당연하고 필수적이다. 이러한 시대 흐름에 따라 2018년부터 초중교에서의 소프트웨어 교육이 의무화되었고, 어떻게 공부를 잘 해나갈 수 있을지 관심이 뜨겁다. 진정한 코딩 공부는 소프트웨어를 이해하는 것에서 시작된다. 이 책은 우리에게 익숙한 응용애플리케이션과 운영체제를 비롯하여 현재 가장 이슈인 빅데이터와 블록체인 기술 관련 소프트웨어까지 독자들의 눈높이에 맞추어 풀어낸다. 개념에 대한 적절한 비유와 상세한 설명은 학생부터 성인까지 누구나 쉽게 이해할 수 있다. 소프트웨어가 열어갈 미래를 읽고 한발 먼저 준비하고 싶은 이들에게 안성맞춤일 것이다." - 김현식, 전자부품연구원 팀장

"코딩은 키보드로 코드를 작성하는 단순노동을 의미하지 않습니다.
컴퓨터에서 소프트웨어가 작동하도록 소프트웨어 기술을 이용하는 것이지요.
소프트웨어를 폭넓게 이해하는 것이 바로 코딩을 잘하는 비법입니다."

들어가며

"Why Software is eating the world?"《월스트리트저널》에 실린 에세이의 한 표현이 산업 현장에 근무하고 있는 전문가들의 고개를 끄덕이게 만듭니다. "왜 소프트웨어(SW)가 세상을 지배해나가고 있는가?" 하드웨어 기업으로 잘 알려진 글로벌 회사가 소프트웨어 기업으로 과감하게 변신하는가 하면 자동차, 비행기 등과 같은 전통 산업이 소프트웨어를 통해 진화하고 있는 상황을 현장에서 목격한 사람이라면 더더욱 그렇지요.

이 에세이를 쓴 사람은 대학생 시절 웹브라우저 '모자이크'를 개발했던 마크 앤드리슨입니다. 인터넷이 확산되기 시작했던 1990년대 '넷스케이프 내비게이터' 개발로 웹브라우저 시장을 주름잡았던 주인공이기도 하지요. 지금은 시장의 흐름을 통찰력 있게 파악하여 페이스북, 트위터, 에어비앤비, 스카이프 등 수많은 벤처기업 투자에 성공한 벤처 캐피털리스트로 알려져 있습니다.

그의 표현대로 정말 소프트웨어가 전 세계를 집어삼킬 기세입니다. 소프트웨어가 우리 삶 곳곳이 스며들어 우리 생활을 편리하게 해줄 뿐만 아니라 자율주행차, 비트코인, 스마트시티와 같이 우리 삶을 변화시키는 주인공이 되고 있으니 말입니다.

우리가 사는 세상은 소프트웨어를 통해 유기적으로 움직입니다. 스마트폰 앱의 경쾌한 알람소리로 하루를 시작하고, 엘리베이터의 버튼을 누르면 소프트웨어가 하드웨어를 움직이게 합니다. 버스 도착 시각을 알려주는 버스 승강장의 전광판이 바쁜 아침의 초조함을 달래주고, 단말기에 교통카드를 갖다대면 버스 요금이 빠른 속도로 계산됩니다. 이뿐만이 아닙니다. 사람이 없어도 운행되는 무인전철, 하늘을 날아 피자를 배달하는 드론이 사람들만이 할 수 있었던 고유한 영역까지 침범하고 있습니다.

소프트웨어의 중요성 때문에 전 세계적으로 소프트웨어 교육을 의무화하고 있습니다. 세계적인 흐름에 맞춰 우리나라에서도 2018년부터 소프트웨어 교육을 의무화했습니다. 비록 미국, 일본, 중국 등의 다른 국가들에 비해 우리나라 소프트웨어 교육 시간이 부족한 실정이지만, 소프트웨어 교육에 대한 열기만큼은 어느 나라보다도 뜨겁기만 합니다.

그렇다고 지금까지 소프트웨어 교육이 없었던 것은 아니었습니다. 모든 산업 분야에서 소프트웨어의 비중과 그 중요성이 높아짐에 따라 새로운 미래를 준비하는 다음 세대들을 위해 소프트웨어 교육 방법이 달라지고 있는 것이지요. 지금까지 소프트웨어를 사용하는 방법을 가르쳤다면, 이제는 소프트웨어를 만드는 방법까지도 가르치고 있습니다.

초등학교에서는 엔트리 등과 같은 블록 코딩 언어로 코딩을 체험해보고, 중고등학교에서는 파이썬과 같은 텍스트 코딩 언어를 이용해 간단한 알고리즘이나 프로그램을 개발하는 방법을 배우게 됩니다.

왠지 '소프트웨어 교육'이라면 코딩이 전부인 것처럼 보이지만, 반드시 그렇지만은 않습니다. 소프트웨어 교육은 코딩 방법만을 가르치는 것이 아니라 소프트웨어가 어떤 체계로 동작하는지 이해할 수 있는 '컴퓨팅 사고력'을 키우는 데 목적을 두고 있습니다. 그래서 코딩 문법을 공부하는 것도 중요하지만, 소프트웨어 개념을 제대로 이해하는 것이 바탕이 되어야 하지요. '컴퓨팅 사고력'이란 컴퓨터가 어떻게 동작하는지 이해할 수 있는 능력을 말합니다. 그러므로 컴퓨터를 구성하는 소프트웨어, 하드웨어, 네트워크의 동작을 이해하는 것이 무엇보다 중요한 일이지요.

언론을 통해 귀가 따갑게 '제4차 산업혁명'이라는 말을 듣고 있지만, 컴퓨터 분야를 전공하지 않는 사람들이 이해할 수 있는 눈높이 정보는 부족하다는 생각이 들었습니다. 우리의 미래를 이끌 '핫'한 주인공인 소프트웨어를 쉽게 설명해주는 책을 찾기 어려웠지요. 그래서 저는 이 책『코딩책과 함께 보는 소프트웨어 개념 사전』을 펴내게 되었습니다. 우리 생활 곳곳에 마치 공기처럼 존재하며 동작하고 있는 소프트웨어의 종류, 개념과 원리, 역사에 대한 이야기를 담았습니다. 컴퓨터로 문서를 작성하게 도와주는 워드프로세서가 하드웨어 냄새를 풍기는 이유, 인터넷에서 물건을 살 수 있게 하는 웹서버의 존재감, 데이터를 전문적으로 저장하고 관리해주는 소프트웨어가 있어야만 하는 이유, 블록체인이 암호화 기술을 활용하는 방법 등을 하나하나 공유하고 배워가며, 과거와 현재를 진단하고 미래를 바라볼 수 있는 안목을 얻어가길 바랍니다. 소프트웨어를 잘 알고 이해해야 우리의 상상을 코딩으로 마음껏 구현할 수 있답니다.

마지막으로, 이 책의 집필에 따뜻한 지지와 응원을 아낌없이 보내준 부모님과 남편, 서아와 권우에게 고마운 마음을 전합니다.

2019년 7월

김현정

차례

1장

코딩 언어로 작성된 응용 소프트웨어

수리수리 마수리!
컴퓨터야 깨어나라
1011010001110
0101011001010
1011011011101

저는 '워드프로세서(word processor)'입니다. 문서를 저장하고 편집하는 소프트웨어이지요. 사람들은 다양한 목적으로 저를 사용합니다. 학생들은 숙제를 제출하기 위해서 사용하고, 회사에서는 업무를 처리하기 위해서 사용하지요. 제 이름을 우리말로 옮겨보면 '단어처리기'입니다. 이름 때문에 종종 하드웨어 장치로 오해받는 경우가 있는데요. 저는 엄연히 소프트웨어랍니다. 소프트웨어를 만드는 회사마다 제 이름을 다르게 지어주었습니다. 예를 들어 우리나라 회사에서는 '한글', 미국 회사에서는 '워드'라는 소프트웨어 이름을 사용하고 있지요. 저는 운영체제 위에서 실행되는 '응용 소프트웨어'입니다. 저 말고도 응용 소프트웨어가 참 다양한데요. 지금부터 응용 소프트웨어의 세계로 들어가보자고요!

아두이노

LED 불빛을 밝히고 모터를 움직이게 하는 작은 컴퓨팅 보드

'아두이노(Arduino)'는 이탈리아어로 '강한 친구'라는 의미입니다. 기술의 명칭이 대부분 영어로 지어지고 있지만, 아두이노라는 이름은 유럽에서 왔습니다. 이탈리아어의 느낌을 살려 '아르두이노'라고 발음해보는 것도 좋습니다. 보통 아두이노에 '우노(UNO)'라는 말이 붙어다닙니다. 숫자 1을 의미하는 우노는 버전으로 보면 1.0에 해당합니다.

아두이노는 아래 그림과 같은 보드판을 말합니다. 아두이노 보드에는 CPU(중앙처리장치) 역할을 하는 마이크로컨트롤러(Microcontroller)가 장착되어 있고, 입력을 받아오는 작은 구멍과 출력을 내보내는 작은 구멍들

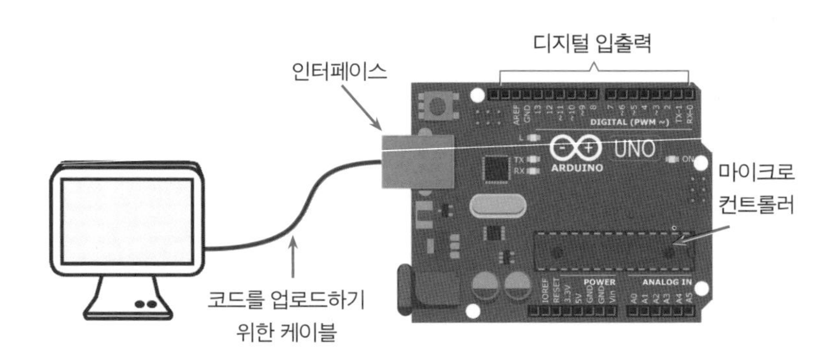

이 있습니다.

컴퓨터에서 코드 작성이 완료되면 아두이노 보드로 올려보내야 하는데요. 이것을 '업로드(upload)'라고 합니다. 코드를 보내기 위해 컴퓨터와 보드를 연결하는 인터페이스(interface)가 있습니다. 이 인터페이스는 USB 포트에 연결할 수 있는 케이블이지요.

아두이노로 보내진 코드는 아두이노가 이해할 수 있는 기계코드입니다. 이해가 가능하니 실행할 수 있습니다. 이 코드는 아두이노의 플래시 메모리에 저장되고 마이크로컨트롤러에 의해 차례대로 실행됩니다.

아두이노의 전기신호를 제어해서 LED를 켜지게 할 수 있고, 센서의 값을 읽어올 수도 있습니다. LED, 저항, 센서와 같은 부품들은 브레드보드에 꽂혀서 아두이노의 신호를 기다리는 녀석들입니다. 브레드보드(breadboard)는 영어의 의미 그대로 '빵판'을 말합니다. 전자보드가 없던 과거에는 빵을 자르는 나무판에 구리선을 꽂아 납땜으로 부품을 연결했습니다. 옛날의 추억이 지금까지 남아 브레드보드라 부르는 것이죠. 브레드보드에는 붉은 빛을 밝히는 'LED', 전류의 흐름을 방해하는 '저항', 점프(jump)할 수 있는 '점퍼선', 빛 센서, 온도 센서, 스위치 등 다양한 부품들을 꽂을 수 있습니다.

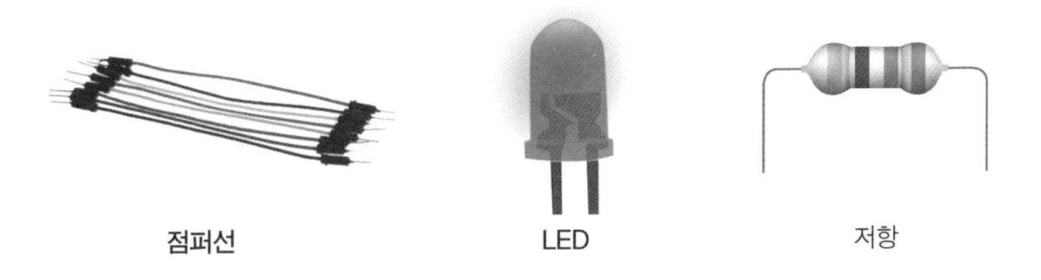

아두이노의 신호를 받기 위해 점퍼선으로 아두이노 보드와 브레드보드를 연결합니다. 두 보드가 점퍼선을 통해 연결되면 아두이노의 전류가 브레드보드로 흘러갑니다. 점퍼선(jumper cable)은 '점프(jump)한다'는 의미로, 실제로 멀리 떨어진 곳으로 점프해서 부품들을 연결하는 데 사용합니다. 아두이노 보드의 작은 구멍마다 0, 1, 2, 3, 4, 5, 6과 같은 숫자가 표시되어 있는데요. 코딩을 통해 0이나 1의 디지털 신호를 보내기 위해서는 점퍼선이 꽂힌 구멍의 번호를 기억하고 있어야 합니다.

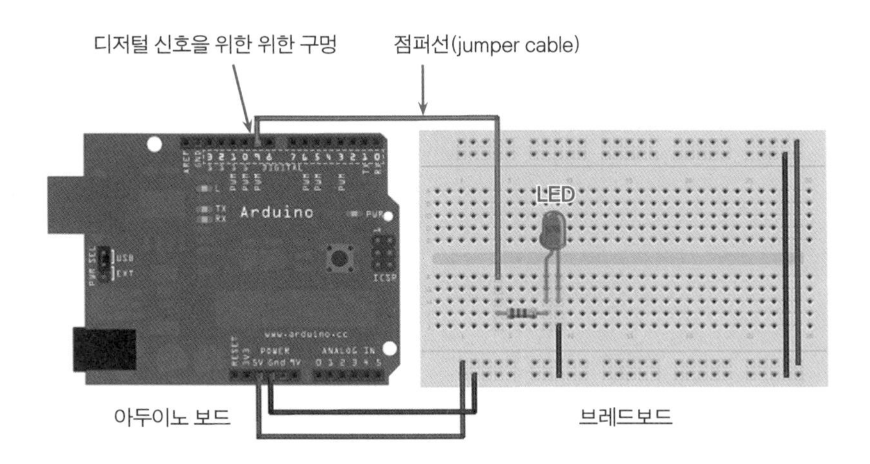

아두이노의 디지털 신호가 1이면 전기신호가 '찌리릭~' 브레드보드로 전달되고 브레드보드에 꽂힌 LED로 이어져 붉은색 빛을 밝힙니다. 브레드보드 안에 숨겨진 전선들을 통해 전류가 흐르고, 이 중간에 LED가 꽂혀 있으면 붉은색 빛을 볼 수 있게 되는 것이지요.

하늘이 어둑어둑해지면 길가의 가로등에 하나둘 불이 켜집니다. 가로등은 어떻게 해가 사라진 줄 알고 불빛을 밝혔을까요? 아이들 눈에는 마냥 신기할 수 있는 가로등의 원리를 아두이노 코딩을 통해 경험해볼 수 있습니다.

자, 이제부터 머릿속으로 코딩을 시작해보겠습니다. 우선 브레드보드에 LED와 빛 센서를 꽂습니다. 그리고 점퍼선으로 아두이노와 브레드보드를 연결하지요. 빛 센서가 센싱(감지)하는 값은 0에서 1,024 사이의 아날로그 값입니다. 빛 센서의 값이 아두이노 보드의 아날로그 구멍으로 흘러 갈 수 있도록 이 둘 사이를 점퍼선으로 연결합니다. LED를 끄고 켜기 위해 아두이노의 디지털 구멍과 LED 사이에도 점퍼선을 연결합니다. 끄고 켜는 것은 0과 1의 디지털 신호로 충분하지요.

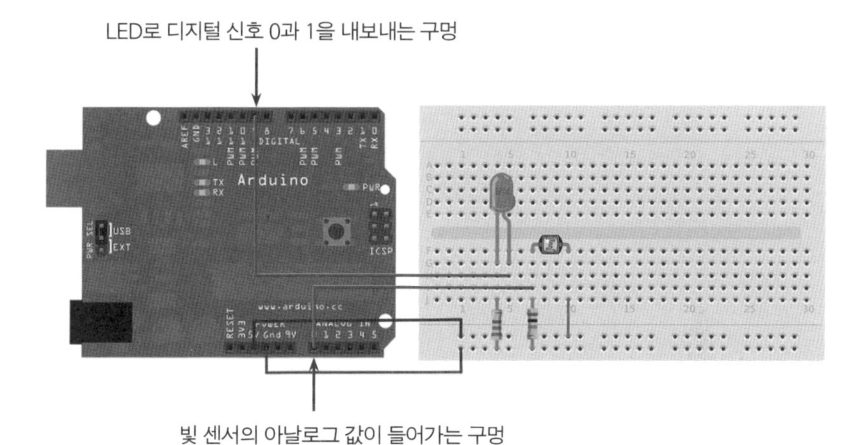

그런 다음 컴퓨터에서 코드를 작성합니다. 코드를 작성한 모습은 22쪽의 그림과 같습니다. 빛 센서의 값을 입력으로 받아오는 코드와 이 값에 따라 LED가 켜지는 코드를 작성해야 합니다. 빛의 밝기가 300보다 작다면 LED를 켜주고, 300보다 크면 LED를 꺼주도록 조건문 코드(만약 …라면)도 추가해야 하지요.

코드 작성을 완료하면 내 컴퓨터의 코드를 아두이노로 올려보내야 합니다. 앞서 말했듯 아두이노에는 플래시 메모리가 있어 이곳에 코드가 저장되는데요. 그러면 마이크로컨트롤러가 메모리의 코드를 읽어 실행합니다.

그럼 코드를 한번 실행해볼까요? 빛 센서 주위를 어둡게 만들면 LED가 켜지고 밝게 만들면 LED가 꺼집니다. 여러분의 머릿속에 같은 결과가 그려진다면 아두이노 코딩에 성공한 겁니다.

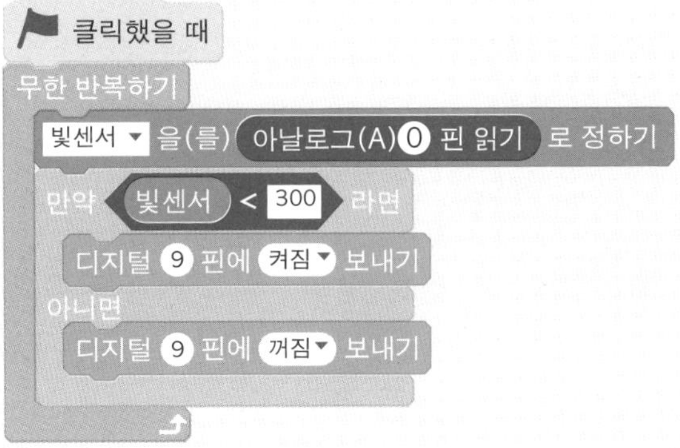

```
클릭했을 때
무한 반복하기
  빛센서 ▾ 을(를) 아날로그(A) 0 핀 읽기 로 정하기
  만약 빛센서 < 300 라면
    디지털 9 핀에 켜짐 ▾ 보내기
  아니면
    디지털 9 핀에 꺼짐 ▾ 보내기
```

아두이노 코드

아두이노 보드에는 하드웨어를 제어할 수 있는 소프트웨어가 들어가 있습니다. 이렇게 하드웨어와 밀접하게 관련된 소프트웨어를 '펌웨어(firmware)'라고 합니다. 하드웨어에 소프트웨어가 내장되어(embedded) 있다는 의미로 '임베디드 소프트웨어'라고도 하지요.

여러 산업들이 서로 융합됨에 따라 융합형 인재가 필요해지고 있습니다. 한 가지만 잘해서는 왠지 부족한 시대에 살고 있지요. 그런 의미에서 하드웨어와 소프트웨어를 동시에 배울 수 있는 아두이노 코딩에 '좋아요!' 한 표를 드립니다.

여기서 잠깐!

중앙처리장치인 CPU가 코드를 실행하기 위해서는 메모리에 코드를 올려놓아야 합니다. 메모리에 코드를 올려놓는 것을 영어로는 '로딩(Loading)', 한자어로는 '적재(積載)'라고 말합니다.

피지컬 컴퓨팅

현실 세계와 컴퓨터를 이어주는 기술

피지컬 컴퓨팅(Physical Computing)은 우리가 살고 있는 물리적 세상을 컴퓨터라는 가상의 공간으로 이어주는 기술을 말합니다. 현실 세계에 실체가 존재한다는 의미에서 '물리적(physical)'이라는 말을 사용하는 반면, 컴퓨터에만 존재하는 것은 '가상'이라고 표현합니다. '가상현실'이 '실제현실'과 대비되는 것처럼 말이지요.

컴퓨팅(computing)은 '컴퓨터로 처리하는 기술'을 의미합니다. 물리적 세상을 센싱하여 컴퓨팅 장치로 전달하면, 이것은 곧 데이터가 되어 컴퓨터에 배달(전송)되고 컴퓨터의 가상공간으로 연결해줍니다. 컴퓨터 모니터 화면에는 물리적 세상이 한눈에 보일 수 있도록 모니터링 소프트웨어가 실행됩니다.

예를 들어 모니터링 소프트웨어를 통해 비닐하우스 안의 온도와 습도, 풍량, 식물의 생육상태 등을 내 컴퓨터에서 한눈에 확인할 수 있습니다. 실시간으로 비닐하우스 내부의 환경을 모니터링하고, 온도가 너무 낮다면 보일러를 가동하도록 소프트웨어는 하드웨어에게 명령을 내릴 수 있습니다. 보일러를 가동하라는 의미로 'ON' 버튼을 누르면 하드웨어의 액추에

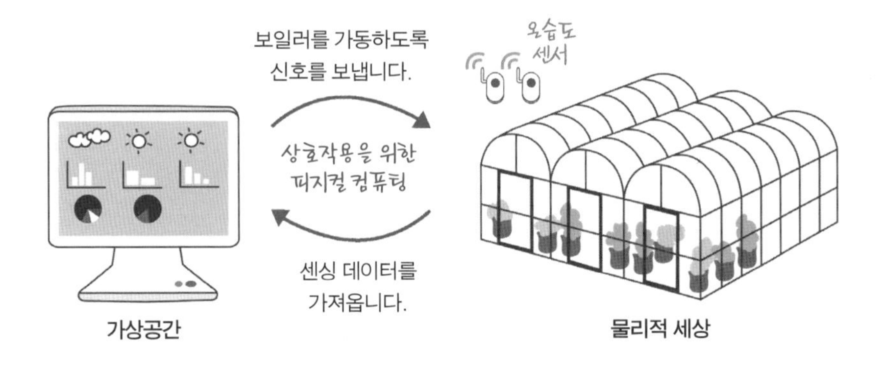

이터가 동작해 보일러가 돌기 시작합니다.

이처럼 피지컬 컴퓨팅은 컴퓨터와 물리적 세상이 상호작용할 수 있도록 하드웨어와 소프트웨어로 구성되어 있습니다. 하드웨어는 물리적 세상을 센싱(sensing, 감지)하는 '센서(sensor)'와 컨트롤(control, 제어)하는 '액추에이터(actuator)'로 구성되고, 소프트웨어는 센서의 데이터를 받아와 데이터의 변화를 모니터링하고 하드웨어에게 제어 신호를 보내 액추에이터를 움직입니다.

여기서 잠깐!

사물인터넷의 세상에서 '사물'이라고 취급받는 하드웨어 장치들은 피지컬 컴퓨팅 기술을 통해 센싱하고 제어될 수 있습니다. 그렇기 때문에 피지컬 컴퓨팅은 '사물인터넷'에서 중요한 기술로 여겨지고 있지요. 그런 측면에서 아두이노 코딩을 피지컬 컴퓨팅 기술로 분류할 수 있습니다.

임베디드 소프트웨어와 펌웨어

하드웨어에 가까운 소프트웨어

자판기와 자동문에도 소프트웨어가 들어가 있습니다. 소프트웨어는 자판기, 자동문과 같은 하드웨어를 컨트롤하기 위해 사용되지요. 자판기의 버튼을 누르면 음료수가 '쿵' 떨어지고, 자동문 앞에 사람이 서 있으면 문이 자동으로 열리게 합니다. 하드웨어에 내장된 이런 소프트웨어를 '임베디드 소프트웨어'라고 부릅니다.

임베디드(embedded)는 '내장된'이라는 의미의 영어 단어입니다. 자동문에 이미 소프트웨어가 내장되어 있기 때문에 'embedded'라는 말이 붙었지요. 소프트웨어를 한 번 심어놓으면 바꿀 필요도 없어서 과거에는 ROM이라는 읽기 전용 메모리를 사용했습니다. 하지만 요즘은 메모리 내용을 바꿀 수 있는 '플래시 메모리'를 사용하지요.

임베디드 소프트웨어는 CPU 속도와 메모리 용량에 제약이 있는 장치에 설치됩니다. 단순한 동작만 하면 되어서 장치의 성능이 좋을 필요가 없긴 합니다. 임베디드 소프트웨어는 하드웨어에 밀접하다는 의미로 펌웨어(firmware)라고 부릅니다. firmware에서 firm은 '딱딱한'이라는 의미로 하드웨어 냄새를 풍기지요.

임베디드 소프트웨어는 자동차나 비행기와 같은 복잡한 시스템에 들어갈 수도 있고, 인형이나 자판기와 같은 간단한 장치에도 들어갈 수 있습니다. 간단한 장치에는 운영체제 없이 임베디드 소프트웨어만 설치하면 되지만, 자동차나 비행기 같은 복잡한 시스템에는 실시간 운영체제(Real-time Operating System)와 함께 설치되어야 하지요. 실시간 운영체제는 일반 컴퓨터에 설치되는 운영체제와는 다릅니다. 운영체제가 잘못 동작해 자동차가 멈추기라도 하면 대형 사고가 발생할 수 있기 때문에, 실시간 운영체제는 임무가 주어지면 반드시 완료할 수 있도록 설계되어 있답니다.

응용 소프트웨어

기반기술을 응용해 만든 소프트웨어

파워포인트, 인터넷 익스플로러 등과 같은 소프트웨어는 하드웨어를 건드릴 수 있는 권한이 없습니다. 그래서 운영체제의 도움을 받아야 하는 처지랍니다. 이렇게 운영체제 위에서 사용자가 원하는 작업을 처리해주는 소프트웨어를 '응용 소프트웨어'라고 부릅니다.

'응용 소프트웨어(application software)'에서 application이란 '응용' 또는 '적용'이라는 뜻을 가집니다. 회사나 학교에서 효율적으로 일을 처리하기 위해서 워드프로세서, 웹브라우저, 카카오톡 등의 응용 소프트웨어를 사용하는데요. 이런 소프트웨어는 기반 기술을 응용해 만들어졌기 때문에 '응용 소프트웨어'라고 부르는 것입니다. 종종 '소프트웨어'를 생략하고 '애플리케이션'이라고 부르기도 하지요.

전문가들은 '소프트웨어'라는 단어 대신 '솔루션(solution)'이라는 단어를 종종 사용하기도 합니다. 우리 생활의 문제를 해결하기 위해 소프트웨어를 만들기 때문에 '해결'이라는 의미로 솔루션이라고 부릅니다.

우리나라의 대중교통 시스템은 전 세계에 자랑할 정도로 체계적으로 잘 만들어져 있습니다. 이렇게 체계를 갖출 수 있었던 것은 소프트웨어 기

웹브라우저

카카오톡

응용 소프트웨어의 예시

술이 있었기에 가능했지요. 광역버스에서 시내버스로 갈아타거나 버스에서 지하철로 환승하는 상황을 고려해서 복잡한 요금 계산도 1초 만에 처리할 수 있는 소프트웨어를 보자니 마치 '해결사' 같은데요. 그런 의미에서 소프트웨어를 '솔루션'이라고 부르는 이유를 이제 잘 알 것 같습니다.

앱과 어플
애플리케이션의 줄임말

컴퓨터에 설치된 소프트웨어를 프로그램 혹은 애플리케이션이라고 부릅니다. 애플리케이션(application)이 '응용'이라는 뜻이어서 '응용 프로그램'이라고 부르기도 하지요. 대표적 애플리케이션으로는 오피스 워드, 한글, 인터넷 익스플로러, 마인크래프트, 알약 등이 있답니다.

내 손 안의 컴퓨터라고 불리는 스마트폰에도 카카오톡, 네이버지도 등의 앱이나 어플이 설치되어 있는데요. 어플과 앱은 애플리케이션(application)의 앞자리 단어 'app'를 뽑아 만든 말입니다. 물론 애플리케이션과 같은 의미이고요.

애플리케이션은 운영체제 위에 설치되어 운영체제의 도움을 받아 실행되는 소프트웨어입니다. 그래서 아이폰에 설치될 수 있는 앱과 갤럭시폰에 설치될 수 있는 앱이 다르지요. 아이폰 앱과 안드로이드 앱을 따로 제공하는 이유는 운영체제가 다르기 때문입니다.

프로그램

소프트웨어 혹은 애플리케이션과 같은 말

워드 프로그램, 알집 프로그램 등과 같이 소프트웨어를 일반적으로 '프로그램'이라고 부릅니다. '프로그램(program)'은 라틴어에서 유래된 단어로 '미리 쓴다'라는 의미입니다. 소프트웨어 프로그램은 수많은 명령어가 순서대로 동작하도록 작성된 일종의 명령어 집합체라고 할 수 있습니다. 학생들에게 제공할 교육 프로그램을 개발하고 방송국에서 하루의 방송 프로그램을 편성하는 것처럼 프로그램은 미리 짜놓은 무엇인가를 말할 때 사용한답니다.

컴퓨터는 0과 1밖에 모르는 단순한 기계입니다. 이런 기계에 복잡한 업무를 지시하기 위해서는 친절하게 하나부터 열까지 시시콜콜하게 알려줘야 하는데요. '프로그램을 실행한다'는 말은 이미 작성된 코드가 순서대로 RAM 메모리에 올라가 CPU가 처리하는 것을 의미합니다. 예를 들어 카카오톡 프로그램에서 '친구 찾기' 기능을 실행하면 미리 써놓은 명령어들이 실행됩니다. 친구에게 톡을 보내려고 '전송' 기능을 실행하면 메시지 전송 명령어가 실행되는 것도 마찬가지지요.

프로그램을 만드는 과정을 '프로그래밍(Programing)'이라고 합니다. 프로그램이나 프로그래밍이나 비슷한 것 같지만 엄연히 다릅니다. Program에 ing가 붙어 행동하는 단어로 바뀌거든요. 프로그램을 '명령어 집합체'라고 한다면, 프로그래밍은 '명령어를 작성하는 과정'입니다. 여기서 명령어는 '코드'를 의미하죠. 이러한 이유로 코드를 작성하는 과정을 '코딩(Coding)'◆이라고 하지요. Code에 ing가 붙어서 행동하는 동사로 바뀌게 된 것이랍니다.

◆ 코딩은 '6장. 코딩을 위한 소프트웨어'에서 설명하고 있습니다.

다음은 파이썬 코드가 작성된 모습입니다. 이 코드를 작성하는 과정을 코딩이라고 합니다.

```
"""Calendar printing functions

Note when comparing these calendars to the ones printed by cal(1): By
default, these calendars have Monday as the first day of the week, and
Sunday as the last (the European convention). Use setfirstweekday() to
set the first day of the week (0=Monday, 6=Sunday)."""

import sys
import datetime
import locale as _locale
from itertools import repeat

__all__ = ["IllegalMonthError", "IllegalWeekdayError", "setfirstweekday",
           "firstweekday", "isleap", "leapdays", "weekday", "monthrange",
           "monthcalendar", "prmonth", "month", "prcal", "calendar",
           "timegm", "month_name", "month_abbr", "day_name", "day_abbr",
           "Calendar", "TextCalendar", "HTMLCalendar", "LocaleTextCalendar",
           "LocaleHTMLCalendar", "weekheader"]

# Exception raised for bad input (with string parameter for details)
error = ValueError

# Exceptions raised for bad input
class IllegalMonthError(ValueError):
    def __init__(self, month):
        self.month = month
    def __str__(self):
        return "bad month number %r; must be 1-12" % self.month
```

파이썬 코드

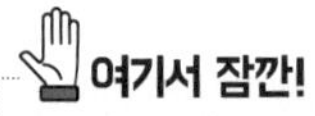

CPU는 Central Processing Unit로 중앙처리장치를 말합니다. 모든 명령어는 CPU에 의해 처리되니 그만큼 중요한 부품이지요. 보통 CPU를 프로세서(processor)라고 부르는데요. '인텔 프로세서'라는 말이 귀에 익숙하다면 그것은 아마도 TV 광고 영향 때문일 겁니다. 컴퓨터의 속도를 좌우하는 중요한 부품이기에 TV 광고에서도 강조하는 것이고요. 임베디드 시스템과 같은 작은 컴퓨터에는 마이크로프로세서(microprocessor)가 탑재됩니다. 여기서 'micro'는 '아주 작은'이라는 뜻이랍니다.

유틸리티
운영체제 사용에 도움을 주는 소프트웨어

'유틸리티(utility)'는 컴퓨터를 분석하고 관리하기 위해 만들어진 '시스템 소프트웨어'입니다. 이 프로그램은 윈도우 운영체제에 포함된 채 배포되기 때문에 운영체제의 일부라고 생각하기도 합니다. 유틸리티 프로그램으로는 백신 소프트웨어, 화면 보호기, 레지스트리 청소기, 화상 키보드 등이 있습니다. 이들 프로그램은 일반적으로 규모가 작은 편이어서 운영체제를 위한 소프트웨어가 아닌 경우에도 규모가 작은 프로그램을 '유틸리티'라고 부르고 있습니다.

컴퓨터는 CPU, 디스크, 네트워크, 메모리 같은 부품을 가지는데 운영체제는 이들 부품을 자원으로 활용합니다. '자원'을 영어로는 리소스(re-

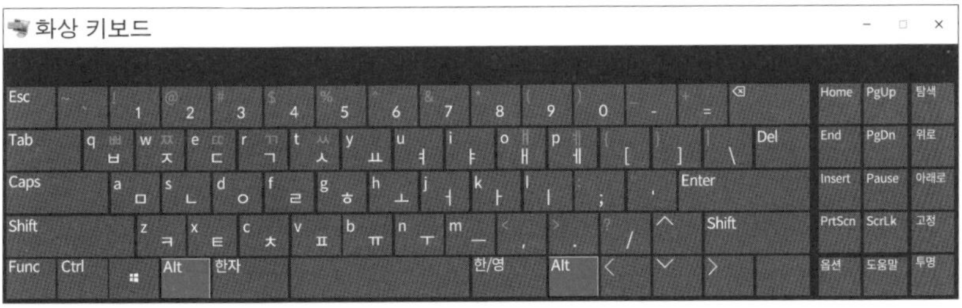

운영체제에서 제공하는 유틸리티: 화상 키보드

source)라고 하는데요. 아래 그림은 이들 자원을 얼마나 사용하는지 보여주는 유틸리티 소프트웨어입니다. 리소스를 모니터링하는 이 소프트웨어의 이름은 '리소스 모니터'입니다. 컴퓨터에서 실행되는 프로그램 목록을 확인하고 CPU나 디스크를 얼마나 사용하는지도 알 수 있도록 해주는 유틸리티이지요.

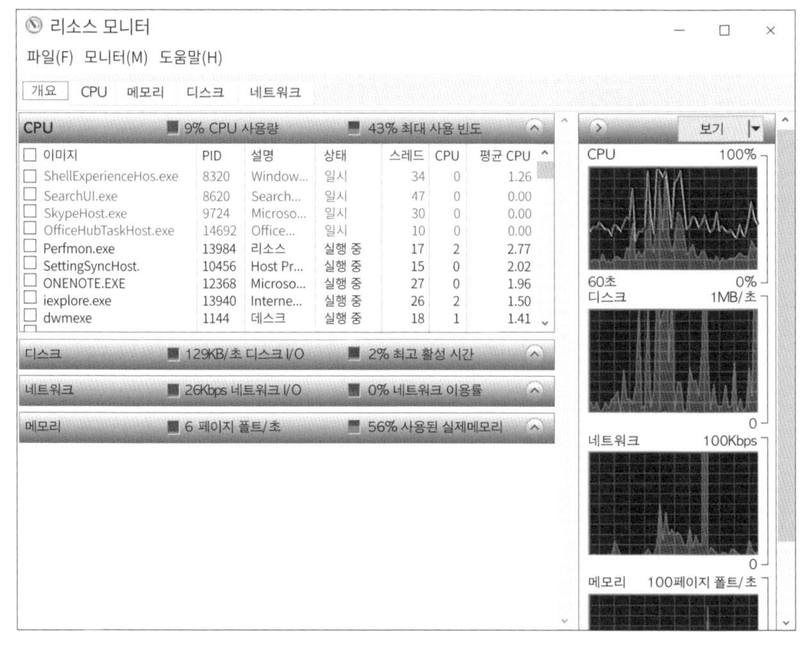

리소스 모니터

인터넷 익스플로러

웹페이지를 보여주는 소프트웨어

웹브라우저는 인터넷 공간에 있는 서버 컴퓨터를 찾아주고 웹서버로부터 그림, 글자, 동영상 등을 받아 화면에 보여주는 프로그램입니다. 웹서버의 서비스를 받는 프로그램이기 때문에 고객이라는 의미로 웹브라우저를 '클라이언트 프로그램'이라고 말합니다.

대표적 웹브라우저로는 인터넷 익스플로러, 파이어폭스, 크롬 등이 있습니다. 인터넷이 확산되었던 1990년대에는 오픈소스 진영의 '넷스케이프'라는 웹브라우저가 전 세계 시장의 80퍼센트 이상을 차지했습니다. 그러나 마이크로소프트 회사의 인터넷 익스플로러 끼워 팔기 정책으로 넷스케이프는 시장 점유율이 1퍼센트대로 추락하고 말지요.

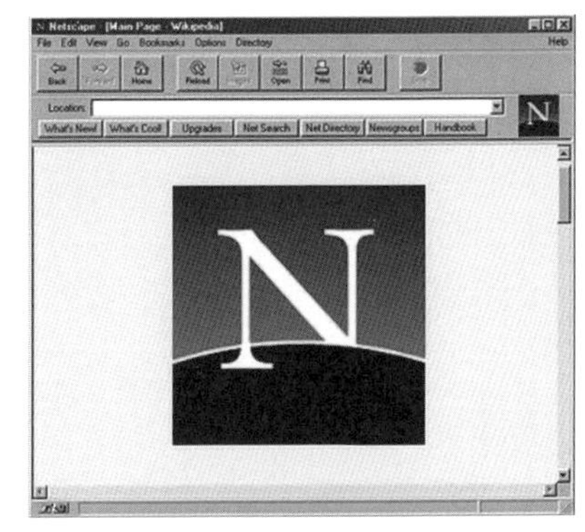

초기 웹브라우저를 주름잡았던 '넷스케이프'

우리나라에서 국민 대다수가 윈도우 운영체제를 사용하기 때문에 '웹브라우저=인터넷 익스플로러'라고 생

'마이크로소프트 엣지' 웹브라우저로 보여주는 궁리 홈페이지

각할 정도입니다. 하지만 전 세계의 웹브라우저 시장 점유율을 보면 '웹브라우저=크롬'이라고 생각할 수 있습니다. 크롬의 시장 점유율은 66.93퍼센트로 전 세계 많은 사용자들이 이 웹브라우저를 사용하고 있습니다. 반면, 인터넷 익스플로러는 3위로 시장 점유율이 6.97퍼센트밖에 되지 않습니다. 우리나라도 크롬 웹브라우저의 사용률(55.21퍼센트)이 높은 편이긴 하지만, 전 세계 트렌드와는 다르게 인터넷 익스플로러의 점유율(16.95퍼센트)도 상대적으로 높은 편이지요.

지금까지 윈도우에 기본적으로 설치되어 있는 인터넷 익스플로러만 사용했다면 이제는 크롬 웹브라우저도 한번 사용해보면 어떨까요?

여기서 잠깐!

끼워팔기 정책은 마이크로소프트 회사의 윈도우 운영체제에 인터넷 익스플로러를 끼워파는 정책을 말합니다. 많은 사람들이 사용하는 윈도우 운영체제에 이미 웹브라우저가 설치되어 있으니 사용자들은 다른 웹브라우저들을 사용할 기회도 없이 자연스레 인터넷 익스플로러만 사용하게 된 것이죠. 이것은 미국뿐만 아니라 한국에서도 불공정 거래로 제소를 당했습니다.

인공지능과 머신러닝
학습하는 소프트웨어

'지능'은 인간의 지적 활동의 능력을 표현하는 말입니다. 인공지능이 대중화되기 전까지는 모두 그렇게만 생각했을 겁니다. '인공'이라는 말은 자연의 것을 흉내 낼 때 사용하는 단어입니다. 인공향료, 인공색소 등과 같이 자연을 모방하고 싶은 사람들의 욕망으로 '인공'이 만들어졌습니다. 사전에서 '인공(人工)'을 찾아보면 "사람의 힘으로 자연에 대하여 가공하거나 작용을 하는 일"이라고 설명합니다. 그동안 사람의 힘으로 자연의 많은 것을 흉내 냈지만, 아직 미개척 영역이 있습니다. 바로 인간의 두뇌이지요.

컴퓨터로 사람의 두뇌를 모방하고자 하는 노력은 1950년대부터 시작되었습니다. 하지만 사람들의 기대에 훨씬 못 미치는 연구성과로 그동안 인공지능은 '양치기 소년'과 같은 존재였습니다. 그러던 인공지능이 기반 기술의 발전으로 이제는 인간의 영역을 위협할 정도로 성장하게 되었습니다. 기반 기술은 CPU 속도로 대표되는 컴퓨팅 능력, 빅데이터를 분석하는 기술, 작업을 분산해서 처리할 수 있는 분산 처리 기술, 사람들의 언어를 분석할 수 있는 자연어 처리 기술 등을 말합니다.

인공지능(Artificial Intelligence)은 사람의 지능을 흉내 낸 소프트웨어입니다. 사람은 학습하고, 그 결과를 기초로 판단을 할 수 있지요. 사람의 학습 과정처럼 인공지능에게 학습을 시킵니다. 컴퓨터인 기계에게 학습을 시킨다고 해서 '기계학습' 또는 '머신러닝(Machine Learning)'이라고 부르지요.

앞에서 설명한 것처럼 프로그램(program)은 '미리 쓰인'이라는 의미입니다. 그동안 소프트웨어는 사전에 코드가 쓰인 형태로 동작했습니다. 프로그램에 정해진 입력이 들어오면, 그것에 맞는 결과가 나오도록 코드를 미리 작성해놓는 식이죠. 정해지지 않은 입력이 들어오면 프로그램은 예상치 못한 상황에 예외(Exception)를 발생시킵니다. 반면 인공지능은 학습 결과를 바탕으로 주어진 입력에 대해 적절한 결과를 도출합니다. 사전에 정해지지 않은 입력에 대해서도 결과를 도출할 수 있지요. 나아가 완벽하진 않지만 사람처럼 사고할 수도 있습니다.

컴퓨터를 잘 사용하는 사람과 그렇지 않은 사람들로 개인의 능력을 구분 짓던 시절이 있었습니다. 물론 지금은 컴퓨터 사용 능력이 평준화되어 당연히 모든 사람이 컴퓨터를 잘 다룰 수 있어야 한다고 생각합니다.

새로운 미래가 다가오고 있습니다. 전문가들은 인공지능을 활용할 수 있는 사람과 그렇지 않은 사람들로 능력을 평가하는 시대가 올 것이라 예상합니다. 지금까지 컴퓨터를 잘 활용하는 사람이 필요했다면, 앞으로는 인공지능을 잘 다루는 새로운 능력이 필요하지 않을까요?

알고리즘

특정 문제를 해결하기 위한 소프트웨어

알고리즘은 우리 생활 곳곳에서 복잡한 문제를 해결해주는 해결사 같은 소프트웨어입니다. 네이버지도의 길찾기 알고리즘, 암호화 알고리즘, 대중교통 요금 계산 알고리즘 등이 있습니다. '알고리즘(algorithm)'이란 어떠한 문제를 해결하기 위한 방법과 절차를 말합니다. 예를 들어 대중교통 요금 계산 알고리즘에는 다양하고 복잡한 요금 계산 방법과 절차가 일련의 코드들로 작성되어 있지요. 이 알고리즘은 대중교통 요금 계산이라는 문제를 해결해주는 코드들의 모음입니다.

매일 아침 출근길 버스 안을 생각해볼까요? 버스 단말기와 서버 컴퓨터에 요금 계산 알고리즘이 들어 있어서 다양한 상황을 고려해 교통 요금을 스마트하게 계산해줍니다. 광역버스에서 시내버스로 갈아타거나, 버스에서 지하철로 환승하거나, 심야 시간에 버스를 타는 등 여러 경우의 수를 대비한 알고리즘이 만들어졌답니다.

이런 복잡한 작업을 사람들이 직접 처리하기에는 현실적으로 매우 어렵기 때문에 컴퓨터가 대신하도록 만들어주는 것입니다. 우리는 이런 IT 기술을 활용하기 위해 코딩을 배우는 것이고요.

알고리즘 책의 설명이 어렵고 복잡해 보이는 데는 다 그만한 이유가 있습니다. 컴퓨터에게 일을 시키기 위해서는 하나부터 열까지 시시콜콜하게 코드로 작성해줘야 하는데요. 복잡한 문제를 해결하려는 알고리즘을 만들려다 보니 코드가 복잡해질 수밖에요. 하지만 알고리즘도 결국 코드를 작성한 결과입니다. 복잡한 문제를 해결하기 위한 코드라는 점에서 '알고리즘'이라는 이름을 붙인 것뿐이지요.

컴퓨터를 중심으로 생활하는 오늘날에는 우리 삶의 데이터가 순간순간 기록되고 있습니다. 버스 단말기에 신용카드를 대는 순간, 스마트폰으로 유튜브에 접속하는 순간, 인터넷 검색창에서 무언가를 검색하는 순간마다 데이터가 발생합니다. 매일매일 방대하게 쌓여가는 데이터에서 내가 원하는 단 하나의 데이터를 찾는다거나 수많은 데이터를 순서대로 정렬해야 하는 작업은 '문제'라고 정의할 만큼 골치 아픈 일이지요. 컴퓨터의 도움 없이 이런 일을 처리하는 것은 현실적으로 불가능하거든요. 그래서 이런 문제들을 해결하기 위해 정렬 알고리즘, 검색 알고리즘, 주소 찾기 알고리즘 등과 같은 알고리즘을 만드는 것이랍니다.

오픈소스와 상용 소프트웨어

소스코드 무상 공개 vs. 유상 판매

오픈소스를 배포하는 커뮤니티와 상용 소프트웨어를 판매하는 개발 기업들이 두 개의 축을 이루며 소프트웨어 시장에서 각축전을 벌이고 있습니다. 여기서 '오픈소스'는 소스코드를 공개한다는 의미이고 '오픈소스 커뮤니티'는 나눔과 공유의 철학으로 시작된 전 세계 개발자들의 그룹을 말합니다. 파이썬, 자바, 이클립스 등이 바로 오픈소스 커뮤니티를 통해 탄생한 소프트웨어이지요.

이들 커뮤니티는 수익을 목적으로 하는 회사와는 다른 성격을 가집니다. 그래서 커뮤니티 이름에 '재단'◆이라는 특별한 단어가 붙었습니다. 파이썬 소프트웨어 재단(Python Software Foundation), 아파치 재단(Apache Foundation) 등을 예로 들 수 있지요. 상용 소프트웨어 기업들과 전혀 다른 비전과 목표를 가진 이 커뮤니티들을 '오픈소스 진영'이라고 표현하기도 합니다.

◆ '재단'은 일정한 목적을 위해 결합된 집단을 의미합니다.

오픈소스 커뮤니티의 멤버들은 전 세계에 흩어져 있는 개발자들입니다. 어느 한 개발자가 소프트웨어를 개발해 웹사이트에 올려놓으면 이 소프트웨어를 다른 개발자들이 자유롭게 사용합니다. 이들 개발자들은 새로

◆ '패치'는 양말에 구멍이 나면 천으로 덧대는 것처럼 프로그램에 오류가 발생하면 덧대는 코드를 말합니다.

◆◆ 라이브러리는 '6장. 코딩을 위한 소프트웨어'의 347쪽에서 설명하고 있습니다.

운 기능을 추가하기도 하고, 결함이 있는 코드를 패치(patch)◆하기도 합니다. 그리고 다시 웹사이트에 수정된 소스코드를 올려놓습니다. 이 커뮤니티를 통해 전 세계 개발자들은 새로운 개발 방법에 대해 건설적이고 생산적인 토론의 장을 가집니다. 이런 과정을 거쳐 소프트웨어 기술의 문제점을 분석하고 이에 대한 해결방법을 제시하지요. 이것은 코딩 언어의 라이브러리◆◆에 고스란히 담기게 되고요.

오픈소스 커뮤니티의 개발 방법이 전 세계의 트렌드를 주도할 정도입니다. 전 세계 개발자들이 대중적으로 사용하는 개발도구 '이클립스'도 오프소스 커뮤니티를 통해 시작된 소프트웨어이지요.

한편 기업들은 돈을 벌기 위해 소프트웨어를 개발합니다. 공유와 나눔의 철학을 가진 커뮤니티와는 다른 비전과 목적을 가지기에 무상으로 나눠주는 코드를 개발하지 않습니다. 이렇게 판매를 목적으로 만드는 소프트웨어를 '상용 소프트웨어'라고 부릅니다.

마이크로소프트 회사에서도 이클립스와 같은 개발도구가 있습니다. 바로 '마이크로소프트 비주얼 스튜디오(Microsoft Visual Studio)'인데요. 상용 소프트웨어라서 돈을 주고 사야 한답니다. 그런 만큼 이 도구는 개발자들을 위해 다양한 코딩 언어와 편의 기능을 제공하고, 마이크로소프트 회사로부터 유지보수도 받을 수 있습니다.

하지만 오픈소스 커뮤니티의 공개소프트웨어가 전 세계 기술의 흐름

을 주도함에 따라 소프트웨어 기업들도 소프트웨어를 무료로 제공하고 있습니다. 예를 들어 마이크로소프트 회사에서는 코딩을 배우는 사람들에게 비주얼 스튜디오 익스프레스(Visual Studio Express)를 무상으로 배포하고 있답니다.

워드프로세서

문서를 편집하는 소프트웨어

1960년 문서 작업을 위한 전용장치가 판매되기 시작합니다. 이 장치에는 글자를 입력할 수 있는 키보드와 인쇄장치, 테이프와 같은 저장장치가 포함되고, 글자를 편집할 수 있도록 간단한 프로세서가 탑재되어 있었지요. 사람들은 이 장치를 '워드프로세서(word processor)'라고 불렀습니다. '프로세서'는 왠지 하드웨어 느낌이 물씬 풍기는 단어인데요. 아마 '인텔 프로세서'라는 단어가 귀에 익어 그런지도 모릅니다.

문서 작업을 위해 전용장치를 사용했던 과거와 달리 현재에는 컴퓨터에 한글, 워드와 같은 문서 편집용 소프트웨어를 설치해 사용하고 있습니다. 소프트웨어를 '프로세서'로 표현하는 것이 왠지 어색하지만, 이러한 배경으로 우리는 한글, 워드와 같은 프로그램을 '워드프로세서'라고 부르기 시작했습니다.

XEROX 6016 워드 프로세서

그 당시 워드프로세서의 기능은 단순했습니다. 문서를 편집하고 디스크에 저장한 후 종이에 인쇄하는 기능이 전부였지요. 얼마 지나지 않아 워드프로세서의 세계에도 혁신의 바람이 불었습니다. 영어 단어의 철자를 검토해주고, 문서의 포맷을 지정할 수 있는 기능이 추가되면서 고급화의 바람이 불었습니다.

하지만 워드프로세서만 사용할 수 있는 하드웨어 전용장치는 그리 오래가지는 못했습니다. 다양한 기능을 제공하는 개인용 컴퓨터(PC)의 시대가 오면서 워드프로세서의 생산이 멈추게 되었거든요. 물론 이제는 컴퓨터에 워드프로세서 '소프트웨어'를 설치해서 문서를 편집할 수 있지요.

1980년대 워드프로세서
(XEROX 6016 Memorywriter)

초기의 워드프로세서는 지금에 비하면 불편하기 그지없었습니다. 문서의 여백을 지정하거나 글자를 굵게 표시하는 등 문서의 포맷을 정하기 위해 별도의 특별한 '태그(tag)'◆를 추가해야만 했거든요. 예를 들어 '^Y안녕하세요^Y'라고 작성하면 '안녕하세요'와 같이 문장 아래에 줄을 치라는 의미입니다. 여기서 ^Y가 바로 태그이지요. 워드프로세서에서 보이는 문서의 모습과 프린터로 종이에 인쇄한 결과가 달랐기 때문에 인쇄될 모습을 머릿속에 그려가며 문서를 작성해야만 했습니다. 게다가 워드프로세서마다 태그 작성 방법이 달라서 워드프로세서를 바꾸어 사용할 때도 어려움이 따랐습니다.

◆ 태그란 어떤 정보를 표시하기 위한 꼬리표입니다. 동물의 꼬리처럼 상품에 달랑달랑 매달려 물건의 정보를 제공하는 표시이지요. 컴퓨터에서도 태그라는 말을 사용하는데요. 특정 정보를 담고 있는 키워드라고 생각하면 됩니다.

그러던 중 워드프로세서를 개발했던 회사들은 '위지위그' 기술을 선보입니다. 위지위그는 WYSIWYG를 소리 나는 대로 부르는 말인데요. 'What You See Is What You Get'의 약자로 "여러분이 보는 문서 그대로 얻을 수 있답니다"라는 의미입니다. 위지위그 기술 덕택에 지금의 워드프로세서는 모니터에서 보이는 그대로 그림을 추가하고 글자도 굵게 표시할 수 있답니다.

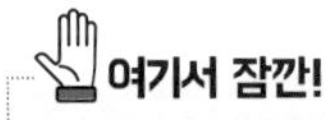

다른 소프트웨어의 도움 없이 독립적으로 실행되는 소프트웨어를 'Stand-alone 프로그램'라고 부릅니다. 반면 클라이언트가 서버의 서비스를 받는 소프트웨어를 'Client-Server 프로그램'이라고 하지요. 워드프로세서는 서버의 도움 없이 혼자 동작하는 'Stand-alone 프로그램'이랍니다.

오피스 프로그램

사무실의 주인공, 사무용 소프트웨어의 종합선물세트

전 세계적으로 다양한 워드프로세서가 사용되고 있습니다. 우리나라에서는 '한글'과 '워드'라는 프로그램이 주로 사용되고 있지요. 수많은 단어(word)로 빼곡히 가득 찬 문서를 작성하는 이 프로그램을 '워드프로세서'라고 부릅니다. 워드(word)가 주인공인 프로그램답게 프로그램의 이름도 '한글', '워드', '훈민정음'입니다. '한글'과 '훈민정음'은 우리나라에서 만든 프로그램인 반면, '워드'는 마이크로소프트라는 외국 회사에서 만들었습니다.

한글 워드

요즘은 워드프로세서뿐만 아니라 프레젠테이션, 스프레드시트 등의 프로그램도 함께 사용하고 있는데요. 이들 프로그램을 한꺼번에 모아 '오피스(office)'라고 부릅니다. 한글과컴퓨터 회사에서 만든 오피스는 '한컴오피스', 마이크로소프트 회사에서 만든 오피스는 '마이크로소프트 오피스'입니다. 사무실에서 사용하는 프로그램이니만큼 이름도 '오피스'이군요. 그래서 이런 종류의 소프트웨어를 '사무용 소프트웨어'라고 한답니다.

'한컴오피스'는 문서를 작성하기 위해 사용하는 '한글', 사람들 앞에서 발표를 위해 사용하는 '한쇼', 통계나 수식을 계산해주는 '한셀' 등으로 구성되어 있습니다. '마이크로소프트 오피스'도 마찬가지로 워드, 파워포인트, 엑셀 등으로 구성되어 있고요.

종류	워드프로세서	프레젠테이션	스프레드시트
한컴 오피스	한글	한쇼	한셀
마이크로소프트 오피스	워드	파워포인트	엑셀

스위트라는 말을 들어봤나요? 호텔에서 여러 개의 방으로 이루어진 공간을 스위트룸이라고 하는 것처럼 여러 개의 제품들이 합쳐진 오피스를 '스위트(suite)'라고 한답니다. 제품들이 군집을 이룬다는 의미에서 '제품군'이라는 말을 종종 사용하기도 합니다.

작은 네모의 셀로 가득 찬 프로그램을 스프레드시트라고 부릅니다. 스프레드시트는 회사에서 회계, 통계와 같은 계산 작업을 하기 위해 만들어졌지요. 스프레드시트(spreadsheet)는 '펼치다'라는 의미의 'spread'와 '종이 한 장'을 의미하는 'sheet'가 합쳐진 단어인데요. 엑셀, 한셀 등과 같은 스프레드시트에는 '시트'라는 탭이 있습니다.

	A	B	C	
1		← 셀		
2				
3				
4				

스프레드시트

스프레드시트에서 볼 수 있는 수많은 칸을 '셀(cell)'이라고 부릅니다. 그런 이유에서인지 스프레드시트들의 이름에 한결같이 '셀'이 포함되어 있네요. 한글과컴퓨터의 '한셀', 마이크로소프트의 '엑셀', 네이버오피스의 '셀'의 이름이 이제는 왠지 의미심장합니다.

파워포인트, 한쇼와 같은 소프트웨어를 '프레젠테이션'이라고 합니다. 프레젠테이션(presentation)이란 '발표'라는 의미의 영어 단어인데요. 학교

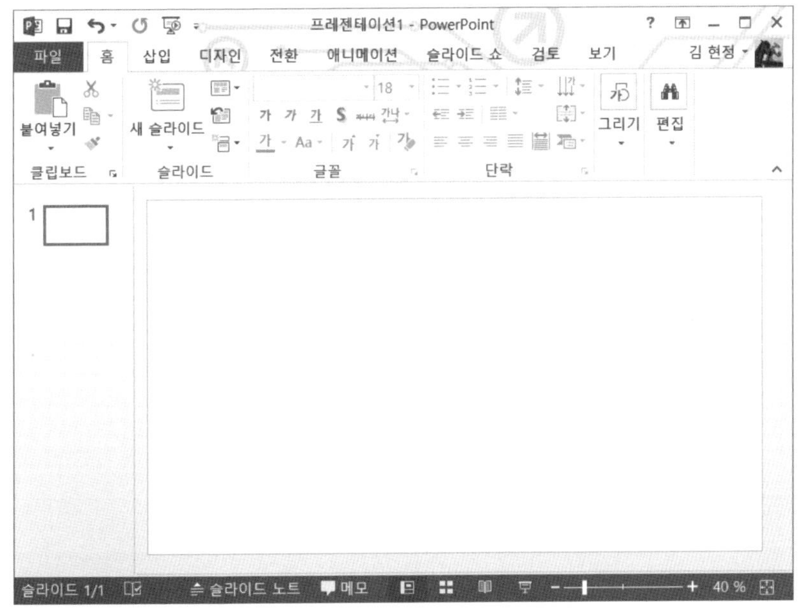

프레젠테이션

나 회사에서 조사 결과나 계획 등을 발표하기 위해 이 프로그램을 사용합니다.

프레젠테이션의 한 장을 '슬라이드(slide)'라고 합니다. 미끄러지듯이 페이지가 한 장 한 장 넘어가서 그렇게 이름을 지었을까요? 슬라이드가 넘어가는 기능을 '슬라이드 쇼'라고 부르지요. 무언가 재미있는 쇼가 진행될 분위기네요.

클라우드 오피스

웹브라우저에서 사용하는 오피스

과거에는 혼자 업무를 처리하는 경우가 많았습니다. 그래서 이메일을 주고받으며 업무를 처리하는 것만으로도 충분했지요. 하지만 지금은 업무의 규모가 점점 커지고 복잡해지면서 다양한 경험을 가진 여러 사람의 의견을 교류하며 빠르게 업무를 처리해야 하는 경우가 많습니다. 이런 이유로 문서를 실시간으로 공유하며 함께 작업할 수 있는 프로그램이 필요하게 되었지요. 이러한 업무환경의 변화로 문서를 온라인으로 여러 사람에게 공유할 수 있는 워드프로세서가 등장하게 되었습니다.

온라인으로 문서를 작성하는 프로그램을 '웹 기반 오피스'라고 합니다. 인터넷을 통해 문서를 공유할 수 있는 오피스 프로그램이기 때문에 문서들은 내 컴퓨터가 아닌 '서버'라는 컴퓨터에 저장됩니다. 보통 인터넷에 기반을 둔 서비스를 '클라우드 컴퓨팅 서비스'라고 부르는데요. 마찬가지로 인

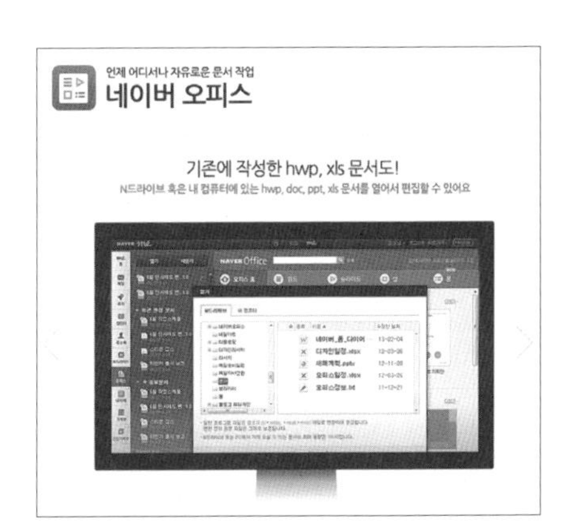

터넷에 기반을 둔 오피스를 '클라우드 오피스(Cloud Office)'라고 부릅니다.

여러 사람이 함께 일하는 것을 '협업'이라고 하지요. 협업이 중요해지면서 온라인으로 사용할 수 있는 오피스에 '협업'이라는 수식어가 붙기 시작했습니다. 협업 솔루션의 목적에 맞게 설문이나 투표를 할 수 있는 기능을 제공하고, 하나의 문서를 여러 사람이 인터넷에 접속하여 편집할 수 있는 기능도 제공한답니다.

구글 회사에서 만든 웹 기반 오피스가 있습니다. 이름은 구글 닥스(Google Docs)인데요. 닥스(Docs)는 Documents의 앞글자를 따온 단어입니다. 다음 그림은 인터넷 익스플로러를 실행해 구글 닥스를 작성하는 모습입니다. 여러 명이 온라인으로 문서를 작성해야 하기 때문에 웹브라우저를 열고 URL 주소를 입력해야 하지요. 여느 오피스처럼 이 오피스에서도 워드, 엑셀, 파워포인트 등과 같은 프로그램을 제공하고 있습니다. 협업을 위한 오피스답게 '공유'라는 파란색 버튼이 돋보이네요.

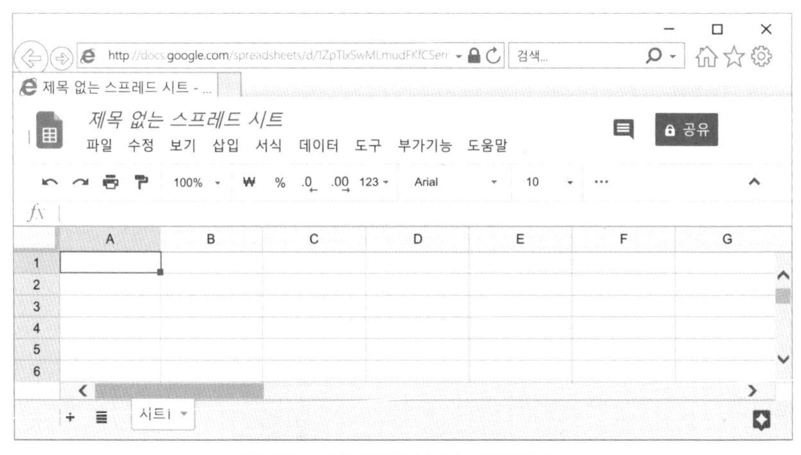

웹브라우저를 통해 작성하는 구글독스

아파치 오픈오피스
무료로 사용할 수 있는 오피스

'오픈'이라는 말에서 느낄 수 있듯 오픈오피스는 소스코드가 공개된 소프트웨어입니다. 그런 의미에서 오픈소스를 '공개 소프트웨어'라고 부르지요. 우리나라뿐만 아니라 전 세계적으로 마이크로소프트 회사의 운영체제와 오피스를 많이 사용하고 있습니다. 마이크로소프트 회사의 높은 시장 점유율에 대응하기 위해 아파치 진영의 개발자들이 '오픈오피스'를 개발했습니다. 골리앗 같은 글로벌 기업과 자유를 표방하는 오프소스 진영의 격돌은 항상 있어왔던 일이었지요. 오피스 프로그램의 세계도 물론 예외는 아니었습니다.

오픈오피스에도 워드프로세서가 있습니다. 오른쪽 그림이 바로 워드프로세서 '라이터(Writer)'의 모습입니다. 여느 워드프로세서와 모습이 비슷한데요. 마이크로소프트 회사의 '워드' 프로그램처럼 표 추

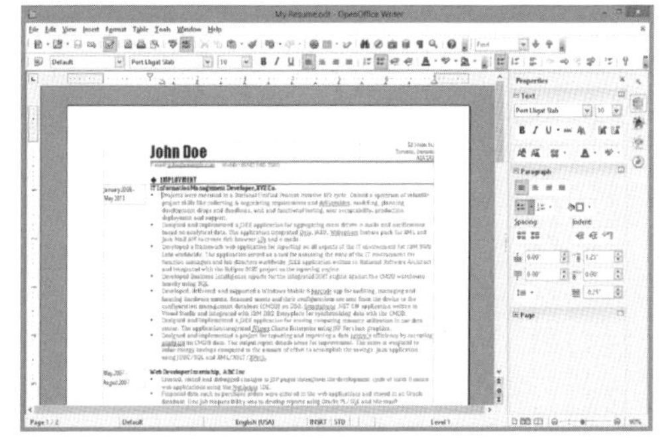

라이터(writer)

가, 서식 설정 등의 다양한 기능을 제공하고 있답니다.

이 문서의 확장자는 .odt입니다. 이 확장자는 표준으로 정한 형식이기 때문에 다른 워드프로세서에서도 이 확장자의 문서를 열 수 있습니다. 즉 다른 오피스 제품과 호환이 된다는 의미이지요. 만약 마이크로소프트 회사의 프로그램을 구입하는 것이 부담스럽다면 오픈오피스를 사용해보는 건 어떨까요?

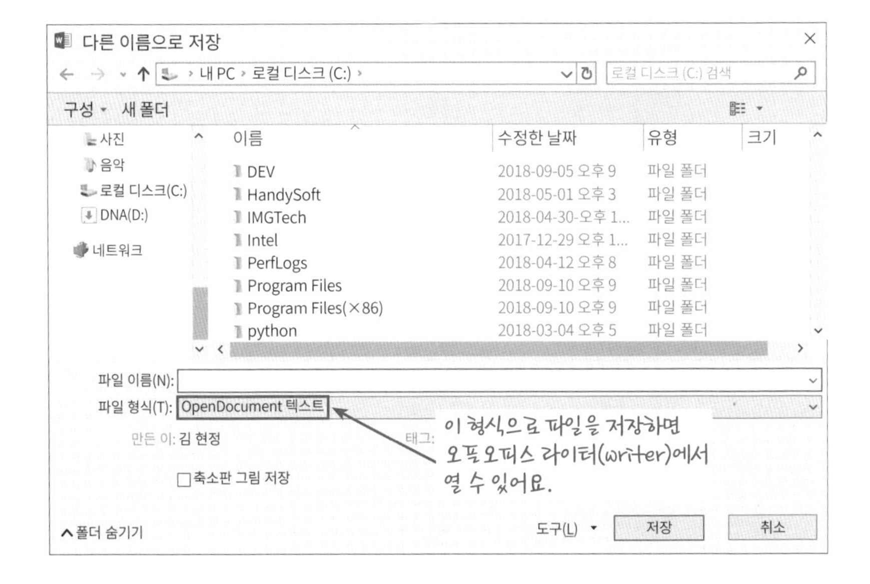

PDF 문서

이동 가능한 문서

PDF 문서가 탄생할 즈음의 이야기입니다. 한 프로그램에서 작성한 문서는 그 프로그램에서만 열리고, 다른 프로그램에서는 열리지 않았습니다. 워드 프로그램이 설치되지 않은 컴퓨터에서 .doc 확장자를 가진 문서를 열 수 없었고, 마찬가지로 한글 프로그램이 없으면 .hwp 확장자를 가진 문서를 열 수 없었답니다. 워드프로세서마다 서로 다른 문서 형식을 정했기 때문에 다른 프로그램과의 호환이 안 되었던 매우 불편한 상황이었지요. 워드 문서 하나 보자고 상용 프로그램을 사자니 부담스럽고 뷰어 프로그램◆을 설치하는 것도 적잖이 번거로운 일이었습니다. 불편은 발명을 위한 자극제인가 봅니다. 이런 배경으로 새로운 문서 포맷이 등장하게 되었으니까요.

◆ 문서를 작성할 수 있는 프로그램을 '문서편집 프로그램'이라고 부릅니다. 반면 문서를 볼 수만 있는 프로그램에는 '뷰어' 혹은 '리더'라고 합니다.

특히 나라마다 사용하는 워드프로세서가 다르다 보니 통일된 형식의 문서가 필요해졌습니다. 이 컴퓨터에서 저 컴퓨터로 쉽게 이동할 수 있는 그런 문서 말이죠. 그래서 개발된 문서가 PDF 문서입니다. PDF는 'Portable Document Format'의 약자로, 이동 가능한 문서 형식을 말합니다. 이

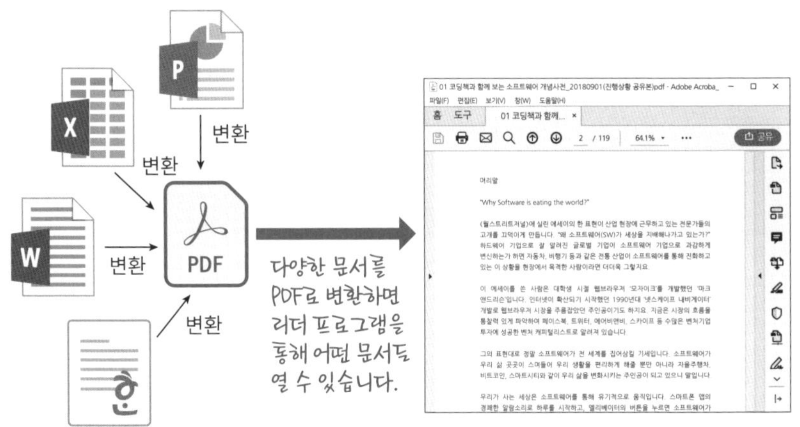

'아크로뱃 리더' 프로그램

문서의 확장자는 '.pdf'입니다.

PDF는 컴퓨터 환경에 독립적인 문서 형식으로 어도비 시스템즈에서 만들었습니다. 이 문서에는 글자뿐만 아니라 도형, 그림, 글꼴 등을 변형 없이 그대로 포함할 수 있어서 보여주고 싶은 문서 스타일을 마음껏 포함할 수 있습니다. 또한 문서를 아무나 수정하지 못하게 만들 수도 있습니다. PDF 문서를 보려면 무료로 배포되는 어도비 아크로뱃 리더(Adobe Acrobat Reader) 프로그램을 설치해야 하지만 워드용 뷰어, 한글용 뷰어, 파워포인트용 뷰어를 각각 설치하는 것보다는 훨씬 간편한 일이죠.

어도비시스템즈 회사가 오픈소스 진영에 속한 것은 아니었지만, 이 기업에서 관련 기술을 무료로 공개한 덕분에 PDF는 현재 많은 사람들이 대중적으로 사용하는 표준 문서 포맷이 되었습니다. 본문 57쪽의 그림과 같이 대부분의 프로그램에서 PDF 형식의 문서 저장 기능을 제공하고 있는 것을 알 수 있지요. 이처럼 표준 형식의 문서는 다양한 소프트웨어에서 열 수 있습니다. 그만큼 호환성이 좋아졌다는 의미랍니다. 워드 프로그램에서도 웹브라우저에서도 PDF 문서를 열 수 있습니다. 만약 어도비 시스템

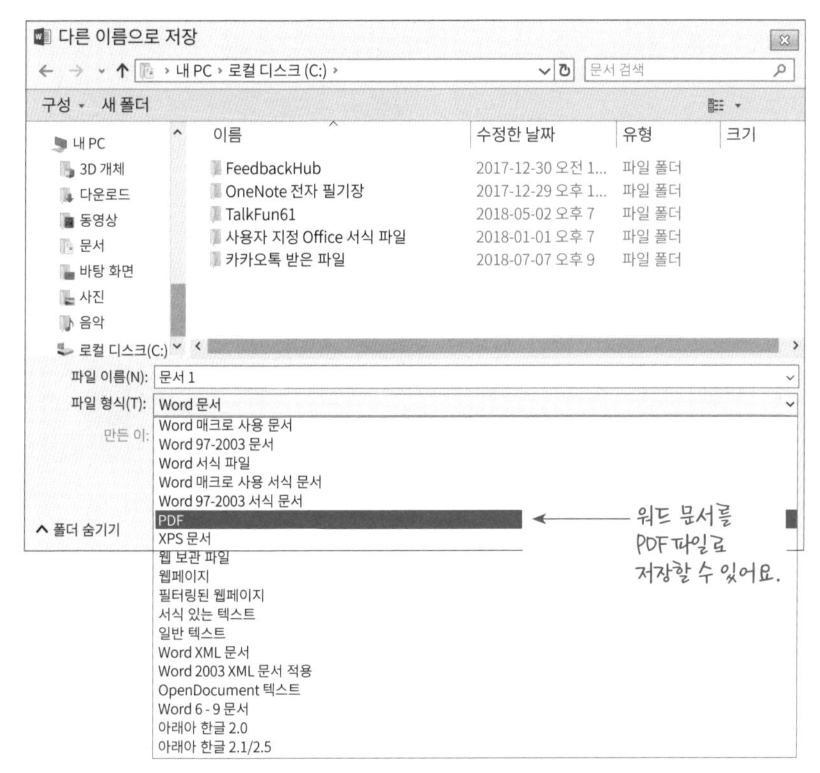

워드 프로그램을 통해 PDF 파일을 저장하는 모습

즈가 기술을 독점했다면, 이동 가능한 문서 형식은 다른 것으로 바뀌어 있었을지도 모르지요.

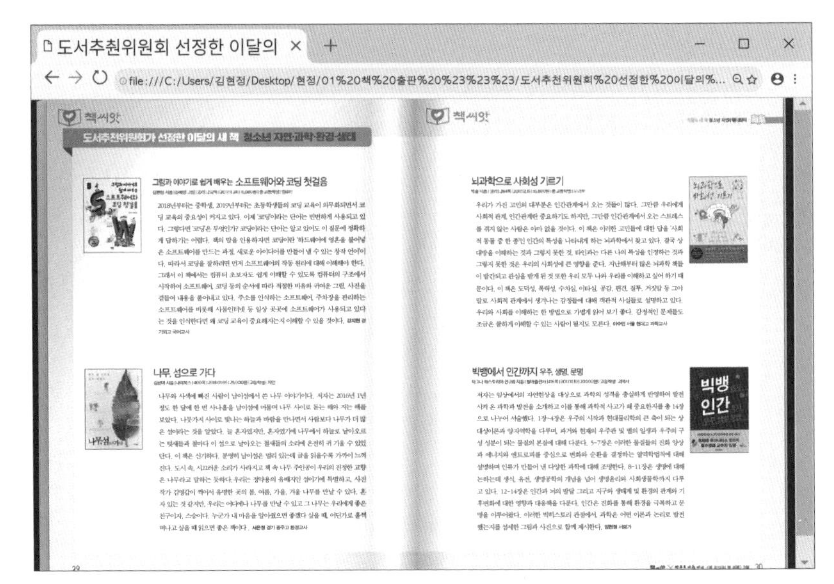

웹브라우저에서 PDF 파일을 연 모습

압축 프로그램

파일들을 묶어주고 크기를 줄여주는 압축팩

여러 개의 파일들을 묶어 크기를 줄여주는 프로그램을 '압축 프로그램'이라고 합니다. 알집, 반디집, 빵집은 우리에게 익숙한 압축 프로그램이지요. 이들 프로그램의 이름이 모두 '집'으로 끝나는 이유는 압축된 파일 형식이 Zip이기 때문입니다. 압축 프로그램을 보고 있으면 겨울 이불을 압축해 보관하는 이불 압축팩이 생각납니다. 솜이불의 부피를 줄여주는 압축팩처럼 파일들의 빈공간들을 없애 파일의 크기를 줄여주는 것이 압축 프로그램의 기능이지요.

인터넷의 느린 속도를 당연하게 생각했던 시절이 있었습니다. 1980년 인터넷의 신세계에 푹 빠져 있었던 그때, 지금과 같은 풍족한 컴퓨터 사용은 어려웠던 시절이었지요. 넉넉한 하드디스크 용량과 빠른 인터넷 속도를 경험하지 못했던 당시에는 파일의 크기를 조금이라도 줄이려고 노력했습니다. 하드디스크의 용량이 늘 부족했고 인터넷 속도가 느렸기 때문에 파일 크기를 줄여주었던 압축 프로그램에 사람들은 매료되었습니다.

압축 프로그램은 필립 카츠(Phillip W. Katz)라는 청년이 37세가 되던 해 주방 식탁에서 만든 프로그램입니다. 그저 취미로 만들었던 이 프로그램은 이제 전 세계에 없어서는 안 될 필수품이 되었고, 그는 IT 분야의 선구자로 기록되고 있습니다.

압축 프로그램을 꼭 파일의 크기를 줄이기 위해서만 사용하는 것은 아닙니다. 여러 개의 파일을 하나로 묶어 관리하기 위해서도 사용합니다. 인터넷 속도가 빨라진 지금도 압축 프로그램을 사용하고 있는 이유이지요. 여러 개의 물건을 따로따로 배달하기보다 택배 박스에 넣어 배달하면 그만큼 일의 효율이 높아지듯 인터넷 공간에서도 여러 개의 파일들을 한 번에 전송하기 위해 압축 기능을 사용합니다. 파일들을 박스에 담아 테이프로 단단히 밀봉하는 것처럼 압축 프로그램도 파일들을 하나로 묶어주기 위해 사용하는 것이지요.

Zip은 우리말로 '지퍼'를 의미합니다. 옷에 달린 지퍼처럼 파일들을 묶어줄 수 있는 단어 이미지 때문에 압축 프로그램의 아이콘에 지퍼가 등장하고 있습니다.

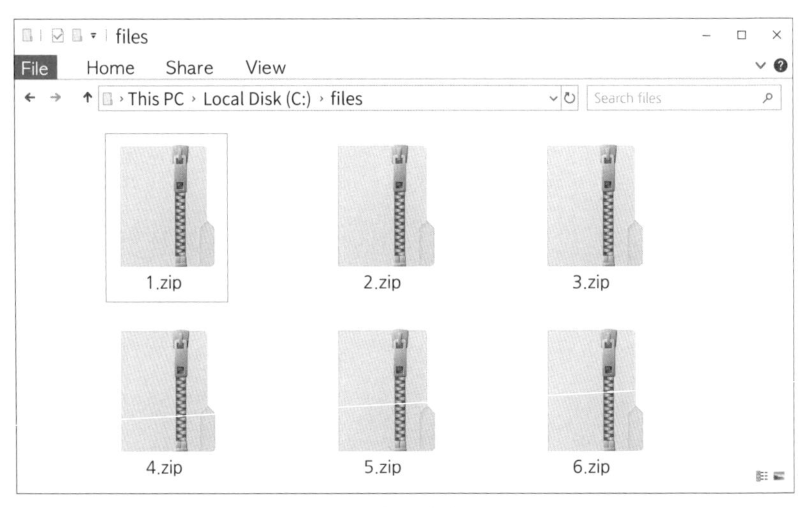

압축파일 아이콘

미들웨어

운영체제와 응용 프로그램 중간에 위치한 소프트웨어

미들웨어(middleware)는 운영체제와 응용 소프트웨어 사이에 있는 소프트웨어를 말합니다. 두 소프트웨어의 중간(middle)에 위치한다고 해서 '미들웨어'라는 말이 붙었습니다. 두 소프트웨어를 본드처럼 붙여준다는 의미로 '소프트웨어 본드(software glue)'라고 표현하기도 하지요.

그런데 미들웨어를 왜 사용할까요? 운영체제가 알아서 하드웨어를 관리해줄 텐데 말이죠. 만약 그렇게 생각한다면 오해입니다. 운영체제가 모든 일을 다 하지는 못하기 때문에 어렵고 복잡한 일들을 미들웨어에 맡기기 때문이에요. 미들웨어 덕분에 응용 소프트웨어가 처리해야 할 일들이 줄어들기에 응용 소프트웨어 개발자들은 한시름 걱정을 덜 수 있습니다. 다시 말해 미들웨어 개발자들은 미들웨어 개발에만 집중하면 되고, 응용 소프트웨어 개발자는 응용 파트만 개발하면 되니 코딩 활동이 훨씬 생산적이게 됩니다.

유튜브 서버를 예로 들어볼까요? 지금 이순간에도 유튜브 서버에는 동영상이 업로드되고 있습니다. 이 서버는 사용자가 올린 동영상을 저장하고 다른 사용자들에게 보여주는 일을 합니다. 또한 동영상을 누가, 언제 올렸는지, '좋아요'를 몇 번 눌렀는지 등을 기록하는 일도 하지요. 이렇게 쌓

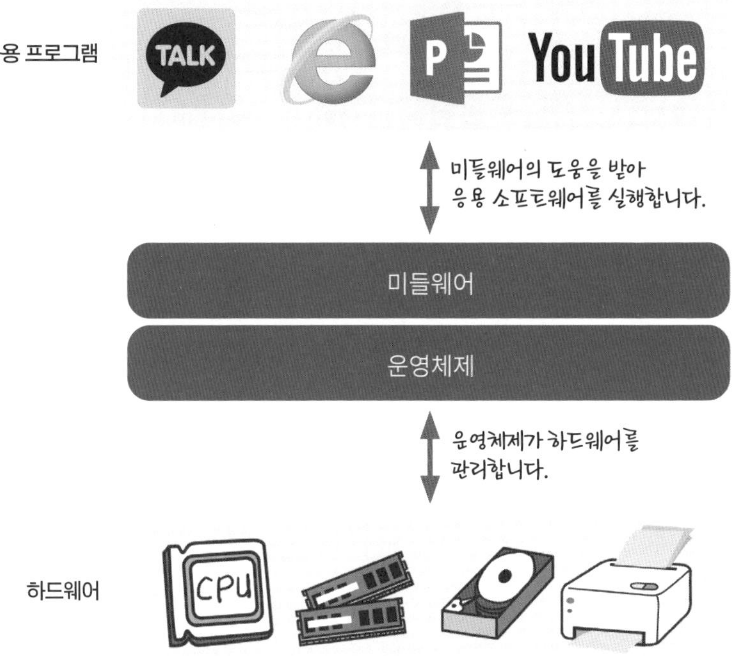

이는 많은 데이터를 관리하기 위해 특별한 미들웨어가 만들어졌습니다. 데이터를 체계적으로 저장하고 요청에 따라 데이터를 찾아주는 소프트웨어이지요. 사람들은 이 소프트웨어를 데이터베이스 관리 시스템(DBMS, Database Management System)이라고 부릅니다. DBMS 덕분에 응용 소프트웨어 개발자들은 이제 더 이상 데이터 관리에 신경 쓰지 않고 DBMS를 사용하는 방법만 배우면 된답니다.

예를 하나 더 들어볼까요? 우리는 코딩을 시작하기 앞서 내 컴퓨터에 개발환경을 준비해야 합니다. 이 개발환경 덕분에 어떻게 소스코드가 기계코드로 번역되는지, 기계코드가 실행되다가 오류가 발생하면 어디서 오류를 찾아야 하는지에 대한 걱정을 하지 않아도 된답니다. 이런 것들은 통합개발환경(IDE)◆에서 알아서 처리해주기 때문에 개발자들은 코드 작성에만 집중하면 되지요. 이런 맥락에서 보면 통합 개발환경도 운영체제와 개발도구 사이의 미들웨어입니다.

◆ 통합개발환경은 '6장. 코딩을 위한 소프트웨어'에서 설명하고 있습니다.

빅데이터 분석의 경우를 생각해보겠습니다. 데이터의 양이 어마어마하다 보니 컴퓨터 한 대로는 역부족입니다. 그래서 작업을 여러 컴퓨터에 나눠주기로 계획을 세웠습니다. 하지만 데이터를 여러 컴퓨터에 나눠주고, 그 결과를 합치는 일을 누군가 해야 합니다. 만약 한 컴퓨터가 일을 빨리 끝내기라도 하면 다른 컴퓨터의 일을 도와주도록 누군가 챙기는 일도 해야 하지요. 이렇게 작업을 분산하여 처리하도록 관리하는 소프트웨어를 '분산 시스템(distributed system)'이라고 합니다. 분산 시스템은 응용 소프

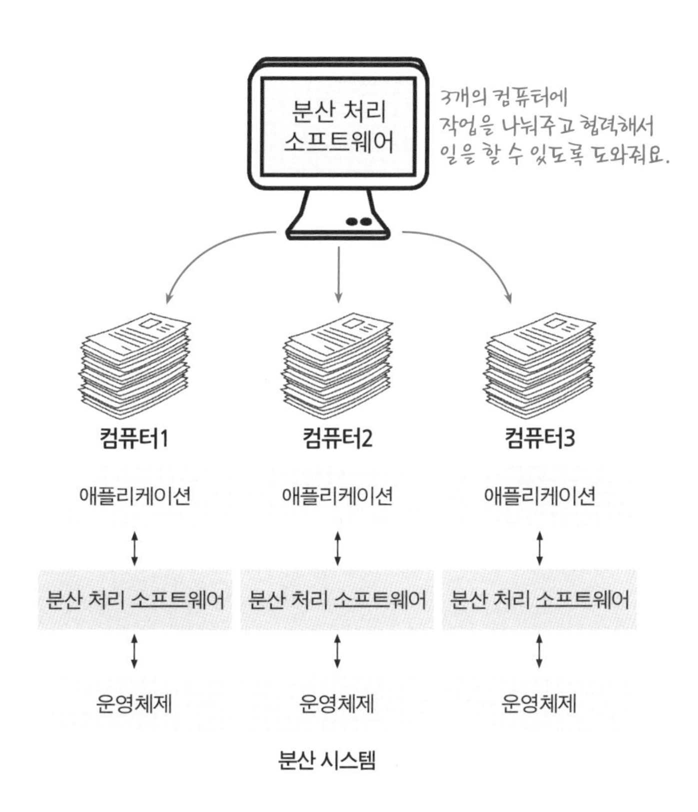

분산 시스템

트웨어와 운영체제 사이에 위치하여 여러 대의 응용 소프트웨어가 협력해서 동작할 수 있도록 도와줍니다. 그런 의미에서 분산시스템도 미들웨어입니다.

◆ 프레임워크는 '6장. 코딩을 위한 소프트웨어'의 340쪽에서 설명하고 있습니다.

이런 맥락에서 프레임워크◆도 미들웨어에 속합니다. 프레임워크(framework)는 소프트웨어 틀(frame)을 제공하고 다양한 라이브러리를 제공하는 소프트웨어인데요. 이 라이브러리는 운영체제를 효율적으로 사용할 수 있는 기능을 제공합니다. 누군가가 라이브러리를 만들어놓은 덕분에 응용 소프트웨어 개발자들은 이 라이브러리를 가져다 사용하기만 하면 되는 터라 어깨가 한결 가벼워졌습니다.

여기서 잠깐!

데이터베이스 관리 시스템(Database Management System)이라는 한글 이름이 길어서 그런지 DBMS라는 약자를 더 많이 사용합니다. 하지만 이것도 길어서 그런지 그냥 DB라고 부르는 경우도 많습니다. DB는 DBMS와 엄연히 다른 말인데 말이죠. DB는 '데이터의 집합'을 말하고, DBMS는 DB를 관리하는 '소프트웨어'를 의미합니다.

콘솔 프로그램
글자만 보이는 프로그램

콘솔 프로그램(Console program)은 글자만 보이는 프로그램을 말합니다. 보통 검은색 화면에 하얀색 글자가 나오는 프로그램을 '콘솔'이라고 부르지요. 바탕화면의 아이콘과 메뉴를 클릭하며 프로그램을 사용하는 데 익숙한 우리에게 콘솔 프로그램은 왠지 전문가들만 사용하는 전유물로 보입니다. 마우스 클릭에 익숙한 우리에게는 이상한 골동품처럼 느껴질 수 있지만, 콘솔 프로그램은 컴퓨터를 전문적으로 배우는 사람들에게는 꽤 익숙한 화면이랍니다. 오히려 마우스를 사용하지 않고 키보드만 사용할 수 있는 이 인터페이스를 편하게 생각할 정도이지요.

다음 그림은 파일을 열어 글자를 편집할 수 있는 '텍스트 에디터(text editor)' 프로그램입니다. 운영체제를 만들었던 초창기 DOS 시절 이런 콘솔 프로그램을 사용했지요. 명령어를 입력해 프로그램을 실행해야 하는 이런 종류의 인터페이스를 CLI(Command Line Interface)라고 부릅니다.

지금도 '콘솔'◆이라는 잔재가 남아 있어 전문가들이 사용하는 프로그램에서는 이 단어를 찾아

◆ 이클립스 개발 도구의 콘솔 창은 '6장. 코딩을 위한 소프트웨어'의 330쪽에서 확인할 수 있습니다.

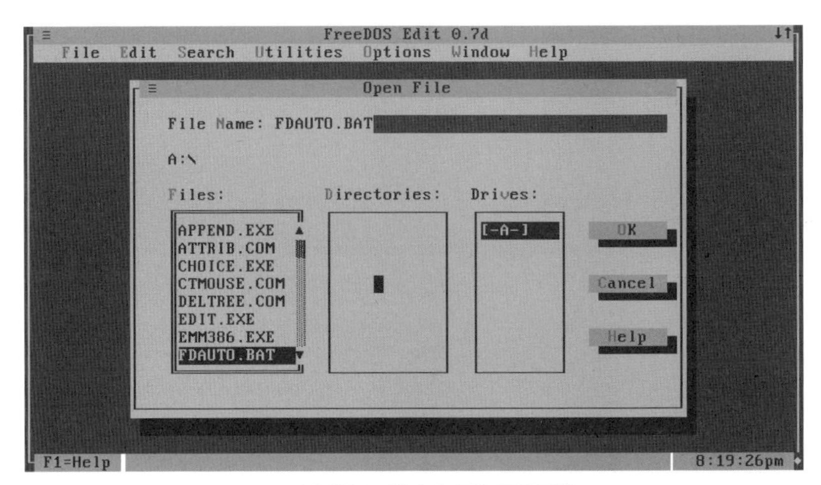

2006년 테스트 에디터, 콘솔 프로그램

볼 수 있습니다. 네트워크 장비, 보안 장비와 같은 IT 장비에서 이런 콘솔 프로그램을 기본적으로 제공하고 있습니다. 한편 파이썬, 자바 등의 코딩 도구에서도 코딩 실행 과정을 확인할 수 있도록 '콘솔' 창을 제공하고 있답니다.

2장

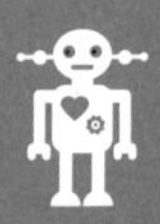

컴퓨터를
통솔하는
소프트웨어

운영체제

저만큼 컴퓨터를 체계적으로 운영할 수 있는 소프트웨어가 또 있을까요? 저는 '운영체제'입니다. 하드디스크, 메모리와 같은 하드웨어 부품을 알뜰살뜰 챙기고 막강한 권력과 통솔력으로 응용 소프트웨어들을 제어할 수 있는 존재감 있는 소프트웨어이지요. 저는 하드웨어를 관리해야 하는 막중한 임무를 가지고 있어요. 그래서 웹브라우저, 한글 등과 같은 응용 소프트웨어들이 하드웨어를 사용하기 위해서는 저한테 꼭 허락을 받아야 한답니다. 이 때문에 컴퓨터를 부팅하자마자 제가 제일 먼저 실행됩니다. 제 영어 이름은 'Operating System'입니다. 이름이 길다고 저를 'OS'라고 줄여서 부르기도 하지요. 예전에는 컴퓨터에만 제가 필요했는데요. 이제는 인기가 날로 높아져서 절 필요로 하는 곳이 많아지게 되었어요. 컴퓨터뿐만 아니라 스마트폰, 스마트TV처럼 '스마트한' 기기에도 제가 설치되고 있답니다.

시스템 소프트웨어

장치를 관리하는 소프트웨어

소프트웨어가 없는 하드웨어는 그저 고철 덩어리에 지나지 않습니다. 하드웨어에 영혼을 불어넣는 소프트웨어가 있어야 비로소 컴퓨터로 영화도 볼 수 있고 음악도 즐길 수 있게 됩니다.

하드웨어에게 명령을 내리려면 컴퓨터가 이해할 수 있는 언어로 명령어를 작성해야 합니다. 한국인이 영어를 쓰는 미국인과 대화할 때 한국어로 말을 건다면 미국인이 이해할 수 없는 것처럼요. 그래서 소프트웨어를 만들 때는 컴퓨터가 이해할 수 있는 언어인 컴퓨터 프로그래밍 언어(Java, C 등)를 사용한답니다. 컴퓨터가 인간의 언어를 이해할 정도로 아직 똑똑하지 않다는 사실을 안다면 코딩을 배워야 하는 이유가 분명해집니다.

우리가 자주 이용하는 자동문도 하드웨어와 소프트웨어로 구성되어 있습니다. 사람들이 자동문 앞에 서 있으면 센서가 사람을 감지하고 문이 자동으로 열리도록 소프트웨어가 하드웨어에게 명령을 내리는 것이죠.

소프트웨어도 나름 레벨과 격이 있습니다. 하드웨어를 아무나 건드리도록 내버려둔다면, 컴퓨터가 금세 고장 나고 말기 때문에 컴퓨터 하드웨어를 움직이게 할 수 있는 권한은 운영체제(OS)에게만 있지요.

카카오톡에서 메시지를 주고받는 경우를 생각해볼까요? 카카오톡을 통해 사진을 받아 내 스마트폰에 저장하려고 합니다. 스마트폰의 저장공간은 운영체제만 접근할 수 있기 때문에 카카오톡 프로그램은 "운영체제님, 사진을 저장공간에 저장해주시면 안 될까요?"라고 운영체제에 부탁합니다. 그러면 운영체제는 명령을 실행해줄지 검토한 후 허락해줍니다.

이렇게 운영체제는 하드웨어를 제어할 수 있는 막강한 권력을 가지고 있습니다. 다양한 소프트웨어 중에 이런 소프트웨어를 '시스템 소프트웨어'라고 부릅니다. '시스템 소프트웨어(system software)'에서 system은 '장치'라는 뜻이 있는데요. 단어에서 힌트를 얻을 수 있듯이 시스템 소프트웨어는 장치를 움직이게 하는 소프트웨어랍니다.

장치를 움직이게 하는 소프트웨어는 운영체제만 있지 않습니다. 프린터를 구입하면 '장치 드라이버'를 다운로드받아 내 컴퓨터에 설치해야 하는데요. 이것도 시스템 소프트웨어입니다. 프린터라는 장치에 명령을 내려 인쇄할 수 있도록 지시하는 소프트웨어이지요.

운영체제의 세계
스마트한 기기가 날 필요로 해요!

응용 프로그램은 운영체제가 있어야 실행될 수 있는데요. 운영체제 위에서 응용 프로그램이 실행되기 때문에 운영체제를 '기반 소프트웨어'라고 부른답니다. 요즘에는 모든 장비에 운영체제가 사용되고 있답니다. 책상에 올려놓고 사용하는 데스크톱 컴퓨터부터 손에 들고 다니는 스마트폰까지 운영체제가 탑재되어 있지요.

다양한 운영체제의 세계가 펼쳐지고 있습니다. 전 세계적으로 개인용 컴퓨터에 '윈도우' 운영체제를 많이 사용하고, 디자이너들은 주로 '맥북' 컴퓨터를 사용하는 편이지요. 맥북 컴퓨터는 애플 회사에서 만든 컴퓨터로 여기에는 'MacOS'가 설치되어 있습니다.

'리눅스'라는 운영체제는 조금은 생소할 것 같은데요. 리눅스는 주로 소프트웨어를 만드는 기업에서 많이 사용하고 있습니다. 컴퓨터의 동작을 깊이 있게 이해하기 위해 컴퓨터를 전공하는 대학생들은 리눅스 커널을 공부한답니다. 리눅스는 공개 소프트웨어◆인지라 내부 동작방식이 모두 공개되

◆ 리눅스와 안드로이드는 소스코드가 공개되는 '공개 소프트웨어'랍니다. 이들 소프트웨어는 전 세계 개발자들이 자발적으로 참여해 만들어진 소프트웨어입니다. 누구나 무료로 사용할 수 있고, 소스코드도 변경할 수 있는 소프트웨어랍니다.

어 있거든요.

스마트TV, 스마트냉장고 등 우리 주변에 '스마트' 단어가 붙은 장치에도 운영체제가 설치되어 있어 다양한 응용 프로그램이 동작할 수 있는 환경을 제공해주고 있답니다. 스마트폰에 다양한 앱을 설치할 수 있는 것도 다 운영체제 덕분이지요.

스마트폰의 운영체제는 iOS(아이오에스)와 Android(안드로이드)로 나눌 수 있는데요. 애플 아이폰에는 iOS가 설치되어 있고, 삼성이나 엘지 등의 스마트폰에는 안드로이드가 설치되어 있습니다. 안드로이드와 iOS 운영체제는 하드웨어를 관리하는 방식이 서로 다르기 때문에 운영체제에 맞게 각각 앱을 개발해줘야 한답니다.

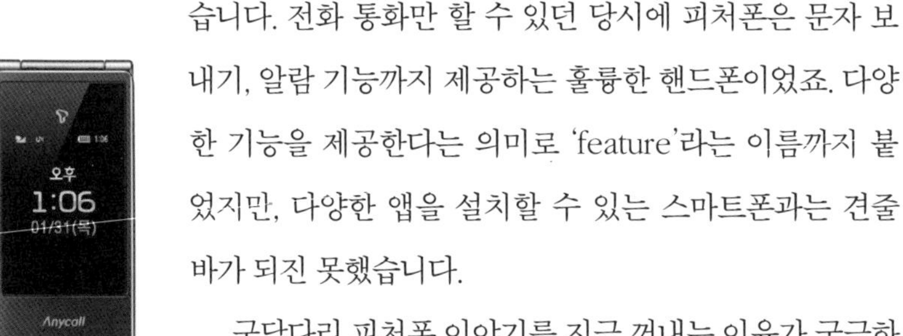

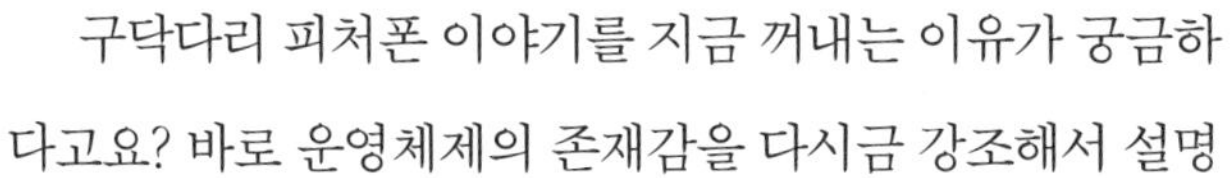

윈도우	MacOS	리눅스	iOS	안드로이드

다양한 운영체제의 로고

스마트폰이 출시되기 전 피처폰(feature phone)을 사용했던 시절이 있습니다. 전화 통화만 할 수 있던 당시에 피처폰은 문자 보내기, 알람 기능까지 제공하는 훌륭한 핸드폰이었죠. 다양한 기능을 제공한다는 의미로 'feature'라는 이름까지 붙었지만, 다양한 앱을 설치할 수 있는 스마트폰과는 견줄 바가 되진 못했습니다.

피처폰

구닥다리 피처폰 이야기를 지금 꺼내는 이유가 궁금하다고요? 바로 운영체제의 존재감을 다시금 강조해서 설명하기 위해서입니다. 피처폰에는 운영체제가 없었기 때문에 지금처럼 핸드폰에 다양한 앱을 설치할 수 없었거든요.

윈도우

마이크로소프트 회사의 상용 운영체제

컴퓨터의 전원을 켜면 가장 먼저 실행되는 소프트웨어가 운영체제입니다. 많은 사람들이 '윈도우'라는 운영체제를 사용하고 있어서 윈도우 로고에 익숙합니다. '창문'이라는 의미의 '윈도우(Windows)'는 운영체제(Operating system)에 붙인 이름입니다. 마이크로소프트 회사가 여러 개의 창문(window)으로 구성된 이 운영체제를 'Windows(창문들)'라는 이름으로 세상에 알린 것이죠.

컴퓨터에서 팝업창, 안내창, 경고창 등이 모두 창문이지요. 이렇게 마이크로소프트 회사가 컴퓨터 내부를 들여다볼 수 있는 창문들을 선물해준 덕분에 우리는 지금의 편리한 운영체제를 사용하고 있는 거랍니다. 윈도우가 나오기 전까지만 해도 컴퓨터는 전문가들의 전유물이었으니까요.

참고로, 운영체제란 CPU, 메모리, 하드디스크 등의 하드웨어를 관리해주고, 내 컴퓨터와 다른 컴퓨터들이 대화할 수 있도록 도와주는 등 많은 일을 해주는 '시스템 소프트웨어'입니다. OS는 Operating System의 약자로 '운영체제' 또는

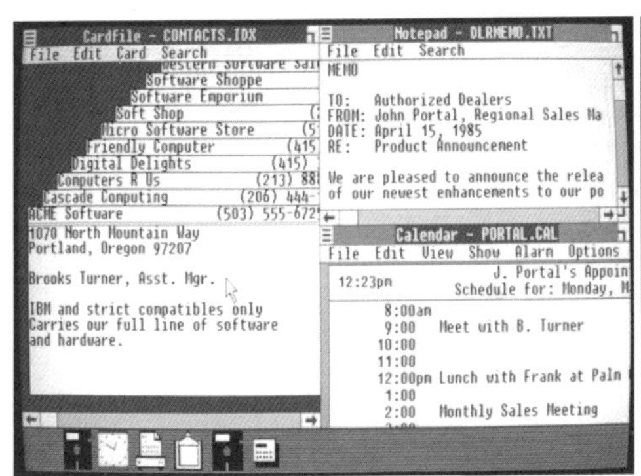

Windows 1.0 바탕화면

Windows 1.0 박스 이미지

'운영체계'라고 부릅니다. 컴퓨터에서 파워포인트, 인터넷, 게임 등과 같은 응용 소프트웨어가 운영체제의 도움을 받아 실행되지요.

'마이크로소프트'는 운영체제와 오피스 제품을 만드는 회사입니다. 제품 이름에 'Microsoft'가 항상 붙어다니는데, 이것이 회사 이름이었다는 사실을 인지하지 못할 정도이지요. 마이크로소프트(Microsoft)는 '마이크로컴퓨터(microcomputer)'와 '소프트웨어(software)'가 합쳐진 말입니다. 초창기 개인용 컴퓨터가 탄생했을 즈음 코딩 언어 개발을 위해 마이크로소프트 회사가 탄생했습니다. 이 코딩 언어는 '베이직'이라는 것인데요. 코딩 언어 개발로 시작한 마이크로소프트는 운영체제와 사무용 프로그램의 리더가 되어 오늘날 전 세계 소프트웨어 시장 1위의 영향력 있는 기업이 되었습니다.

여기서 잠깐!

마이크로컴퓨터는 마이크로프로세서(microprocessor)가 탑재된 컴퓨터를 말합니다. 1971년 인텔이 처음 만든 컴퓨터로, 이름에서도 알 수 있듯이 작은 칩 속에 중앙처리장치가 들어가 있어 '프로세서(processor)'라는 말이 붙었습니다. 여기서 프로세서는 CPU를 지칭하는 말입니다.

1970년대 마이크로 컴퓨터 베스트셀러

리눅스

오픈소스 운영체제

리눅스(Linux) 운영체제는 무료로 제공되는 '프리웨어'입니다. 사실 '무료'라는 말이 정확한 표현은 아닙니다. 리눅스는 '프리웨어'보다 '공개 소프트웨어'라는 수식어가 더 어울리는 소프트웨어이기 때문이지요. 리눅스는 내부 설계와 소스코드가 공개되어 있는 대표적인 오픈소스입니다. 소스코드란 컴퓨터에게 명령을 내리기 위한 문장들을 말하는데요. 소스코드를 공개하는 것은 기업의 기술력을 공개하는 것과 마찬가지라서 대부분의 기업들은 소스코드를 공개하지 않습니다.

1983년 리처드 스톨만은 GNU(그누) 프로젝트를 발표했습니다. 당시 스톨만은 사용자들에게 소프트웨어를 사용할 수 있는 자유와 통제권을 주어야 한다고 생각했습니다. 그는 '자유 소프트웨어'를 위해 웹사이트에 'The GNU Manifesto'을 게시했습니다. 이것은 전

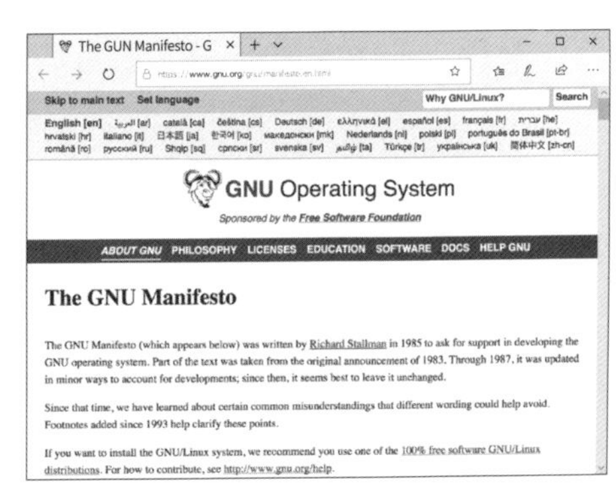

The GNU manifesto

세계 개발자들의 참여와 협력을 호소하는 선언문이었습니다.

The GNU Manifesto에는 네 가지 자유를 선언하고 있습니다. 이것은 스톨만이 꿈꿔온 자유이자 여러분이 선물받은 자유이기도 합니다.

첫째, 어떤 목적으로든 소프트웨어를 '사용'할 수 있는 자유.

둘째, 프로그램의 메커니즘을 '연구'하고 수정할 수 있는 자유.

셋째, 소프트웨어 복사본을 '재배포'할 수 있는 자유.

넷째, 공공의 목적을 위해 소프트웨어를 개선하고 버전을 '변경'할 수 있는 자유.

이 네 가지 자유를 사용자들에게 선물하기 위해서는 모든 소프트웨어의 기반이 되는 운영체제의 자유로움이 선행되어야 한다고 스톨만은 생각했습니다. 그래서 '유닉스(Unix)' 운영체제의 설계에 기반을 두고 '리눅스'◆를 개발하기 시작하죠. 재미있게도 여기에 'GNU는 유닉스가 아니다

◆ 리눅스가 유닉스를 기반으로 만들어졌기 때문에 리눅스 운영체제와 유닉스 운영체제의 명령어가 비슷하답니다.

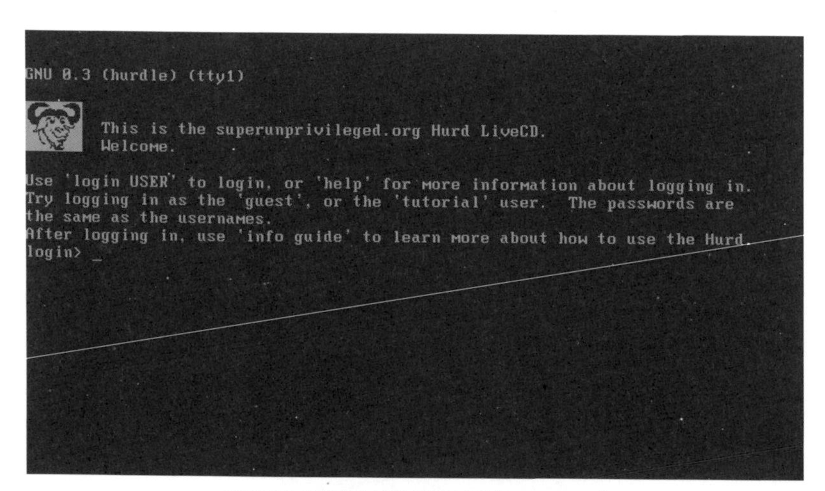

GNU 프로젝트를 통해 만들어진 'GNU Hurd'

(GNU is Not Unix)'라는 프로젝트 이름이 붙었습니다. 그렇게 스톨만의 GNU 프로젝트는 공개와 나눔, 참여의 정신을 확산시켰고 자유 소프트웨어 운동의 신호탄이 되었습니다.

GNU 프로젝트를 통해 운영체제 개발이 진행되었지만, 핵심 소프트웨어인 '커널'은 정작 완성되지 못하고 있었습니다. 이후 자유 소프트웨어 정신으로 미완성된 커널이 세상에 공개되었고 핀란드 대학생 리누스 토발즈의 노력으로 1992년 완성된 커널이 세상에 선보이게 됩니다. 이쯤 되면 운영체제의 이름이 왜 '리눅스'인지 눈치 챈 분들도 있겠습니다.

이러한 정신의 GNU 프로젝트는 소프트웨어에 대한 '자유 권리'를 법적으로 보장해주었고, 지금 우리에게 소프트웨어를 마음껏 사용할 수 있는 자유를 선물해주었습니다. free software에서 free는 무료를 의미하지 않습니다. 바로 스톨만이 추구했던 자유를 의미하는 단어이지요.◆

한 대학생의 노력으로 시작된 리눅스 커널는 전 세계 개발자들에 의해 지금까지 개선되어 안정성 있는 운영체제로 발전했습니다. 윈도우 운영체제는 기술력이 있고 큰 규모의 마이크로소프트 회사가 만들었지만, 리눅스는 전 세계의 개발자들의 힘으로 만든 소프트웨어인 것이죠.

◆ 대학교 시절 컴퓨터 잡지에 리눅스의 소스코드가 소개되곤 했는데요. 사실 그 당시 왜 코드를 공개하는지도 몰랐습니다. 지금 되돌아보면, 자유와 공유의 정신을 미처 모르고 리눅스를 사용했던 것 같아 아쉬움이 생깁니다.

오른쪽 펭귄 그림이 리눅스의 마스코트입니다. 1996년 리눅스가 확산되면서 로고를 만들었다고 하는데요. 리눅스 로고는 재미있고 친근해야 한다는 리누스 토발즈의 의견으로 이렇게 귀여운 펭귄이 리눅스를 대표하게 되었답니다.

엄밀하게 따지면 '리눅스'라는 용어는 리눅스 커널만을 뜻합니다. 종종 '리눅스 배포판'이라는

◆ 커널은 응용 소프트웨어로부터 요청을 받아 처리해주고, 메모리, 네트워크 등을 관리해주는 운영체제의 핵심 소프트웨어입니다.

말을 사용할 때가 있는데요. 이것은 커널◆ 외에 다른 소프트웨어를 포함한 운영체제를 말한답니다. 의미 그대로 다른 사람들에게 나눠주기 위한 소프트웨어이기 때문에 배포판이라는 말을 사용하는 것이죠.

리눅스는 서버 분야에서 유닉스와 윈도우 운영체제의 대안으로 자리 잡았습니다. 이 두 운영체제는 고가의 상용 소프트웨어인지라 기업들에게 부담이 있을 수밖에 없거든요. 그래서 기업들은 비용 부담 없는 리눅스 운영체제를 사용해 소프트웨어를 개발하고 있습니다. 또한 리눅스는 내부 동작방식이 모두 공개되어 있기 때문에 운영체제를 공부하고 싶은 학생들이 리눅스의 명령어뿐만 아니라 소스코드도 공부하고 있습니다. 운영체제를 잘 이해해야 이를 바탕으로 실행되는 응용 소프트웨어를 잘 이해할 수 있기 때문이죠.

안드로이드와 iOS

스마트폰의 대표 운영체제

스마트폰으로 음악을 듣고, 카카오톡으로 친구와 대화를 나누며, 인터넷도 합니다. 디지털카메라 성능에 못지않은 스마트폰의 등장으로 무거운 카메라를 들고 다녀야 하는 수고로움이 한결 줄어들었지요. 스마트폰은 전화기 이상의 가치를 우리에게 선사하는 것 같습니다.

스마트폰이 컴퓨터처럼 다양한 기능을 제공할 수 있는 것은 바로 운영체제 덕분입니다. 스마트폰에 운영체제가 탑재되면서 다양한 응용 소프트웨어를 사용할 수 있게 되었거든요.

가장 많이 사용하는 스마트폰 운영체제는 Android(안드로이드)와 iOS(아이오에스)가 있습니다. 안드로이드 운영체제는 구글이라는 회사에서 만들었고, iOS는 애플에서 만든 운영체제입니다.

안드로이드 운영체제는 누구나 사용할 수 있도록 소스코드가 공개된 '공개 소프트웨어'인 터라 삼성 갤럭시, LG V10 등 다양한 스마트폰에 설치되어 있습니다. 반면 iOS는 애플 회사에서만 사용하기 위해 만들어진 운영체제이기 때문에 아이폰에만 설치되고 있지요.

안드로이드 운영체제는 구글 회사에서 리눅스 커널에 기반을 두고 만든 운영체제입니다. 다른 개발자들이 사용할 수 있도록 소스코드를 공개한 오픈소스이지요. 자유의 정신이 깃든 오픈 소스 덕분에 안드로이드 운영체제는 컴퓨팅 기능을 가진 많은 모바일 기기에서 설치되고 있습니다. 오픈소스를 통해 시장을 주도하는 모습을 보자니 오픈 소스의 위력이 느껴집니다.

안드로이드에는 가상머신이 설치되어 있습니다. '머신'이라는 단어 때문에 하드웨어로 오해할 수도 있겠지만, 여기서 우리는 '가상'이라는 단어에 관심을 가져야 합니다. 물리적 세상을 '가상'으로 만들기 위해서는 소프트웨어가 있어야 가능하거든요. 안드로이드 스마트폰 앱을 만들기 위해 코드를 작성하면 이 코드를 바이트코드로 번역해야 합니다. 이 코드가 스마트폰에 내려보내지면, 가상머신이 스마트폰에 맞게 기계코드로 변환하고 실행도 해줍니다.

장치드라이버

장치를 운전하는 소프트웨어

컴퓨터를 구입할 때 드라이버 CD가 박스 안에 포함되어 있었던 시절이 있었습니다. 물론 요즘도 CD가 포함된 경우가 있지만, 그보다는 해당 웹사이트에서 드라이버를 무료로 다운로드받을 수 있게 합니다. 인터넷이 대중화된 덕분이지요. '드라이버(driver)'라는 단어 때문에 십자(+)드라이버처럼 나사를 조이는 도구로 오해하면 안 됩니다. 이것도 엄연히 소프트웨어이거든요.

프린터와 컴퓨터를 케이블로 연결해도 프린터가 곧바로 동작하지 않습니다. 컴퓨터와 프린터가 서로 대화를 나눌 수 있도록 도와주는 소프트웨어가 설치되지 않았기 때문이죠. 프린터로 '100장 양면으로 인쇄해'라는 명령을 보내려면 운영체제에 '드라이버(driver)'라는 작은 소프트웨어가 설치되어 있어야 한답니다. 프린터를 살 때 항상 '드라이버 CD'를 제공했던 이유가 바로 이것입니다. 참고로 자동차를 운전하는 사람을 드라이버라고 부르는 것처럼 프린터를 운전하는 소프트웨어를 드라이버라고 부릅니다.

키보드, 마우스, 모니터 등의 장치를 사용할 때도 운영체제에 각각의

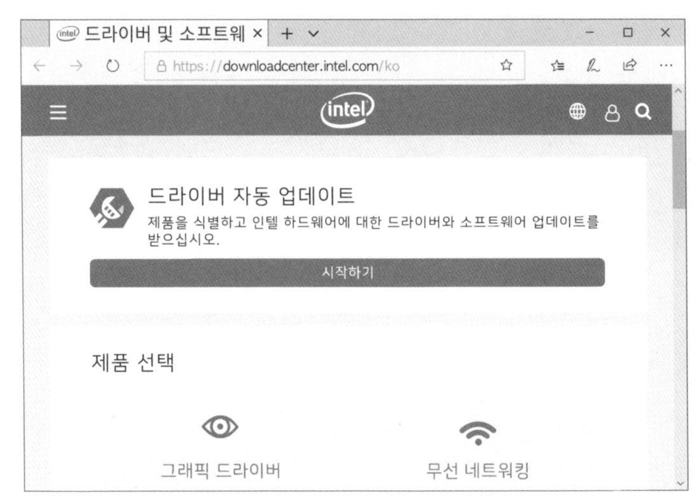

드라이버 다운로드 웹페이지

드라이버를 설치해야 합니다. 하지만 요즘 운영체제에는 잘 알려진 드라이버가 이미 포함되어 있기 때문에 장치를 컴퓨터에 꽂기만 하면 운영체제가 대부분 알아서 잘 인식해주지요.

87쪽 그림은 '컴퓨터 관리' 창으로 컴퓨터에 연결된 장치들을 보여주고 있습니다. 모니터, 배터리, 마우스, 키보드 등 다양한 장치들이 컴퓨터에 장착되어 있는데요. 이들 장치들을 운영체제가 관리합니다. 장치 관리를 위해 컴퓨터에는 드라이버가 설치되어 있어야 합니다. 만약 잘못된 드라이버라도 설치되어 있으면 하드웨어가 동작하지 않는답니다.

장치를 선택하고 마우스 오른쪽 버튼을 클릭하면 '드라이버 업데이트'가 메뉴에 나타납니다. 운영체제에 이 장치를 드라이브할 수 있는 소프트웨어가 설치되어 있는 상태이지만 '더 좋은 드라이버가 있으니 업데이트하세요!'라는 의미입니다.

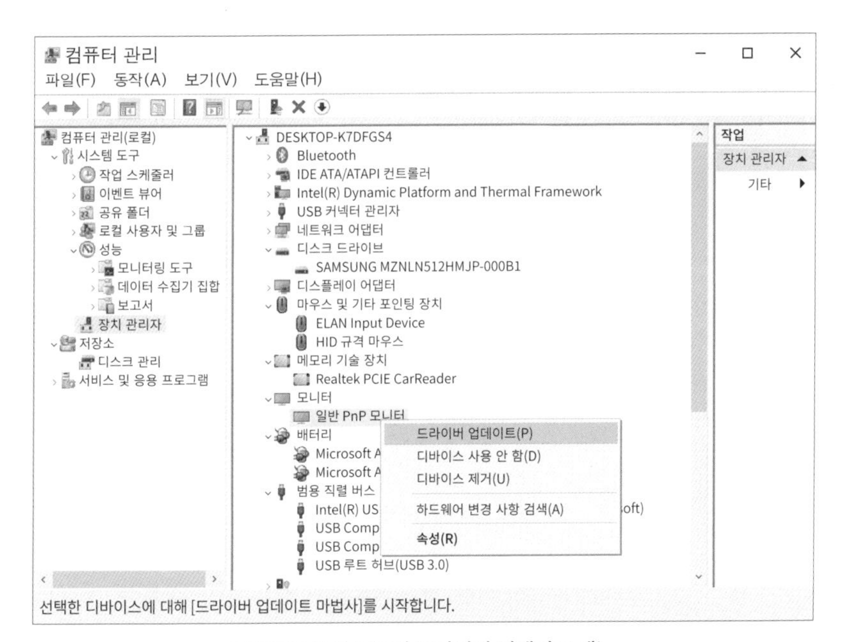

컴퓨터의 장치 목록과 드라이버 업데이트 메뉴

ROM과 RAM

운영체제는 ROM이 필요해!

컴퓨터 전원을 켤 때 메모리는 코드 한 줄도 없이 텅빈 상태로 시작합니다. 머릿속 기억(memory)이 언젠가 잊히듯 컴퓨터도 전원 버튼과 함께 메모리의 기억을 지웁니다. 어젯밤 자기 전에 컴퓨터를 꺼놓았다면 분명히 그 컴퓨터의 메모리는 깨끗하게 비워진 상태인 거지요. 우리는 이 메모리의 이름을 램(RAM, Random Access Memory)이라 부릅니다. 자신의 기억을 지우는 습관 때문인지 '휘발성 메모리(Volatile Memory)'라는 별명도 붙었습니다.

램(RAM)에 01010처럼 기계어로 작성된 실행코드가 올라가 있어야 중앙처리장치(CPU)가 무엇인가를 실행할 수 있습니다. 하지만 컴퓨터 전원을 켜는 순간 램 메모리는 아시다시피 텅텅 비어 있습니다. 메모리에 실행할 코드가 없는데 어떡하죠? CPU의 고민이 이만저만이 아닙니다. 이러한 이유로 CPU에게 전원을 켜자마자 제일

기억을 지우는 메모리, RAM

먼저 롬(ROM)에 들르라고 단단히 일러두었습니다.

롬(ROM, Read Only Memory)은 전원이 나가도 메모리 내용이 지워지지 않는 메모리입니다. 기억상실증으로 고생하는 램(RAM)을 위해 사용하는 메모리이지요. 그래서 컴퓨터 전원을 누르자마자 CPU는 램(RAM)이 아닌 롬(ROM)에서 코드를 읽기 시작한답니다.

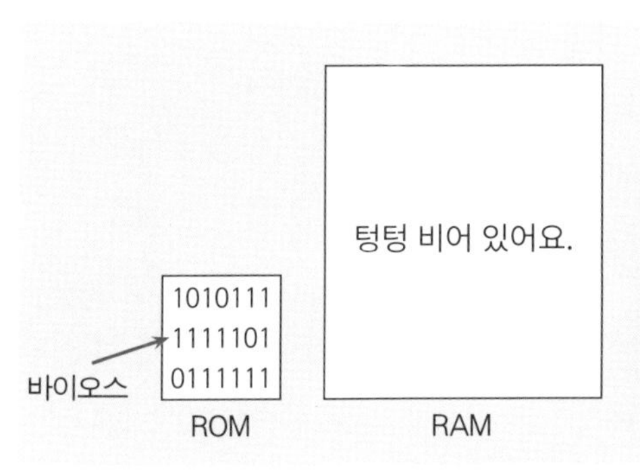

컴퓨터 전원을 켠 순간 ROM과 RAM의 모습

바이오스가 들어간 롬(ROM)

바이오스

컴퓨터 전원 버튼을 누르는 순간 실행되거라!

컴퓨터에 전원이 들어오면 '바이오스(BIOS)'라는 소프트웨어가 가장 먼저 동작합니다. BIOS는 Basic Input/Output System의 약자로 '기본적인' 장치의 입출력을 담당하는 소프트웨어입니다. 다양한 장치들이 많이 있겠지만, 정말 '기본적인' 장치만 바이오스가 챙깁니다. 키보드, 하드디스크, 메모리 등이 잘 연결되어 있는지를 확인하는 일을 하지요. 그럼 기본적이지 않은 장치들은 누가 담당할까요? 그건 덩치가 큰 운영체제가 맡습니다.

바이오스 → 부트로더 → 운영체제

컴퓨터 부팅 과정

'바이오스'는 컴퓨터 전원이 켜지자마자 실행되는 '소프트웨어'이기 때문에 기억력이 좋은 롬(ROM)에 저장되어 있어야 합니다.

다음 그림은 '바이오스'가 장치들을 점검하는 모습인데요. 검은색 화면에 흰색 글자만 보이는 모습이 조금은 촌스러워 보이지만, 어쩔 수 없습니다. 다양한 비주얼을 표현할 만큼 롬(ROM) 크기가 크지 않기 때문이죠. '바이오스'도 소프트웨어입니다. 다만 하드웨어와 아주 밀접한 관계가 있기 때문에 '펌웨어'◆라고 부르고 있지요.

◆ 펌웨어(firmware)는 firm과 ware가 합쳐진 단어입니다. firm은 '딱딱한, 단단한'이라는 의미를 가지고 있는데요. 딱딱한 하드웨어를 직접적으로 제어하는 소프트웨어이기 때문에 펌웨어라는 이름이 붙었답니다.

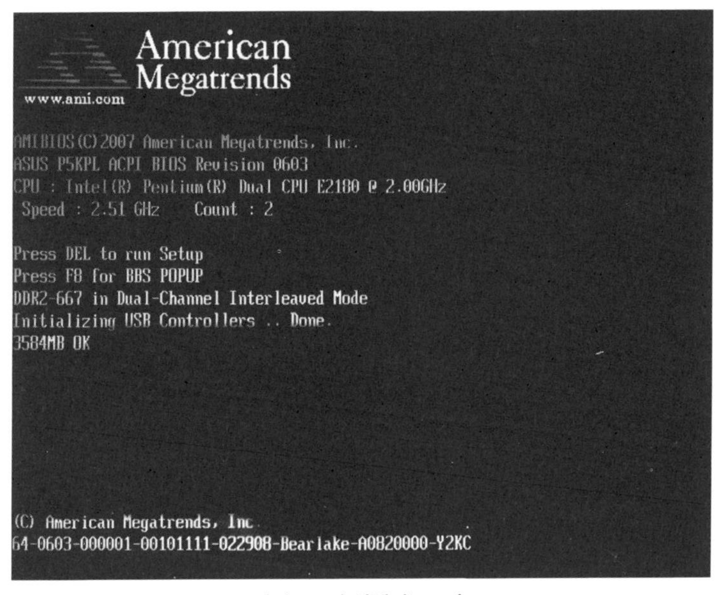

바이오스가 실행되는 모습

롬(ROM)은 Read Only Memory의 줄임말로, 메모리의 내용을 읽기만 가능해서 'Read Only'라는 이름이 붙었습니다. 롬(ROM)의 내용을 바꾸기 위해서는 컴퓨터를 분해하고 칩을 교체해야 하기 때문에 대단히 번거로웠습니다. 이런 이유로 지금은 롬(ROM)을 사용하지 않는답니다. 대신 읽기뿐만 아니라 쓰기도 가능한 플래시 메모리(Flash Memory)를 사용하고 있어요.

부팅
운영체제를 깨워주세요!

바이오스(BIOS)가 일을 마치면, '부트로더(bootloader)'라는 조그만 소프트웨어가 실행됩니다. 운영체제 부팅을 위해 바이오스가 부트로더로 바통을 넘기는 순간이죠. 소프트웨어는 수많은 코드들로 작성되어 있습니다. 컴퓨터는 0과 1밖에 이해하지 못하기 때문에 이 코드들은 이진수로 표현되어 있지요. 운영체제도 마찬가지로 0과 1의 코드들로 작성되어 있습니다. 잠자고 있는 운영체제를 깨우려면 운영체제의 코드들이 메모리에 올려져야 하는데요. 이런 막중한 일을 부트로더가 담당합니다. 부트로더가 하는 일을 지켜보던 사람들은 부트로더를 매우 대견하게 생각합니다. 부트로더와 같은 조그만 소프트웨어가 거대한 운영체제를 메모리에 올려놓다니 다윗이 골리앗과 싸우는 느낌마저 듭니다.

바이오스와 부트로더의 협력으로 운영체제가 메모리에 무사히 올려졌습니다. 이제야 부팅(Booting) 미션이 완료되었습니다. 경쾌한 음악소리와 함께 운영체제 바탕화면이 보인다면 운영체제가 실행될 준비가 되었다는 신호입니다.

운영체제의 존재감

컴퓨터를 체계적으로 관리해주는 소프트웨어

우리는 운영체제(Operating System)의 존재감을 느끼지 못하고 매일 컴퓨터를 사용합니다. 운영체제의 고마움을 모른 채 당연하게 사용했을 수도 있겠습니다. 그래도 괜찮습니다. 운영체제가 하고 있는 일을 알게 된다면 생각이 바뀔 테니까요.

컴퓨터에 USB 메모리를 연결하니 운영체제가 알아서 메모리를 인식합니다. 그리고 'USB 메모리를 꼽으셨군요! 제가 메모리에 있는 데이터를 잘 정리해서 보여 드릴게요'라는 메시지를 사용자에게 보여줍니다.

이렇게 운영체제는 USB 메모리에 저장된 파일을 열어 사용할 수 있도록 도와줍니다. 운영체제가 이런 일을 해주지 않는다면 우리가 직접 해야겠지요? 맞습니다. USB 메모리가 판매되었던 초기에는 USB 메모리 인식을 위해 별도의 소프트웨어를 사용자가 직접 컴퓨터에 설치해야만 했습니다. 하지만 지금은 운영체제가 알아서 인식해주니 컴퓨터 사용이 정말 편리해진 것은 확실하지요.

운영체제는 응용 프로그램과 하드웨어 사이에서 대단히 중요한 역할을 하는 소프트웨어입니다. 운영체제를 운영체계라고 부르기도 하는데요. 이

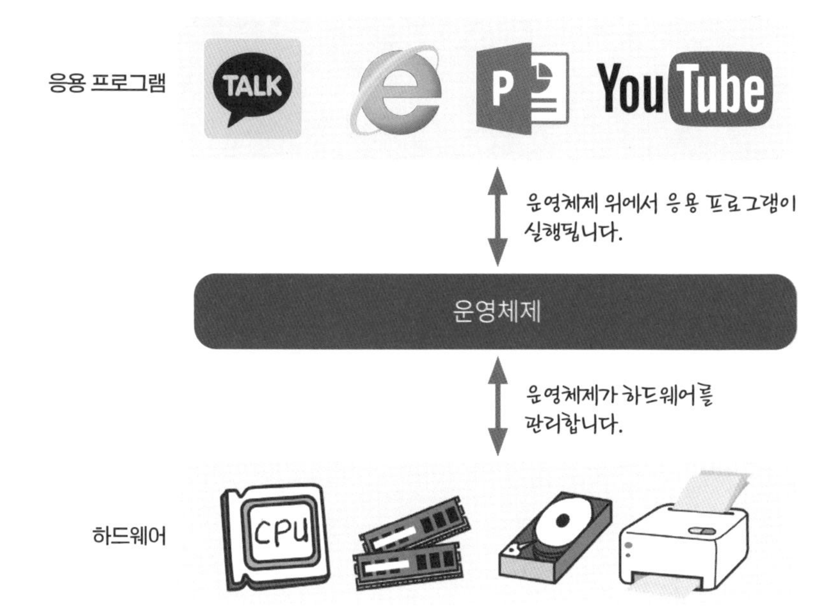

름이 뜻하는 것처럼 이 소프트웨어는 컴퓨터를 운영하는 나름의 체계를 가지고 있습니다. 컴퓨터가 탄생했던 1970년부터 많은 전문가들이 운영체제를 연구해왔으니, 이 소프트웨어의 체계성은 자타가 인정할 정도이지요.

예를 들어 호텔에서는 호텔을 운영하는 나름의 체계가 있습니다. 운영하는 체계란 방예약, 고객 응대, 식사 준비, 방청소, 주차관리 등 각자의 역할에 따라 정해진 규칙에 의해 수행되는 것을 말합니다. 그래서 손님이 체크아웃을 하면, 호텔의 규칙에 따라 방 청소가 시작되고, 방 청소가 끝나면 침구류가 모여 세탁이 되는 일련의 과정이 순서대로 일어납니다. 이 과정이 바로 호텔을 운영하는 체계이지요.

이렇게 운영체계가 잘되어 있어서 우리가 호텔을 예약할 때 방청소, 요리 준비 등을 신경 쓰지 않아도 되는 것입니다. 호텔만의 효율적 관리체계(운영체계)가 알아서 잘 준비하고 처리할 테니까요. 컴퓨터도 마찬가지랍니다. 운영체제가 있기 때문에 마우스가 어떻게 컴퓨터에서 인식되는지, 마우스 움직임이 모니터 화면에 어떻게 표시되는지, 카카오톡에서 보낸 메시지가 저 멀리 떨어진 다른 컴퓨터로 어떻게 보내지는지, 모니터에 사진이 어떻게 나타나는지 신경 쓸 필요가 없지요.

다음 그림은 운영체제가 관리하고 있는 '장치관리자' 화면입니다. 운영체제가 컴퓨터에 장착된 하드디스크, 모니터, 배터리 등의 하드웨어 장치를 관리하고 있는 것이 보입니다. 이처럼 운영체제는 하드웨어를 컨트롤할 수 있는 막강한 권력이 있습니다. 우리는 이 운영체제를 '시스템 소프트웨어'라고 분류합니다. '시스템(system)' 단어에서 힌트를 얻을 수 있듯이 시스템 소프트웨어는 장치를 움직이게 하는 소프트웨어입니다.

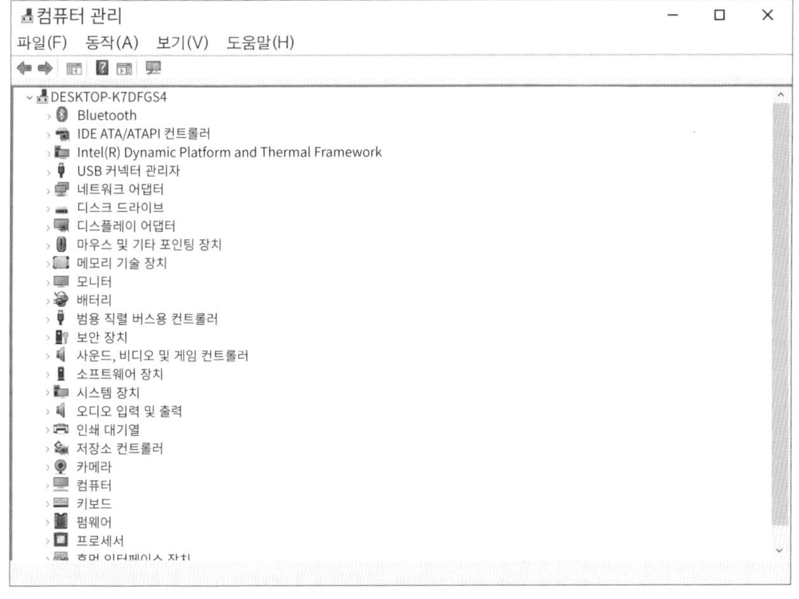

운영체제가 관리하는 장치들

카카오톡, 인터넷 익스플로러, 유튜브, 파워포인트 등과 같은 소프트웨어는 하드웨어를 건드릴 수 있는 권한이 없습니다. 그래서 시스템 소프트웨어의 도움을 받아야 하는 처지에 있지요. 이렇게 시스템 소프트웨어의 도움을 받아 사용자가 원하는 작업을 처리해주는 소프트웨어를 '응용 소프트웨어' 혹은 '응용 프로그램'이라고 부른답니다. 기반 기술을 '응용'해 만든 소프트웨어이기 때문에 이름이 이렇게 붙었지요.

운영체제는 이런 응용 프로그램을 관리합니다. 응용 프로그램들이 하드웨어를 공평하게 사용할 수 있도록 스케줄링하고, 메모리를 많이 사용하여 다른 프로그램에 피해를 주는 프로그램이 있다면 동작을 멈추게도 하는 최고의 권력을 가진 소프트웨어입니다.

하드디스크 관리

하드디스크의 0과 1의 이진데이터를 정리해서 보여줄게요

다음 그림은 운영체제에서 어느 폴더를 클릭한 모습입니다. 이 폴더에는 파일과 또 다른 폴더들이 있는데요. 이렇게 가지런히 정렬된 모습으로 파일들을 볼 수 있는 것은 다 운영체제 덕분이랍니다. 운영체제가 알아서 하드디스크의 데이터들을 잘 관리해주기 때문이지요.

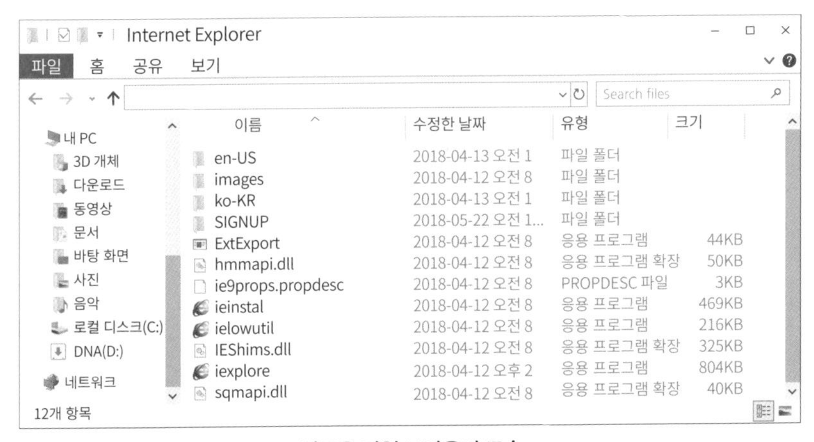

윈도우 파일 브라우저 모습

우리가 매일 작업하는 파일들은 하드디스크에 저장됩니다.

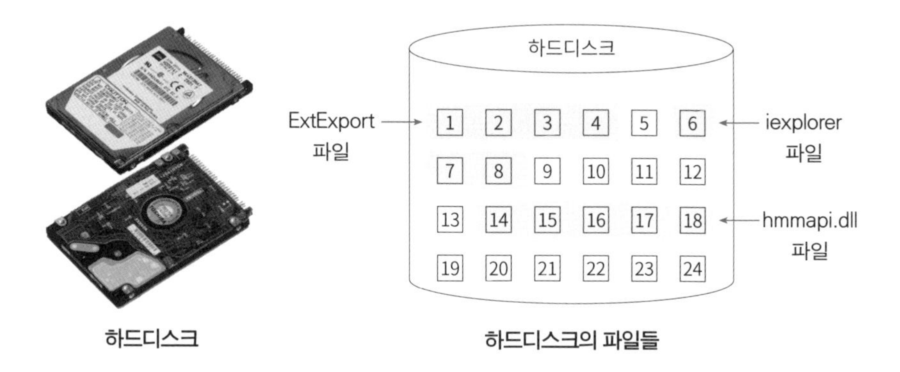

하드디스크 하드디스크의 파일들

하드디스크 안을 들여다보면 하나의 파일이 여러 개의 블록으로 나뉘어 기록되어 있는 것을 알 수 있습니다. 하드디스크에서 ExtExport 파일은 1~4번 블록에 저장되어 있고, iexplorer 파일은 6~8번 블록에 저장되어 있지요. 운영체제가 알아서 하드디스크를 관리해주기 때문에 우리는 하드디스크의 어느 위치에 파일이 저장되는지 신경 쓸 필요가 없답니다.

메모장 프로그램에서 글을 작성하면 이 글은 메모리에 올려져 있습니다.

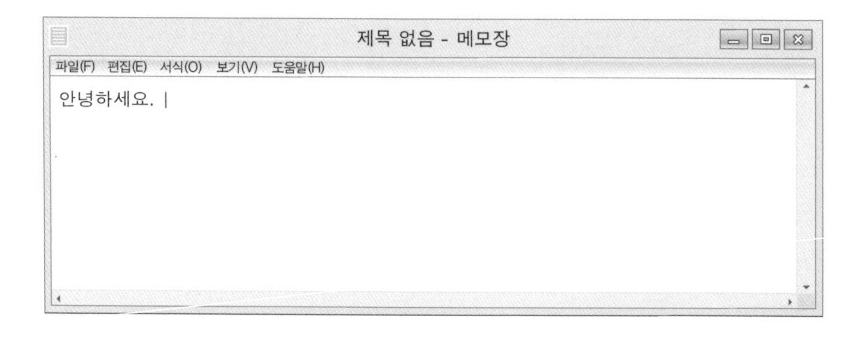

만약, 글 내용을 저장하지 않고 메모장 창을 닫으면 "변경 내용을 제목 없음에 저장하시겠습니까?"라고 질문 창이 나타납니다. 이때 '저장 안 함'

버튼을 클릭하면 메모장의 글은 하드디스크에 저장되지 않고 프로그램이 종료되지요. 그리고 잠시 후 메모리에 있는 데이터도 사라지게 됩니다.

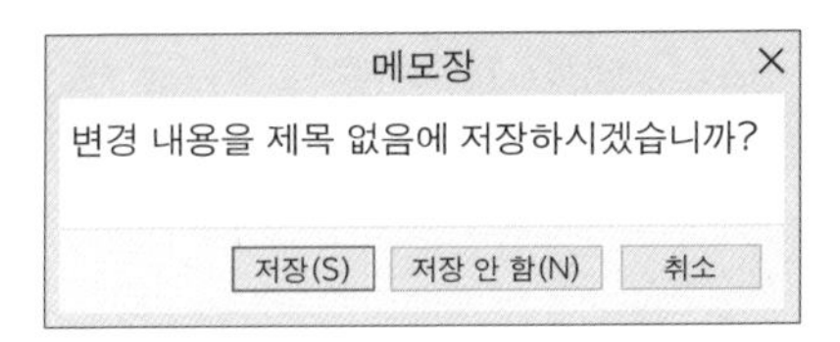

메모장에서 글을 작성하는 도중에 갑자기 정전이라도 발생하면 메모장의 글은 모두 사라지게 됩니다. RAM 메모리에 있는 모든 데이터는 전원이 공급되지 않으면 사라지기 때문이지요. 그래서 작성 중인 글이 사라지지 않도록 저장하기 위해서는 반드시 프로그램의 '저장' 기능을 실행해야 합니다. '저장' 기능을 실행하면 메모리의 데이터가 하드디스크로 기록되어 전원이 나가도 데이터가 사라질 염려가 없답니다.

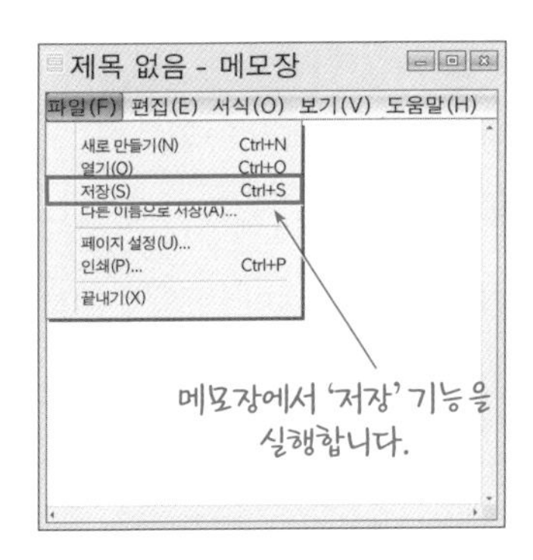

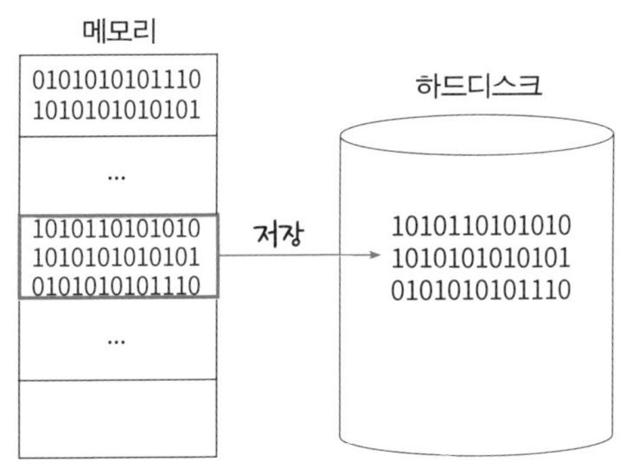

'저장' 기능을 실행하면 메모리의 데이터가 하드디스크로 기록됩니다.

메모리 관리

메모리를 짜임새 있게 사용할 수 있도록 관리해줄게

카카오톡, 파워포인트 같은 프로그램을 실행하려면, 우선 이 프로그램을 메모리에 올려야 합니다. 컴퓨터는 0과 1밖에 이해하지 못하기 때문에 메모리에 올라가는 소프트웨어는 0과 1로 작성된 바이너리 코드◆이어야 하지요. 여기서 메모리는 RAM(Random Access Memory)을 의미합니다. 그런데 운영체제가 메모리를 관리해야 하는 이유가 있습니다. 컴퓨터 전원을 켜면 메모리에는 맨 먼저 운영체제가 적재됩니다(올라갑니다). 그리고 웹브라우저, 파워포인트 등과 같은 프로그램도 올라가야 하는데요. 여러 개의 프로그램을 실행해야 해서 메모리 공간이 늘 부족하답니다. 그렇다고 넉넉히 사용하기에는 비싼 부품인지라 메모리를 짜임새 있고 효율적으로 사용해야 하지요. 한정된 용돈을 계획성 있게 절약하며 사용하는 것처럼 말입니다. 그래서 운영체제의 메모리 관리가 필요하고 또 중요한 것이랍니다.

◆ Java, C, 파이썬과 같이 고급 언어로 작성된 명령어를 '소스코드(source code)'라고 부릅니다. 소스코드는 사람들을 위한 코드이기 때문에 컴퓨터가 이해할 수는 없습니다. 그래서 '컴파일'이라는 과정을 거쳐 번역을 해주는데요. 이렇게 번역된 코드를 '바이너리 코드(binary code)' 혹은 '실행 가능한 코드(executable code)'라고 부르고 있어요.

다음 그림은 메모리의 모습입니다. 부팅이 완료되면 운영체제는 메모리에 올려져 있습니다. 작업 테이블에 물건을 올려놓고 일하듯 컴퓨터도 메모리에 소프트웨어를 올려놓는답니다. 운영체제 바탕화면에서 아이콘을 클릭하면 인터넷 익스플로러 프로그램이 메모리에 올라갑니다. 파워포인트, 카카오톡도 마찬가지고요. 만약 여기에 화려한 그래픽의 3D 게임이라도 실행하게 되면 메모리가 부족할 수도 있지요.

RAM 메모리의 모습

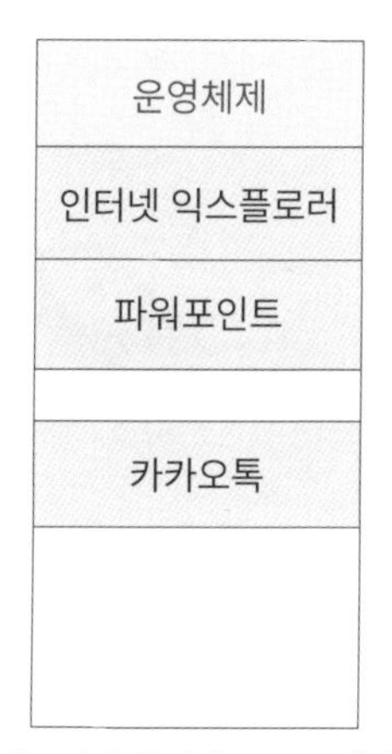

메모리에 올라간 소프트웨어

부족한 메모리 공간으로 근심이 많은 운영체제는 메모리를 작은 단위◆로 나누어 알뜰하게 관리하려고 마음먹었습니다. 작은 박스들을 사용해 물건을 정리하면 공간 활용도가 높아지는 것처럼 말이죠. 이렇게나 알뜰살뜰 메모리를 관리하지만, 그래도 메모리가 부족하게 되면 운영체제는 결단을 내립니다. 메모리 밖으로 쫓아낼 희생자 프로그램을 찾는 것이죠.

◆ 운영체제가 관리하는 메모리 단위를 '페이지'라고 부릅니다.

이런 노력에도 불구하고 메모리가 항상 부족하기 때문에 운영체제는 생각을 바꾸기로 결심했습니다. 메모리가 더 많이 있다고 생각하는 것으

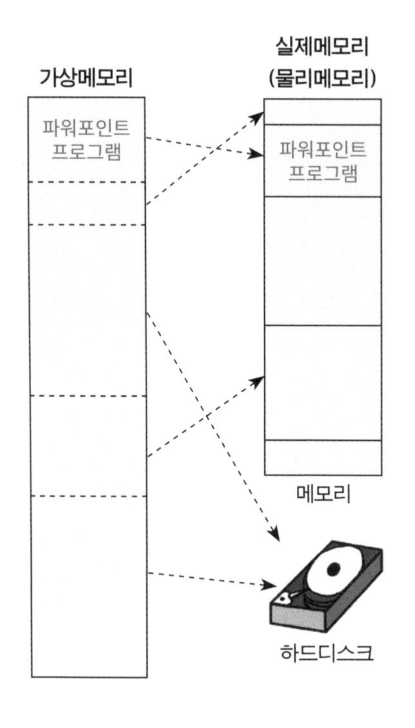

로요. 이것을 '가상메모리'라고 부릅니다. 실제메모리보다 더 많은 메모리가 있다고 가정하고 메모리를 관리하는 것이죠. 예를 들어 실제메모리는 16GB이지만 가상메모리는 32GB로 사용할 수 있습니다. 실제메모리는 '물리메모리'라고도 부릅니다. '가상'과 대비되는 의미로 '물리'라는 단어를 사용한 것이죠.

왼쪽 그림처럼 운영체제는 가상메모리를 가지고 작업을 합니다. 잘 사용하지 않는 프로그램 코드와 데이터는 하드디스크에 옮겨놓고, 당장 필요한 코드와 데이터는 물리메모리에 올려놓고 작업을 합니다. 그러다 보니 가상메모리의 주소와 실제메모리(물리메모리)의 주소가 다를 수밖에 없게 되는데요. 여기서 운영체제가 가상메모리의 주소를 물리메모리 주소로 변환해주는 역할을 합니다. 우리나라에서 지번 주소가 도로명 주소로 바뀌게 되자 우체국에서 주소 변환 서비스를 제공한 것과 비슷한 원리입니다.

103쪽 그림은 운영체제의 '작업관리자' 창의 모습입니다.◆ 작업을 수행하고 있는 프로그램(앱)을 확인할 수 있는 창이지요. 이 컴퓨터에는 응용 프로그램이 Internet Explorer(인터넷 익스플로러), KakaoTalk(카카오톡), Microsoft PowerPoint(파워포인트) 등이 실행되고 있습니다. 응용 프로그램마다 CPU, 메모리, 디스크 등의 하드웨어를 얼마나 사용하고 있는지도 숫자로 표시됩니다. 예를

◆ Ctrl, Alt, Del 키를 동시에 누르면 파란색 화면에 '작업관리자' 메뉴가 나타납니다. 이 메뉴를 클릭하면 작업관리자를 실행할 수 있어요.

들어 그림에서는 인터넷 익스플로러가 메모리를 116.4MB 사용하고 있다는 사실을 알 수 있네요.

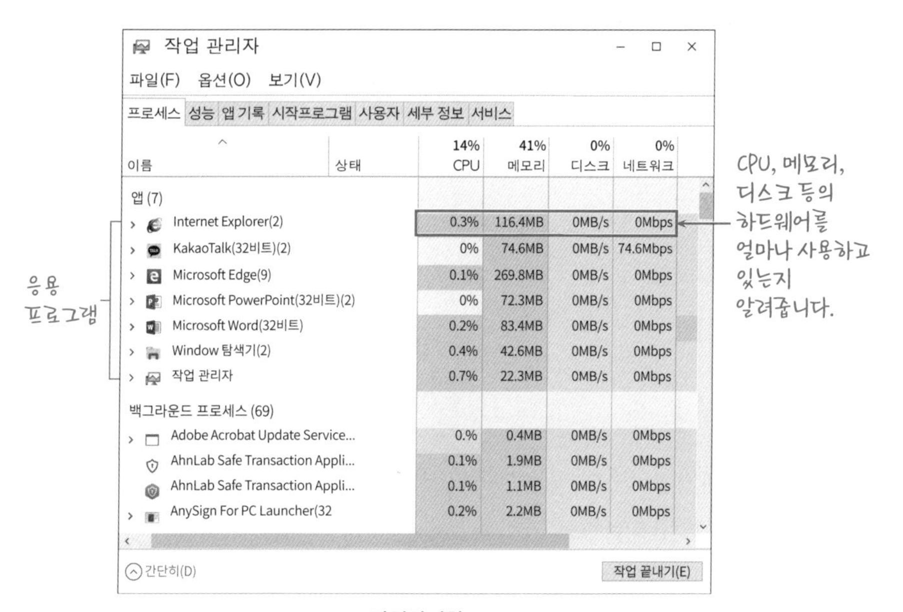

작업관리창

프로세스 관리

메모리에 올라간 프로세스를 관리해요

앞에서 설명한 것처럼 '프로그램'은 라틴어에서 유래된 단어로 '미리 쓴다'라는 의미입니다. 우리는 파워포인트, 카카오톡 등과 같은 소프트웨어, 즉 하드디스크에 저장된 실행파일을 '프로그램'이라 부릅니다. 프로그램은 수많은 명령어가 순서대로 동작하도록 작성되어 있는 일종의 명령어 집합체입니다. 연극 무대에서 배우들이 각본대로 자신이 맡은 역할을 연기하듯 프로그램도 각본대로 명령어들이 착착 실행되도록 작성되어 있습니다. 방송 프로그램은 미리 짜놓은 방송 순서를 말하는데요. 소프트웨어 프로그램도 미리 짜놓은 명령어 순서를 말하지요.

작업관리자 창에서 응용 프로그램을 '프로세스'라고 표현했는데요(105쪽 위 그림). '실행 중인 프로그램'을 특별히 '프로세스'라고 부릅니다. 이렇게 표현하는 이유가 있습니다. 모든 프로그램은 실행 가능한 코드 형태로 하드디스크에 저장되지만, 하드디스크에서 실행되지는 않습니다. 프로그램을 메모리에 올려야 CPU가 소프트웨어를 실행할 수 있게 되는 것이죠.

작업관리자 창의 '세부 정보'에서 실행 중인 프로그램을 확인할 수 있습니다(아래 그림). 프로그램의 상태가 모두 '실행 중'이라고 표시된 것이

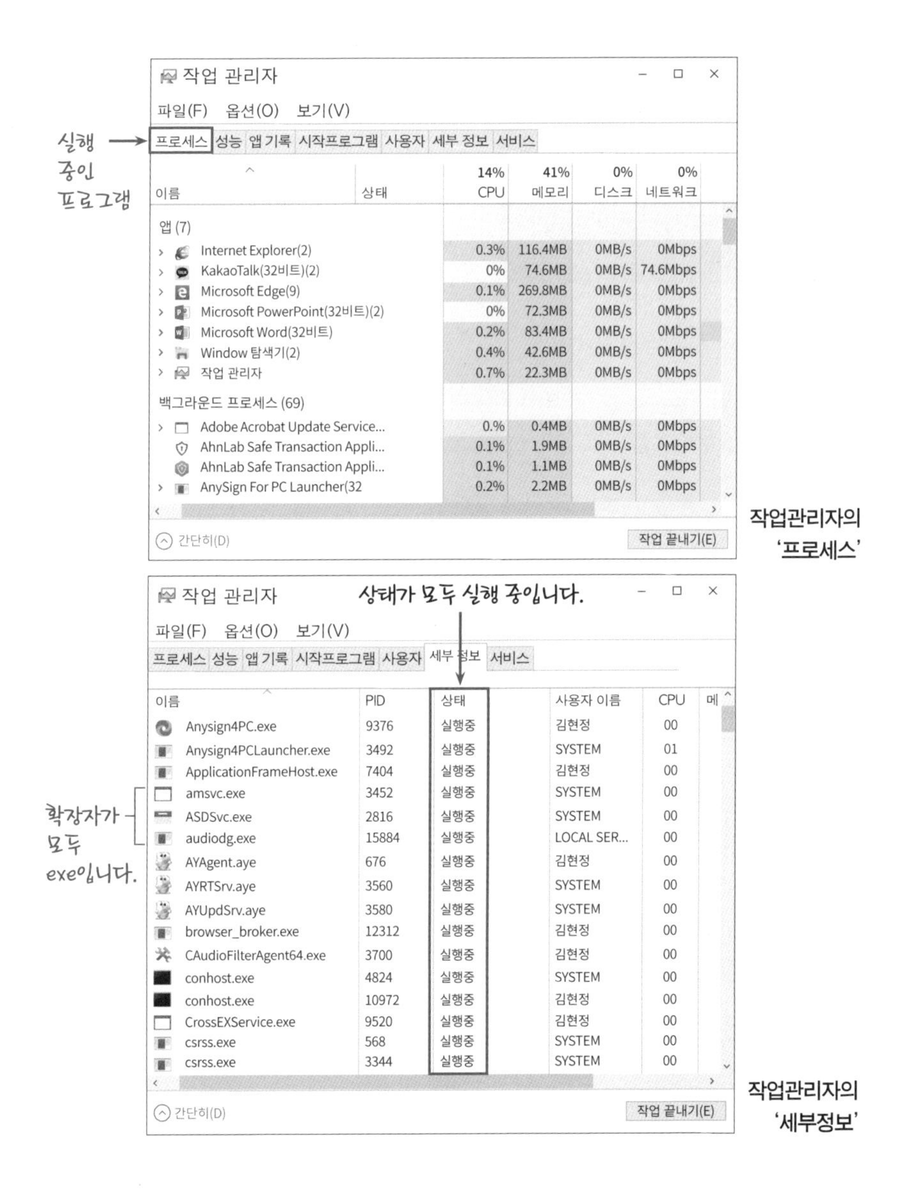

보이죠? 프로그램의 확장자도 약속한 듯 'exe'로 끝나고 있습니다. exe는 executable의 약자로 실행파일을 의미한답니다.

컴퓨터 바탕화면에 있는 마이크로소프트 워드 프로그램의 아이콘을 더블클릭하면 워드 프로그램의 실행 준비 창이 나타나며 우리를 조금은 오래

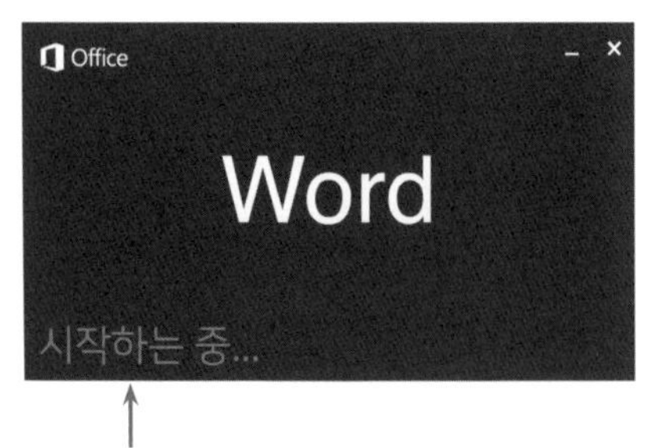

프로그램이 메모리에 올라가는 중입니다.

기다리게 만듭니다. 그리고 왼쪽 아래에 "시작하는 중…"이라고 알려줍니다. 왜 이렇게 프로그램 실행이 더디냐고요? 잠시만 기다리세요. 바이너리 코드가 메모리에 적재◆되는 중이거든요.

◆ 프로그램을 메모리에 올리는 것을 '적재하다(load)'라고 합니다.

e 모양의 아이콘을 더블클릭하면 하드디스크에 있는 인터넷 익스플로러 실행파일이 메모리에 올라갑니다. 메모리에 올라가면 실행 중인 프로그램이 되는 것이죠. 만약 다시 한 번 아이콘을 더블클릭하면 실행파일이 다시 메모리에 올라갑니다. 이제는 두 번째 실행 중인 프로그램이 시작되는데요. 이렇게 하드디스크의 프로그램 실행파일은 하나이지만, 메모리에는 여러 개의 프로세스를 만들 수 있습니다. 예를 들어 다음 그림처럼 메모장 프로그램 창이 2개 띄워지면, 작업관리자에는 2개의 프로세스가 나타납니다(107쪽의 그림). 즉 프로그램은 1개이지만 프로세스는 2개가 되는 거지요.

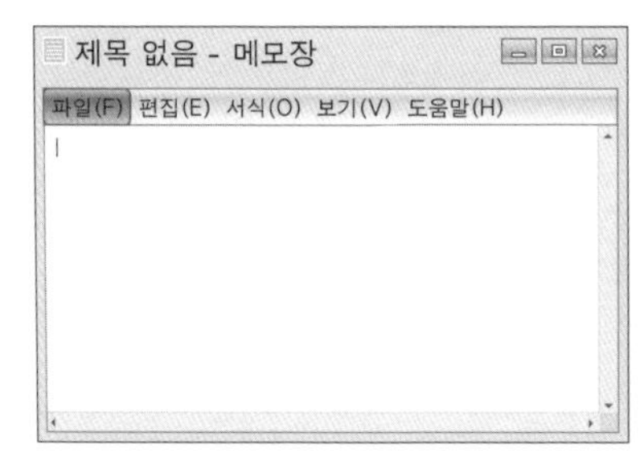

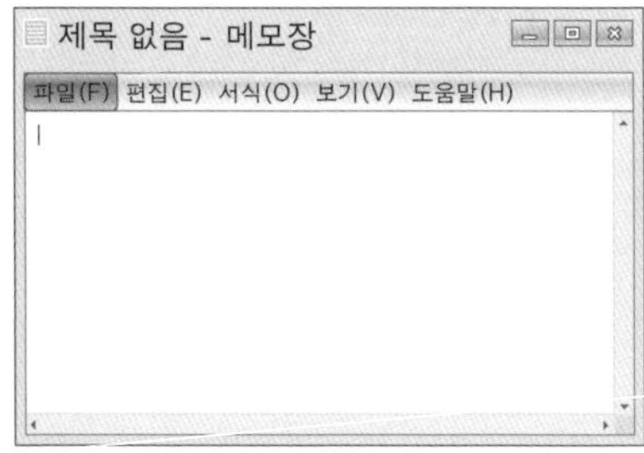

이처럼 운영체제는 프로그램을 실행하기 위해 메모리에 실행코드를 올려주는 일을 하고, 메모리에 올라가 있는 프로세스를 관리합니다. 또 여러 개의 프로세스가 실행되기 때문에 프로세스들이 공평하게 CPU를 사용할

수 있도록 스케줄링을 합니다. 혹시나 급하게 처리되어야 하는 프로세스가 있다면 '우선순위'를 높여 CPU를 더 많이 사용할 수 있도록 배려하는 일도 한답니다.

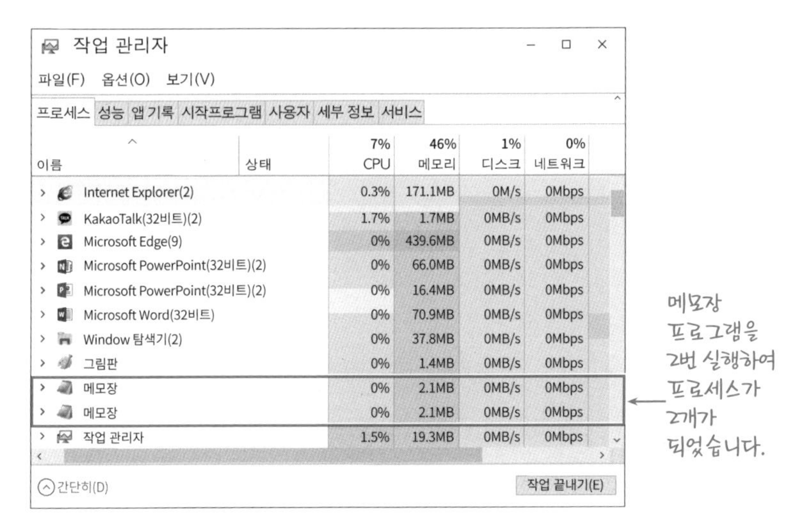

작업관리자의 '프로세스'

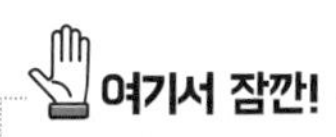

여기서 잠깐!

프로세스와 프로세서는 다릅니다. '프로세스'는 프로그램이 메모리에 올라간 형태를 말하는 반면, '프로세서'는 중앙처리장치인 CPU(Central Processing Unit)를 의미하는 말입니다. '프로세서(processor)'는 우리말로 '처리기'입니다. CPU가 소스코드로 작성된 명령어를 '처리'하기 때문에 그렇게 이름이 붙은 것이지요. IT 세계에서는 CPU와 '프로세서'를 혼용하고 있어요.

입출력 관리
키보드로 입력하고, 모니터로 출력하고

'입력(input)'은 컴퓨터에 데이터를 넣는 것을 의미합니다. 반대로 '출력(output)'은 컴퓨터에서 데이터를 빼내는 것을 의미하지요. 컴퓨터에 데이터를 넣기 위해 키보드로 글자를 입력하기도 하고, 마우스로 버튼을 클릭하기도 합니다. 반대로, 컴퓨터에서 데이터를 빼내기 위해 모니터 화면에 글자를 보여주기도 하고, 프린터로 종이에 데이터를 인쇄하기도 한답니다. 마우스, 키보드 등이 입력장치이고 모니터, 프린터 등이 출력장치입니다.

컴퓨터의 입력과 출력은 운영체제가 관리해줍니다. CPU가 열심히 일하는 도중에 입력 신호가 들어오면 하던 일을 멈추고 입력장치가 요청하

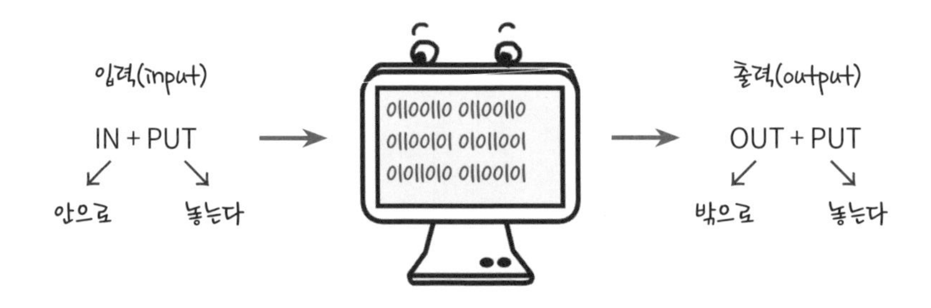

는 일을 처리하지요. CPU 입장에서는 열심히 프로그램 명령어를 처리하고 있는데, 마우스가 CPU가 하는 일을 방해하니, 이것을 '인터럽트(interrupt)'라고 부릅니다.

컴퓨터를 부팅하면 CPU가 운영체제도 실행해야 하고, 응용 프로그램도 실행합니다. 여러 개의 프로그램을 실행하면서 입력장치의 인터럽트(방해)까지도 처리하고 있지요. 그럼에도 불구하고 전혀 바쁘다는 표시를 내지 않는 CPU에 박수를 보내고 싶습니다.

입력과 출력 장치를 관리하기 위해 특별한 소프트웨어를 설치해야 합니다. 이것을 '디바이스 드라이버'라고 부르는데요. '디바이스(device)'는 장치를 의미하고 '드라이버(driver)'는 운전기사를 뜻합니다. 즉 '디바이스 드라이버'는 장치를 운전하는 소프트웨어를 말하지요. 앞서 설명한 인터럽트를 디바이스 드라이버가 담당합니다. 예전에는 컴퓨터에 새로운 장치를 연결하려면 디바이스 드라이버를 꼭 설치해야만 했는데요. 요즘은 그럴 일이 많이 줄어들었지요. 최신 운영체제에는 잘 알려진 드라이버가 이미 포함되어 있기 때문입니다.

USB 마우스를 컴퓨터에 연결하니 운영체제가 알아서 필요한 소프트웨어를 준비시킵니다. 그리고 아래와 같은 메시지로 마우스 사용이 준비되었음을 알려줍니다.

디바이스가 준비됨
'USB Receiver'을(를) 설정하고 사용할 준비가 되었습니다.

커널과 셸

운영체제의 알맹이와 껍데기

운영체제의 핵심 소프트웨어를 '커널(kernel)'이라고 부릅니다. 커널은 우리말로 알맹이, 핵심이라는 의미로, 운영체제라는 거대한 소프트웨어에서 아주 중요한 소프트웨어랍니다. 앞에서 운영체제가 CPU, RAM, 디스크, 네트워크 등의 하드웨어를 관리한다고 설명했는데요. 바로 운영체제의 커널이 이 일을 담당합니다. 이렇게 하드웨어를 관리하는 막강한 특권을 가지고 있는 커널을 두고 '특권 모드(privileged mode)'라는 말까지 사용한답니다.

커널에 대비되는 말로 '셸(shell)'이라는 개념이 있습니다. 셸은 사용자가 컴퓨터에 내린 명령을 번역해주고 커널에 이 명령을 전달하는 응용 프로그램입니다. 셸은 커널과 사용자가 대화할 수 있도록 도와주는 고마운 소프트웨어이지요.

달걀로 비유하자면, 노른자는 '커널'에 해당하고 껍질이 '셸'이라 할 수 있습니다. 그럼 흰자는 무엇이냐고요? 아마도 '시스템 호출'이 될 것 같습니다.

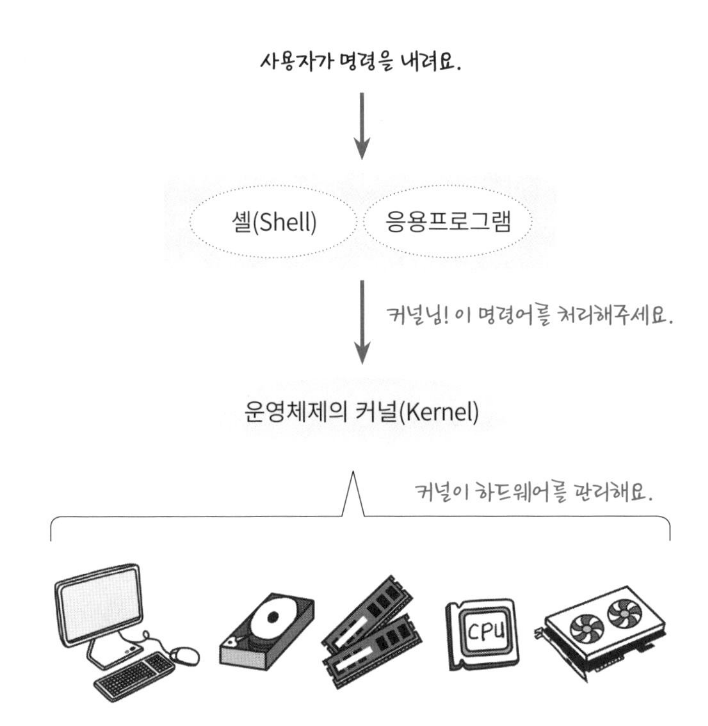
사용자가 명령을 내려요.
셸(Shell)
응용프로그램
커널님! 이 명령어를 처리해주세요.
운영체제의 커널(Kernel)
커널이 하드웨어를 관리해요.
CPU

시스템 호출

응용프로그램이 운영체제에게 부탁하는 소리

우리가 응용 프로그램을 사용한다는 것은 컴퓨터 하드웨어를 끊임없이 사용한다는 것과 같습니다. '한글' 프로그램을 사용한다고 생각해보세요. 바탕화면의 '한글' 아이콘을 더블클릭하면 하드디스크에 저장된 실행파일이 메모리에 올라갑니다. 가구를 만들기 위해 작업대에 도구와 자재들을 올려놓듯 말이지요. 워드프로세서에서 문서를 열려면 응용 프로그램이 하드디스크에 접근해야 합니다. 모든 데이터는 하드디스크에 저장되어 있기 때문이죠.

하지만 응용 프로그램에게는 하드웨어를 사용할 권한이 없기 때문에, 운영체제의 커널에게 서비스를 요청해야 합니다. 응용 프로그램이 하드웨어 장치를 사용하고 싶다면 운영체제를 호출해야 하지요. "운영체제님! 디스크에 저장된 문서를 열고 싶습니다!"라고요. 우리는 이것을 '시스템 호출(System Call)'이라고 부릅니다.

프로그램이 실행되면 자신만의 영역을 사용할 수 있습니다. 다른 프로그램의 영역이나 운영체제 영역을 건드리지 못하도록 설계되어 있지요. 가장 높은 권력을 가진 운영체제의 통제하에 응용 프로그램이 하드웨어를 사용할 수 있도록 한 것이지요.

만약 운영체제가 없었더라면 응용 소프트웨어를 개발하는 사람들은 하드웨어까지 공부해야 했을 거예요. 운영체제가 하는 일이 이렇게나 많다니 다시 한 번 고마움을 느끼게 되네요. 메모리의 어느 위치에 프로그램을 올려야 하는지 걱정이라고요? 에이, 그런 건 운영체제에 맡기고, 우리는 응용 프로그램 개발에만 집중합시다.

GUI와 CLI

컴퓨터와 사람이 소통하는 지점

우리는 파일 탐색기를 사용해 파일 복사, 이름 바꾸기 등의 작업을 합니다. 이런 일을 하려면 사용자가 운영체제 커널에 직접 명령을 보내야 하지만, '친절한 운영체제 씨' 덕분에 마우스 클릭만으로 하드디스크의 파일을 손쉽게 관리할 수 있지요. 친절한 운영체제는 우리에게 GUI라는 인터페이스를 선물했습니다. GUI는 Graphical User Interface의 약자로, 컴퓨터와 사람이 만나는 화면이 그래픽적으로 제공된다고 해서 그 이름을 '그래픽 기반 사용자 인터페이스'라고 부릅니다. 요즘 사용하는 컴퓨터는 대부분 그래픽 사용자 인터페이스(GUI)인데요. 화려한 운영체제 바탕화면에 아이콘을 마우스로 더블클릭해서 프로그램을 실행하는 방식을 말합니다.

그래픽 기반 사용자 인터페이스

하지만 운영체제가 탄생했던 초기에는 운영체제가 그리 친절하지 않았습니다. 검은색 화면에 흰색 글자만 나왔던 어두침침한 운영체제는 전문가들만이 즐길 수 있었던 전유물이었지요. 다음과 같은 화면을 CLI(Command Line Interface) 또는 CUI(Character User Interface)라고 부릅니다. 우리말로는 '명령줄 인터페이스'◆라고 합니다.

지금도 리눅스, 유닉스 운영체제를 사용하는 전문가들은 명령어 기반 인터페이스를 사용하고 있습니다. 컴퓨터를 전공하는 사람들은 신기하게도 이러한 검은색 화면에 푹 빠져들어 있답니다.

◆ '인터페이스'는 inter(사이의)와 face(얼굴)의 합성어입니다. '얼굴과 얼굴 사이'라는 뜻을 가지고 있는 이 단어는 시스템과 시스템의 경계를 의미할 때 사용한답니다. 물론 시스템과 사람, 장치와 소프트웨어 간의 경계도 인터페이스라고 말하지요.

```
Current date is Tue  1-01-1980
Enter new date:
Current time is  7:48:27.13
Enter new time:


The IBM Personal Computer DOS
Version 1.10 (C)Copyright IBM Corp 1981, 1982

A>dir/w
COMMAND  COM    FORMAT   COM    CHKDSK   COM    SYS      COM    DISKCOPY COM
DISKCOMP COM    COMP     COM    EXE2BIN  EXE    MODE     COM    EDLIN    COM
DEBUG    COM    LINK     EXE    BASIC    COM    BASICA   COM    ART      BAS
SAMPLES  BAS    MORTGAGE BAS    COLORBAR BAS    CALENDAR BAS    MUSIC    BAS
DONKEY   BAS    CIRCLE   BAS    PIECHART BAS    SPACE    BAS    BALL     BAS
COMM     BAS
      26 File(s)
A>dir command.com
COMMAND  COM     4959   5-07-82  12:00p
       1 File(s)
A>
```

초기 운영체제(MS-DOS) 실행 화면

```
root ~ # ping google.com
PING google.com (74.125.95.103) 56(84) bytes of data.
64 bytes from iw-in-f103.1e100.net (74.125.95.103): icmp_seq=1 ttl=47 time=15.3
ms
^C
--- google.com ping statistics ---
1 packets transmitted, 1 received, 0% packet loss, time 0ms
rtt min/avg/max/mdev = 15.453/15.453/15.453/0.000 ms
root ~ # ls
Desktop  README
root ~ # cd /
root / # ls
bin   dev  home  lost+found  mnt  proc  sbin    srv  tmp  var
boot  etc  lib   media       opt  root          sys  usr
root / # pacman -Ss pidgin
extra/libpurple 2.6.6-1
    IM library extracted from Pidgin
extra/pidgin 2.6.6-1
    Multi-protocol instant messaging client
extra/pidgin-encryption 3.0-3
    A Pidgin plugin providing transparent RSA encryption using NSS
extra/purple-plugin-pack 2.6.3-1
    Plugin pack for Pidgin
extra/telepathy-haze 0.3.4-1 (telepathy)
    A telepathy-backend to use libpurple (Pidgin) protocols.
community/guifications 2.16-1
    A set of GUI popup notifications for pidgin
community/pidgin-fonomobutton 0.1.6-1
    Adds a video-chat button to the the conversation window
community/pidgin-libnotify 0.14-3
    pidgin plugin that enables popups when someone logs in or messages you.
community/pidgin-musictracker 0.4.21-2
    A plugin for Pidgin which displays the music track currently playing.
community/pidgin-otr 3.2.0-1
    Off-the-Record Messaging plugin for Pidgin
root / #
```

운영체제(리눅스) 실행 화면

가상머신

컴퓨터 속에 또 다른 컴퓨터

'가상'의 세계를 꿈꿔본 적이 있나요? 멋진 자동차를 타고 하늘을 나는 꿈, 억만장자가 되는 꿈, 투명인간이 되는 꿈은 현실이 아니라 '가상'이라고들 합니다. 그런 상상으로 하루가 행복해질 수 있다면 가상이라도 좋겠습니다.

한 대의 컴퓨터에는 '동시에' 하나의 운영체제만 실행될 수 있습니다. 물론 여러 개의 운영체제를 설치하는 '멀티 부팅'이라는 것도 있지만, 여러 운영체제 중 하나를 선택할 수 있다는 의미이지 여러 개를 동시에 실행할 수는 없습니다.

컴퓨터의 사양이 좋아지자 사람들은 이런 생각을 하기 시작했습니다. '왜 하나의 운영체제만 실행해야 하지? 여러 개의 운영체제를 실행하면 리눅스도 사용할 수 있고 윈도우도 사용할 수 있을 텐데.' 윈도우 운영체제를 사용할 수밖에 없는 국내 환경에서 리눅스를 공부하고 싶은 어느 대학생의 생각이었습니다.

허리 줄을 졸라매며 비용 절감을 해야 하는 어느 회사에서는 이런 아이디어가 떠올랐습니다. '컴퓨터의 CPU, 메모리 자원이 펑펑 남아도는데 왜

또 컴퓨터를 사야 하지? 고성능의 컴퓨터를 쪼개어 사용할 수 있으면 좋을 텐데…….'

어느 회사에서 매년 시스템을 업그레이드하고 있었습니다. 그런데 그때마다 장비를 구입하려니 공간도 공간이고 비용도 만만치 않았습니다. 있는 장비들도 성능이 워낙 좋아 앞으로 5년은 더 사용할 수 있을 정도였으니까요.

이렇게 한 장비에 여러 운영체제를 설치하고 동시에 실행하고자 하는 니즈(needs)가 생겼습니다. 그래서 '가상'의 것을 생각해낸 것일까요? 물리적인 컴퓨터에 여러 대의 가상머신을 만들기 위한 기술이 연구되었습니다. 잘 알다시피 '가상'은 '물리'와 대비되어 사용되는 말입니다.

컴퓨터는 물리적 기계(machine)입니다. 물리적 기계를 나누어 사용할 수 있도록 '하이퍼바이저(hypervisor)'◆라는 소프트웨어를 개발해 하드웨어를 가상화하고 있습니다. 이 기술 덕분에 물리적으로 컴퓨터는 한 대이지만, 여러 대의 가상의 기계가 있는 것처럼 사용할 수 있지요. 바로 이 가상의 기계를 '가상머신(virtual machine)'이라고 부릅니다.

◆ 하이퍼바이저는 하드웨어를 가상화하고 가상머신을 관리해 주는 소프트웨어입니다.

가상화 기술을 이용해 물리적 컴퓨터에 여러 대의 가상머신을 설치하고, 각각에 운영체제를 독립적으로 실행할 수 있습니다. 가상머신에 설치된 운영체제는 CPU, 메모리, 네트워크 등의 자원을 독립적으로 사용할 수 있어서 다른 운영체제에 영향을 받지 않습니다. 여기서 물리적 컴퓨터에 설치되는 운영체제를 '호스트 운영체제'라고 부르고, 호스트 운영체제 위에 설치되는 가상의 운영체제를 '게스트 운영체제'라고 합니다. 주

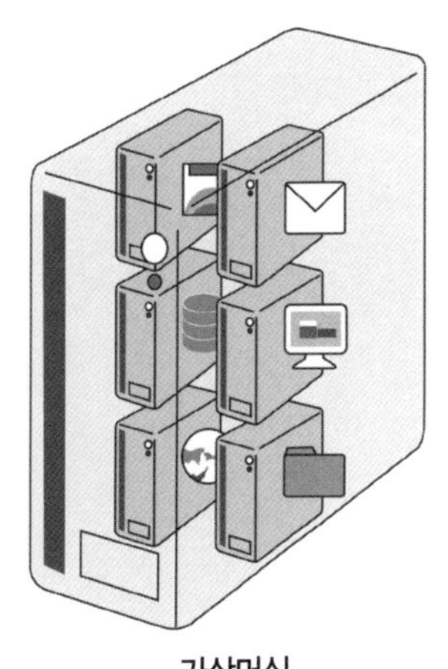
가상머신

인장과 손님의 개념이 묻어난 이름이지요.

요즘은 컴퓨터 학원에서도 가상머신을 많이 사용하고 있습니다. 학생들 교육을 위해 가상머신을 활용해 실습 장비를 준비하고, 교육이 끝나면 '삭제' 메뉴 클릭만으로 가상머신을 간단히 삭제해버리는 것이죠. 과거에는 컴퓨터마다 설치 CD를 넣고 운영체제 설치한 다음 응용 소프트웨어를 설치하고 이것저것 환경까지 설정해야 했는데요. 시간과 노력이 만만치 않게 드는 작업이었지요. 이제는 공들여 만들어놓은 가상머신 하나만 있으면 그다음부터는 손쉽게 복사해서 쓸 수 있답니다.

이런 효과적 쓰임새 덕분에 다양한 '가상머신'이 판매되고 있습니다. 물론 오픈소스도 있습니다. 마이크로소프트 회사의 'Virtual PC', VMWare 회사의 'VMWare Workstation', 오라클 회사의 '버추얼박스(Virtual Box)' 등이 있지요. 소프트웨어 이름에 '가상'이나 '버추얼'이라는 단어가 들어간다면 가상머신을 위한 소프트웨어라는 힌트를 얻을 수 있습니다.

클라우드 컴퓨팅
구름 속의 컴퓨터

IT 세계에서 인터넷은 구름으로 표현됩니다. 구름을 영어로 '클라우드(Cloud)'라고 하는데요. '클라우드 컴퓨팅(cloud computing)'은 인터넷에 기반을 둔 컴퓨팅으로, 인터넷으로 연결된 저 먼 곳의 컴퓨터에서 작업을 처리하는 기술을 말합니다.

여기서 멀리 떨어진 컴퓨터는 클라우드 센터에 위치한 서버 컴퓨터를 말합니다. 이 서버를 사용하여 소프트웨어의 기능을 서비스 형태로 제공하는데요. 소프트웨어를 CD에 담아 판매하는 것이 아니라 서비스 형태로 제공하기 때문에 SaaS(Software as a Service)라고 말합니다. 소프트웨어뿐만 아니라 플랫폼인 운영체제도 서비스 형태로 빌릴 수도 있습니다. 우리는 이것을 PaaS(Platform as a Service)라고 하지요.

내 컴퓨터에 설치된 프로그램을 사용하기도 하고, SaaS(사스)처럼 인터넷에 접속해 웹브라우저에서 소프트웨어를 사용하는 경우도 있습니다. 어떻게 보면 SaaS는 일종의 렌털 서비스 같다는 생각도 듭니다.

그럼 왜 저 멀리 떨어진 클라우드 센터의 서버를 이용하는 것일까요? 그냥 회사에 있는 서버를 사용하면 안 되는 걸까요? 그 이유는 서버 구축

클라우드 컴퓨팅 메타포어

과 유지보수를 전문기업에 맡길 수 있기 때문입니다. 클라우드 센터는 정전을 대비한 전력 시설, 서버의 열기를 식혀주는 항온항습 장치, 중단 없는 서비스를 위한 전문인력 등이 갖추어져 있습니다. 또한 서버의 접근을 철저하게 통제하기 때문에 보안적 측면에서도 우수하지요. 이뿐만 아니라 가상화 기술을 서비스하고 있어 컴퓨터를 가상으로 쪼개어 사용할 수 있고, 소프트웨어를 구동할 수 있는 환경을 쉽게 만들 수 있답니다. 이렇게 컴퓨터를 위한 기반이 체계적으로 잘 준비되어 있어서 컴퓨터를 구입하거나 장비를 유지보수 해야 하는 시간과 노력을 줄일 수 있고, 소프트웨어 개발에 집중할 수 있는 장점이 있지요.

구글독스◆는 문서를 웹브라우저에서 편집할 수 있고 공유할 수 있도록 도와줍니다. 이것이 바로 클라우드 컴퓨팅 서비스(cloud computing service)인데요. 인터넷을 통해 문서를 편집할 수 있는 소프트웨어이지요. 내 컴퓨터에 소프트웨어 실행파일을 설치하지 않고도 언제 어디서나 인터넷이 되는 환경에서 소프트웨어를 사용할 수 있도록 해준답니다.

◆ 구글독스는 '1장. 코딩 언어로 작성된 응용 소프트웨어'의 52쪽에서 설명하고 있습니다.

3장

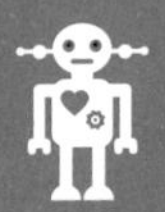

전 세계 웹을 연결하는 소프트웨어

https://www.naver.com
Naver
Google
Daum

저는 '웹브라우저'입니다. 사람들은 저를 잊지 않고 매일 사용합니다. 저를 이용해 네이버, 다음, 구글 같은 웹사이트에 접속하고, 물건을 사기도 하지요. 만약 제가 없었다면 전 세계의 무수한 정보를 마우스 클릭만으로 빠르고 쉽게 찾을 수 있었을까요? 인터넷 세상을 여기저기 둘러보라는 임무 때문인지 저에게 '브라우저(browser)'라는 이름이 붙었습니다. 브라우즈(browse)는 '둘러보다'라는 뜻이 있거든요. 게다가 거미줄처럼 복잡다단하게 연결된 전 세계를 둘러보라는 특명까지 부여받았습니다. 그래서 '웹(Web)'이라는 이름도 붙은 거랍니다.

월드와이드웹
전 세계 거미줄

우리는 전 세계에 널리 퍼져 있는 인터넷상의 정보를 웹브라우저 덕분에 쉽게 찾아볼 수 있습니다. 전 세계의 컴퓨터가 거미줄처럼 복잡하게 연결되어 있어 '웹(Web)'이라는 표현을 사용하고 있는데요. 웹(Web)은 우리말로 '거미줄'입니다. 실제로도 전 세계 컴퓨터들을 연결하면 거미줄과 같이 복잡한 모습이지요. 128쪽 위쪽 그림은 웹사이트들이 하이퍼링크로 연결되어 있는 모습을 표현한 결과입니다. 전 세계의 웹사이트들을 모두 연결한 것도 아닌데, 정말 거미줄처럼 복잡하게 보입니다.

세계 어느 곳이든 목적지까지 찾아가려면 주소가 필요하듯, 복잡하게 연결된 웹공간에도 주소가 필요합니다. 우리는 전 세계의 정보를 찾기 위해 웹브라우저에 주소를 입력합니다. 웹주소는 우리가 사용하는 도로명 주소와는 사뭇 다른 모습입니다. 예를 들어 www.example.com/index.html와 같은데요.

인터넷 주소(www.example.com)의 앞자락에 항상 www가 붙습니다. WWW는 월드와이드웹(World Wide Web, 전 세계 거미줄)의 약자로 인터넷의 웹공간을 의미하는데요. 이 공간을 찾아가는 인터넷 주소를 'URL(Uni-

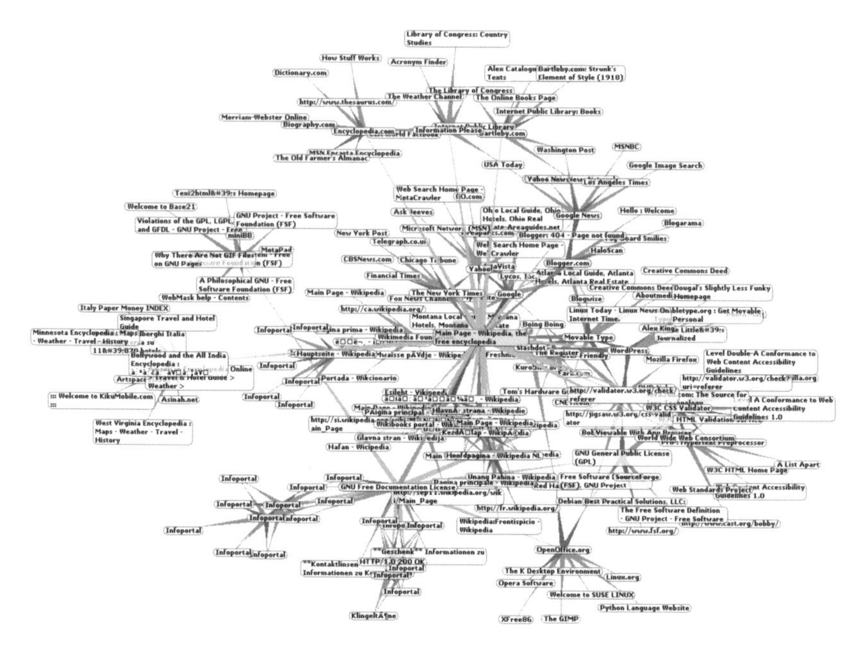

웹사이트들이 연결되어 있는 그림

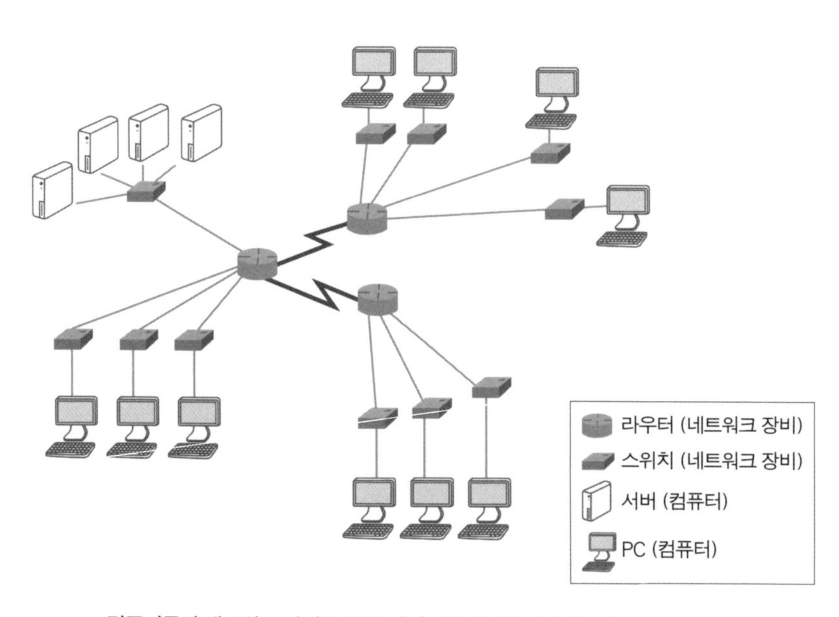

컴퓨터들이 네트워크 장비를 통해 거미줄처럼 복잡하게 연결된 모습

form Resource Locator)'이라 부릅니다. 이 공간은 영화관, 운동장, 공원과 같은 물리적 공간이 아닙니다. 눈에 보이지는 않지만 디지털 세계에서 전 세계 정보 자원을 얻을 수 있는 가상의 공간이지요.

월드와이드웹은 글로벌한 세상을 연결해주는 인터넷 기술로 만들어졌습니다. "We are the World"의 팝송 한 구절처럼 세상은 촘촘히 연결되어 있습니다. 이 기술 덕분에 저 멀리 떨어진 외국의 한 대학교에서 현재 일어나는 소소한 학교 생활도 이곳 우리나라에서 함께 공유할 수 있게 되었지요. '월드와이드웹을 위한 내비게이션'이라도 있어야 할 것 같지만, 웹주소만 있으면 웹브라우저는 아무리 먼 곳도 척척박사처럼 1~2초 이내에 찾아준답니다.

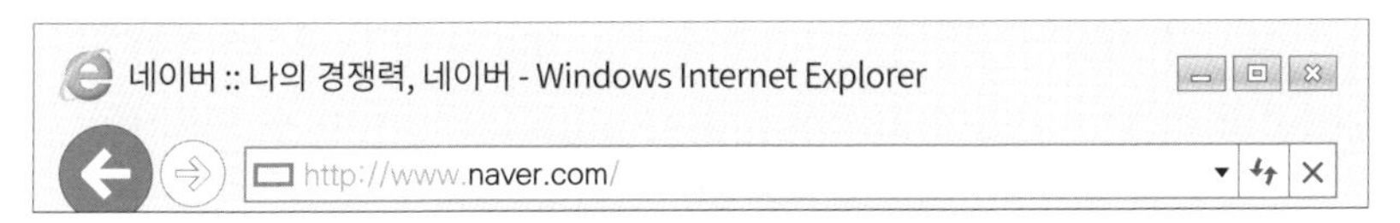

URL을 입력하는 웹브라우저의 주소창

도메인 주소와 URL

인터넷에서 자원을 찾기 위한 주소

전 세계 컴퓨터들이 서로 대화를 나누기 위해서는 컴퓨터마다 주소가 필요합니다. 모든 컴퓨터는 210.102.11.3과 같이 숫자와 점으로 이루어진 IP주소를 가지고 있습니다. 그래서 가까운 곳이든 저 멀리 떨어진 곳이든 IP주소만 있으면 컴퓨터를 찾아갈 수 있습니다.

우리가 웹브라우저에 도메인 주소(www.naver.com)를 입력하면 내 컴퓨터는 IP주소를 알아내기 위해 도메인 네임 서버에게 물어봅니다. 도메인 주소로는 인터넷 공간에서 서버를 찾을 수 없기 때문이지요. 그럼, 왜 도메인 주소를 사용하는 걸까요? IP주소는 숫자와 점으로만 이루어져 있어서 기억하기 어렵기 때문에 읽기 편하고 기억하기 쉬운 도메인 주소를 사용하는 것이랍니다.

물론 모든 컴퓨터에 도메인 주소가 필요한 것은 아닙니다. 네이버, 11번가, 국세청 등과 같이 많은 사람들이 이용하는 웹사이트는 도메인 주소가 필요하지만, 개인들이 사용하는 컴퓨터에는 IP주소만 있어도 충분하지요. IP주소는 컴퓨터를 인터넷 공간에서 찾을 수 있게 해주는 정보입니다. 한마디로 도로명 주소와 같지요. 반면, 도메인 주소는 웹사이트 주소를 기억하게 쉽게 해주는 이름입니다. 일종의 회사 간판과 같은 역할을 하는 것이죠.

URL(Uniform Resource Locator)은 '자원 위치 표시자'◆라는 의미를 가집니다. 인터넷상에 퍼져 있는 자원들(이미지, 동영상, 문서 등)의 위치를 찾아낼 수 있는 주소를 말하지요. 웹서버는 그림, 동영상, 뉴스 등의 자원을 가지고 있는 컴퓨터입니다. 내 컴퓨터에서 웹브라우저 주소창에 서버 주소(www.naver.com)를 입력하면 서버의 자원들이 거미줄 같은 인터넷을 지나 내 컴퓨터로 배달되고, 내 컴퓨터의 웹브라우저가 이들 자원을 웹페이지에 잘 담아 보여주는 것이지요.

◆ 동영상, 사진과 같은 것들을 자원(resource)이라고 부릅니다. 이들 자원의 정확한 위치를 찾아준다는 의미로 'Locator'라는 단어를 사용하고 있어요.

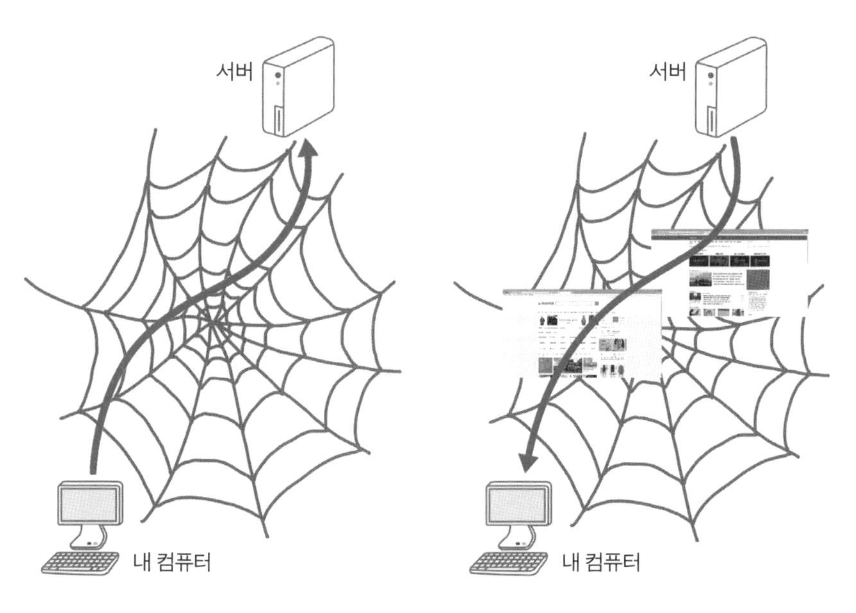

내 컴퓨터에서 인터넷 주소로 서버를 찾아가는 모습

서버가 내 컴퓨터로 웹페이지 내용을 보내주는 모습

요청과 응답
서버로 요청하고 클라이언트에 응답하다

인터넷(Internet)은 '사이의(inter)'와 '네트워크(net)'라는 말이 결합된 단어로, 네트워크와 네트워크 사이를 이어주는 기술을 의미합니다. 거미줄처럼 복잡하게 연결된 인터넷을 보통 '구름' 모양의 아이콘으로 표현하지요.

유튜브에 접속해 동영상을 업로드한다는 것은 인터넷망을 거쳐 내가

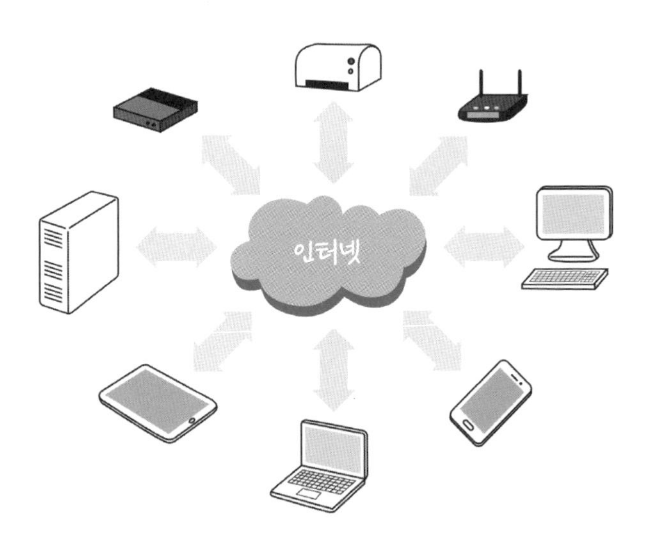

만든 동영상이 유튜브 서버에 올라간다는 의미입니다. 주소창에 www.youtube.com을 입력하면 내 컴퓨터의 웹브라우저에 유튜브 동영상 목록이 주르륵 나타납니다. 그리고 내가 올린 동영상들은 유튜브 서버의 데이터베이스에 차곡차곡 쌓여 저장됩니다.

누군가 내가 만든 유튜브 동영상을 조회한다고 생각해볼게요. 스마트폰에서 유튜브 앱을 실행하고 동영상을 검색하면 "동영상을 검색해주세요"라는 요청편지가 인터넷망을 통해 유튜브 서버에 도착합니다. 인터넷망은 빨리 달릴 수 있는 고속도로와 같기도 하고 어떨 때는 느려터진 시골길과도 같습니다. 빠르던 느리던 인터넷이라는 도로를 통해 배달된 요청편지가 서버에 도착하면, 서버는 이 요청을 처리하기 위해 데이터베이스의 기록을 뒤져봅니다. 그리고 이 결과를 다시 인터넷망이라는 도로를 거쳐 유튜브 앱으로 보내주지요. 서버에게 요청하는 유튜브 앱이 바로 클라이언트 역할을 합니다.

클라이언트가 서버로 무엇인가를 요청(request)하면, 서버가 이 요청에 대한 응답(response)을 보내주기 때문에 이 둘은 '요청과 응답의 관계'를 가집니다. 컴퓨터를 전공한 사람들은 이런 관계를 이해하고 있는 터라 request와 response의 단어를 이런 맥락에서 사용하고 받아들입니다.

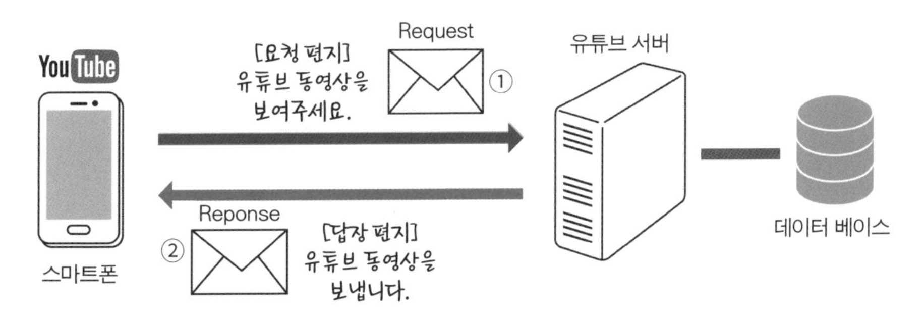

스마트폰이 유튜브 서버에 동영상 서비스를 요청하는 모습

서버와 클라이언트

서비스를 제공하는 컴퓨터와 받는 컴퓨터

인터넷 공간에서 서비스를 제공하는 컴퓨터와 서비스를 받는 컴퓨터가 있습니다. 서비스를 제공하는 컴퓨터를 '서버(server)'라고 부르고, 서비스를 받는 컴퓨터를 고객이라는 의미로 '클라이언트(client)'라고 부르지요. 서버는 일을 빨리 그리고 많이 처리해야 하는 임무를 부여받았기 때문에 능력이 출중한 컴퓨터를 사용하지요. 물론 하드웨어 장비인 서버에는 영혼을 불어넣을 수 있는 소프트웨어가 설치되어 있어야 합니다.

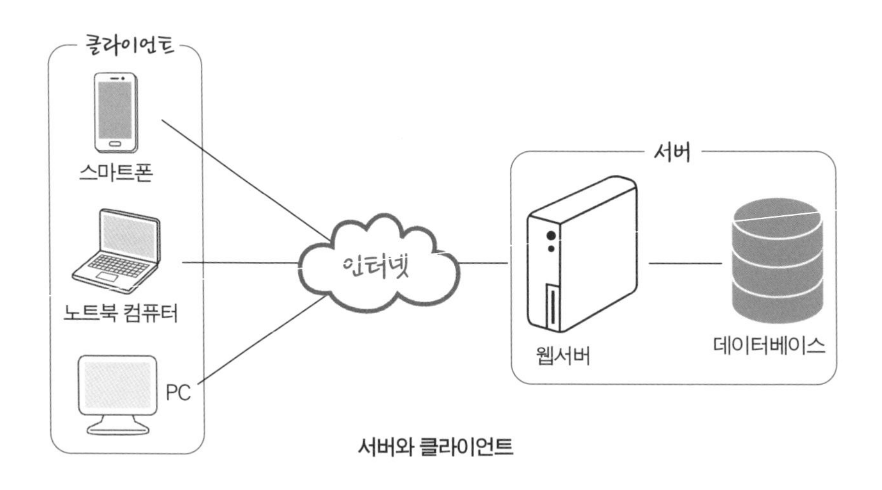

서버와 클라이언트

클라이언트에는 서버에게 무엇인가를 요청하고, 서버로부터 응답받는 프로그램이 설치되어 있습니다. 이 프로그램이 바로 '웹브라우저'인데요. 웹브라우저는 웹서버가 보내준 그림과 글자 등을 화면에 보여주는 역할을 하지요.

서버 프로그램은 클라이언트의 요청에 대해 서비스를 제공하는 소프트웨어입니다. 예를 들어 다음과 같은 일을 하지요.

웹서버가 하는 일

- 클라이언트 요청이 서버에 도착하면,
- 요청을 차례대로 처리한 다음,
- 처리 결과를 하드디스크에 기록하고,
- 클라이언트에게 처리 결과를 알려줌.

서버는 하드웨어와 소프트웨어로 구성됩니다. IT 업계에서는 서비스를 제공하는 하드웨어와 소프트웨어를 모두 '서버'라고 부르고 있습니다. 웹을 통해 서비스를 제공한다고 해서 '웹서비스'라는 말을 사용하고, 서비스를 제공하는 컴퓨터를 '웹서버'라고 부릅니다.

참고로, 요즘 '웹코딩'이라는 말을 많이 사용하는데요. 웹페이지를 작성하거나 웹애플리케이션을 개발하기 위한 코딩을 의미하지요.

웹브라우저

웹페이지를 보여주는 클라이언트용 소프트웨어

인터넷에서 동영상, 사진과 같은 자원을 서비스하는 컴퓨터가 있습니다. 바로 '서버'라고 불리는 컴퓨터입니다. 웹서비스를 제공하기 때문에 '웹서버(Web Server)'라고 부릅니다. 서비스를 제공하는 컴퓨터를 '서버'라고 부른다면, 서비스를 받는 컴퓨터도 당연히 있겠지요. 이 컴퓨터를 우리는 '클라이언트'라고 말합니다. 식당이나 마트에서 서비스를 받는 사람을 '고객(client)'이라고 부르는 것처럼, 인터넷 세계에서도 서비스를 받는 컴퓨터를 '클라이언트'라고 합니다. 이런 맥락에서 웹브라우저는 클라이언트용 소프트웨어이지요.

웹브라우저에는 인터넷의 특정 공간을 찾아가기 위해 주소(www.kungree.com)를 입력할 수 있는 부분이 맨 윗줄에 있습니다. 주소만 입력하면 전 세계 어느 곳이든 찾아가 저 멀리 떨어진 곳에서 정보를 내 컴퓨터로 받아와 웹페이지로 보여주지요. 웹페이지를 작성하는 데 사용하는 언어가 있습니다. 바로 HTML(HyperText Markup Language)이라는 웹코딩 언어이지요.

책 한쪽 면을 '페이지'라고 하듯 웹사이트의 한쪽 면은 '웹페이지'라고

궁리 웹사이트의 홈페이지

하고, 이들 웹페이지가 모인 장소를 '웹사이트'라고 합니다. '웹사이트'라는 단어에서 사이트(site)는 위치, 장소라는 의미인데요. 웹상에 존재하는 장소를 말합니다. 네이버, 다음, 옥션, 11번가 등이 예가 될 수 있어요.

우리나라에서 많이 사용하는 웹브라우저는 'e'자 모양의 인터넷 익스플로러입니다. 하지만 전 세계적으로 보면 구글 크롬의 시장점유율이 무려 67퍼센트나 됩니다. 특히 웹브라우저의 빠른 속도감 때문에 우리나라에서도 크롬을 사용하는 사람들이 많아졌습니다. 저 또한 구글 크롬 웹브라우저의 디자인 감각과 빠른 속도감에 반해 오랫동안 사용했던 인터넷 익스플로러에 소홀해지고 있는 편이지요.

데스크톱 컴퓨터 부문 웹브라우저 시장 글로벌 점유율(2018년)

웹브라우저 이름	점유율	아이콘
Google Chrome	66.93%	
Mozilla Firefox	11.55%	
Internet Explorer	6.97%	
Safari	55.48%	
Microsoft Edge	4.15%	
Opera	22.36%	

출처: www.statista.com

우리나라에서 한 가지 웹브라우저에 의존한 나머지 사회적 문제점으로 인식되었던 적이 있습니다. 재미있게도 이 문제점은 우리나라의 한류 바람과 함께 부각되기 시작했는데요. 김수현과 전지현 주연의 드라마 〈별에서 온 그대〉가 중국에서 큰 인기를 끌면서 중국팬들이 한국의 인터넷 쇼핑몰에서 한류상품을 사려고 했지만, 인터넷 익스플로러에서만 동작하는 액티브X(Active X) 때문에 상품 구입을 포기했던 일이 이슈가 되었습니다. 중국팬들이 사용하는 웹브라우저는 인터넷 익스플로러가 아닌 다른 웹브라우저였기 때문에 액티브X 기술이 먹통이 되었던 것이 문제였지요.

이 사건을 계기로 2012년부터 액티브X의 퇴출바람이 불기 시작했습니다. 요즘은 액티브X를 사용하는 웹사이트를 찾아보기 어려워졌습니다. 액티브X를 대체하기 위해 HTML5 웹표준 기술을 이용한 전자서명, 키보드 보안, 개인방화벽 등의 솔루션이 출시되고 있거든요. 이제 외국인들도 한국의 인터넷 쇼핑몰에서 한류 상품을 자유롭게 구입할 수 있게 되었고, 웹사이트를 접속하면 액티브X 설치를 강요하는 팝업창도 점차 사라지고 있습니다. 그렇게 우리나라에서도 다양한 웹브라우저를 사용할 수 있는 환경으로 바뀌고 있지요.

HTML

웹페이지를 작성하는 코딩 언어

코딩은 컴퓨터에게 일을 시키기 위해 명령어를 작성하는 과정입니다. 웹페이지 작성을 위해서도 필요한 코딩 언어가 있습니다. 바로 HTML인데요. 일명 웹코딩 언어입니다. HTML은 하이퍼텍스트 마크업 언어(Hyper-Text Markup Language)의 줄임말입니다. 웹페이지의 글자에 마우스 포인터를 가져다대면 손 모양이 나타납니다. 이것은 하이퍼텍스트(HyperText)라고 불리는 연결 표시이지요. 연결(link)의 의미로 하이퍼링크(HyperLink)라고도 부릅니다. 하이퍼텍스트는 하나의 문서에서 다른 문서로 연결할 수 있는 글자를 의미하는데요. 링크를 통해 그 이상의 무엇인가를 제공하기 때문에 '하이퍼'라는 말을 사용합니다.

하이퍼텍스트 덕분에 수십 개의 웹페이지들이 서로 연결되어 마우스 클릭만으로 여기저기를 쉽게 이동할 수 있도록 해줍니다.

마우스 포인터로 하이퍼링크를 가리키고 있는 모습

마크업 랭귀지

웹페이지를 작성하기 위한 특별한 글자

'mark up a manuscript'란 '원고를 교정하다'라는 뜻입니다. 원고를 교정하기 위해 돼지 꼬리로 표시하거나 작대기를 죽 긋는가 하면 어떨 때는 화살표도 사용합니다. 이런 교정 표시를 마크업(mark up)이라고 하지요.

웹페이지를 작성할 때도 특별한 표시를 사용합니다. 이 표시를 태그(tag)라고 부릅니다. 옷 안쪽에 붙어 있는 태그에는 섬유의 종류, 세탁 주의

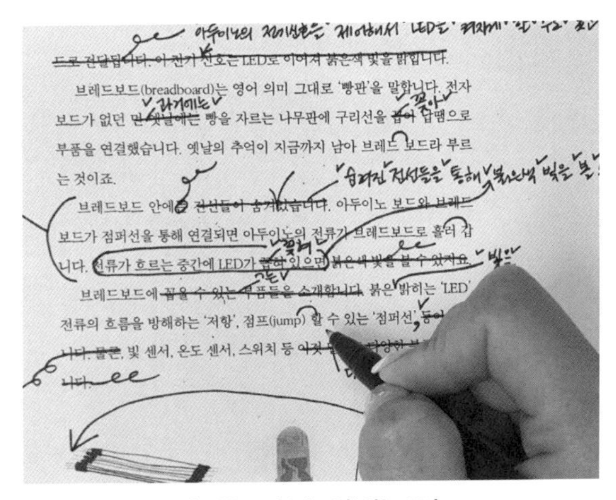

원고를 교정(마크업)하는 모습

사항 등의 정보가 적혀 있는데요. 웹페이지를 작성할 때도 태그를 사용합니다.

```
<html>
 <body>
  <p>HTML 태그입니다.</p>
  <p>This number is 1.<p>
  <p>This number is 2.<p>
  <p>This number is 3.</p>
</body>
</html>
```

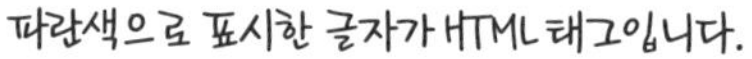

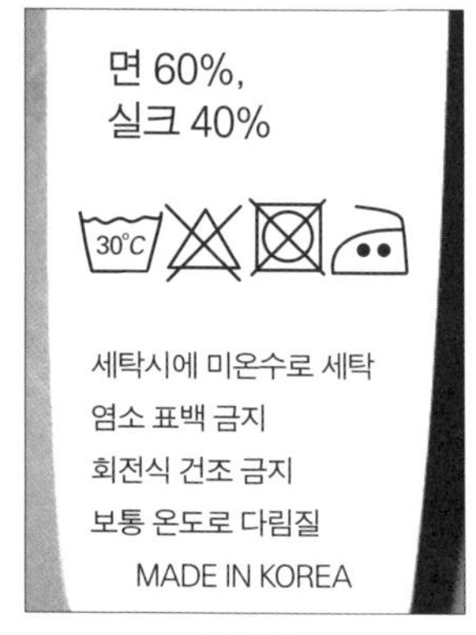

옷 태그

일반적인 문장과 태그를 구분하기 위해 〈〉 기호를 사용합니다. 다음과 같이 '소프트웨어 개념 사전' 문장의 앞뒤에 〈title〉과 〈/title〉를 붙이면 '이 문장은 제목이에요'라는 표시입니다.

메모장에 '〈title〉소프트웨어 개념 사전〈/title〉'이라고 작성하면 오른쪽 아래 그림처럼 웹브라우저 제목이 표시됩니다.

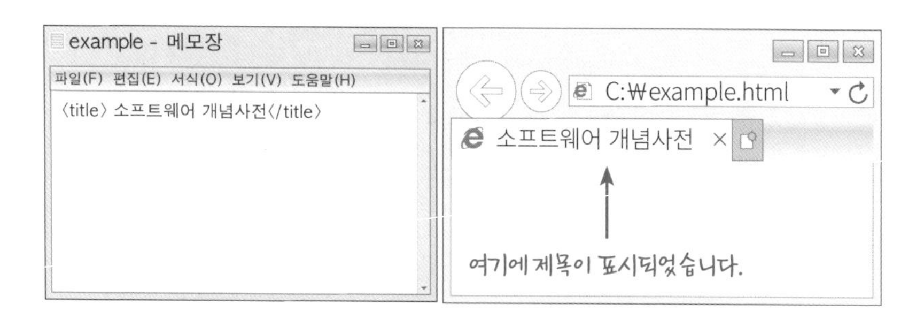

문장이 시작하는 첫머리에 〈center〉를 추가해주고, 끝나는 위치에 〈/center〉 태그를 붙여주면(143쪽 상단 왼쪽 그림), 웹페이지 가운데에 문장

이 위치하게 됩니다(아래 오른쪽 그림). 시작과 끝을 구분하기 위해 끝나는 태그에는 /를 추가해주어야 하지요. 〈/title〉, 〈/center〉와 같이요.

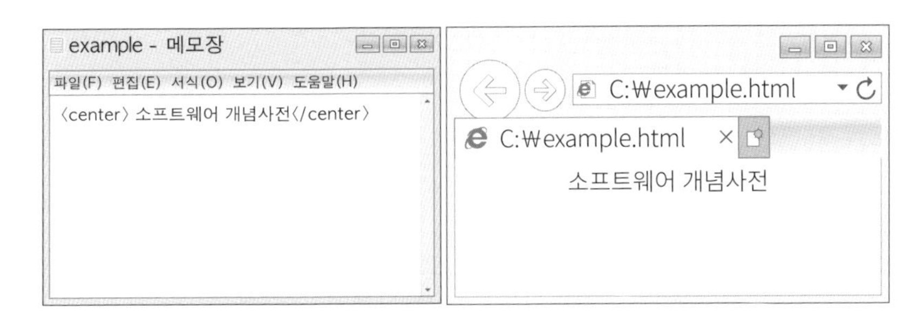

이번에는 이미지가 포함된 웹페이지를 만들어보겠습니다. 〈img〉라는 태그를 이용하면 이미지가 웹페이지에 표시됩니다. 웹페이지에 포함된 이미지 파일의 이름은 image.gif인데요. 이 이미지는 example.html과 같은 폴더에 위치해 있어야 합니다.

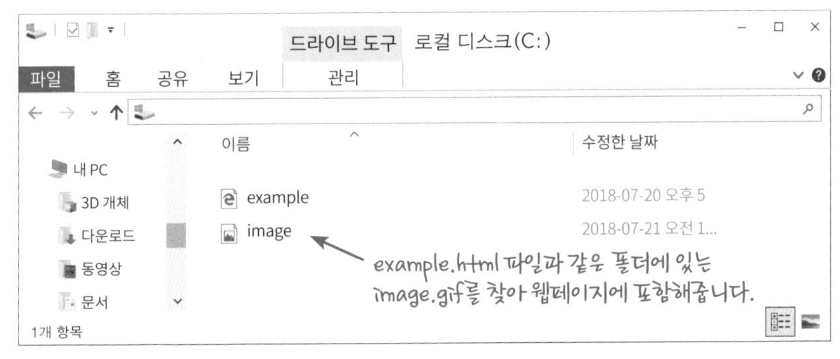

HTML로 만들어진 문서의 확장자는 html입니다. 웹브라우저는 html로 끝나는 파일을 처리하도록 코딩되었기 때문에 파일형식을 달리 정할 수는 없습니다. 그래서 저는 이 문서의 이름을 example.html로 정했습니다. 확장자가 html이 되도록 말이지요.

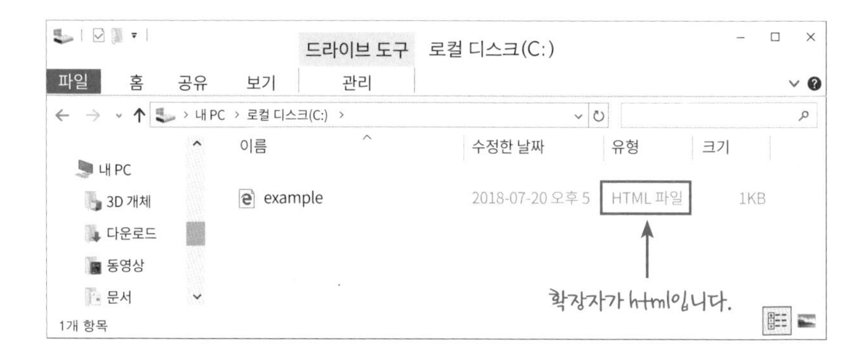

정적 웹페이지
움직임이 없는 웹페이지

HTML로 만들어진 웹페이지는 그야말로 정적입니다. 유튜브와 같이 내가 원하는 동영상을 올릴 수도 없고 항상 움직임이 없는 정적인 웹페이지만 만들 수 있지요. 정적인 웹페이지는 거꾸로 매달려 하루 종일 움직이지 않는 나무늘보와 같습니다. 손가락으로 꾹 찔러도 움직이지 않는 정적인 형태에 사용자는 재미가 없었던 모양입니다. 그래서 꾹 찌르면 곧바로 반응하는 동적인 웹페이지를 만들기로 결심했지요.

정말 정적인 나무늘보

홈페이지에서 마우스 오른쪽 버튼을 클릭하면 '팝업 메뉴'가 나타납니다. 여기에 '소스보기' 메뉴를 클릭해보세요. 그러면 웹브라우저 하단에 html 코드가 보입니다. 모든 웹페이지는 html 코드로 작성되어 있습니다. 이것이 정적인 형태의 웹페이지입니다.

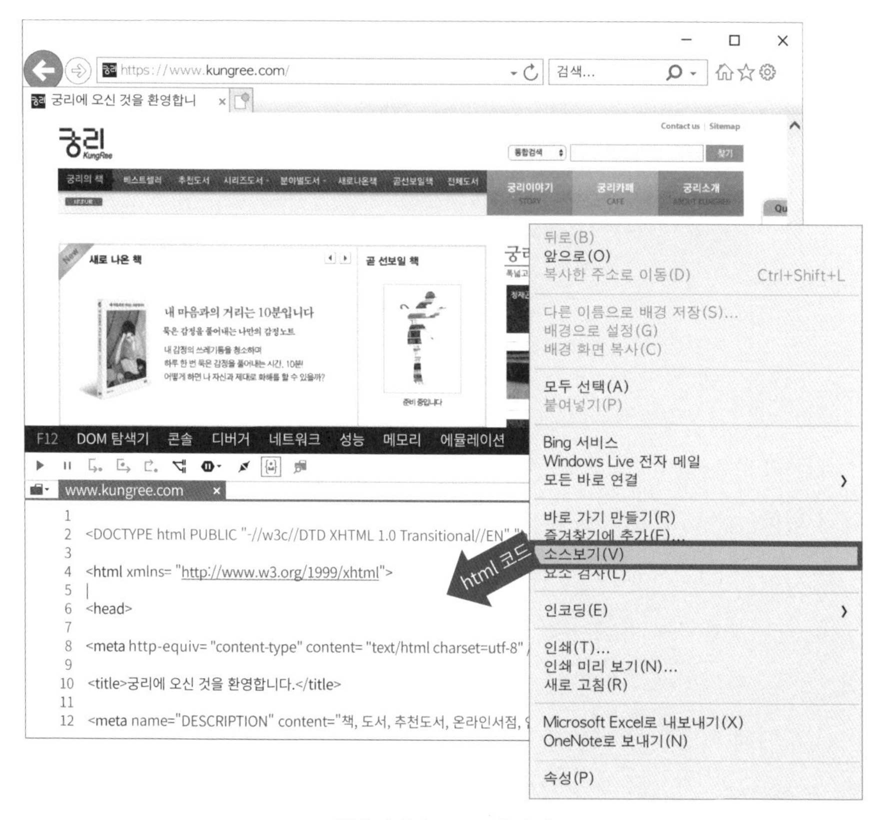

웹페이지의 소스보기 화면

자바스크립트

동적인 웹페이지를 만들기 위한 코딩 언어

컴퓨터를 공부하다 보면 '정적'과 '동적'이라는 말을 자주 사용합니다. HTML 태그로 작성된 웹페이지는 정적인 모습만 보여줍니다. 사용자가 입력한 내용을 웹서버에 보내거나 그 결과를 사용자에게 보내주는 인터액티브(interactive)한 상호작용은 불가능하지요. 하이퍼링크로 웹페이지를 여기저기 왔다갔다는 할 수 있지만, 이것을 동적이라고 생각하지 않습니다.

사용자들은 웹서버와의 상호작용을 기대합니다. 블로그에 글을 작성하고, 댓글을 다는 그런 소통을 말이지요. 이런 동적인 과정은 HTML만으로는 불가능합니다. 이런 이유로 우리는 동적인 언어인 JSP, PHP 등을 사용하고 있습니다.

동적인 언어로 작성된 웹페이지는 항상 웹애플리케이션 서버(WAS)에서 번역되어 처리됩니다. 게시판에 글을 등록한다고 생각해보세요. 제목과 본문을 작성하고 '등록' 버튼을 클릭하면, 웹브라우저는 내가 작성한 내용들을 인터넷망이라는 정보화 도로를 거쳐 웹서버에 배달(전송)◆합니다. 그리고 웹애플리케이션 서버는 이 내용을 데이터

◆ 하나의 컴퓨터에서 다른 컴퓨터로 데이터를 보내는 것을 '전송'이라고 부릅니다. 이 책에서는 쉬운 표현을 사용하기 위해 '배달'이라고 적었습니다.

베이스에 추가해주지요.

이런 동적인 과정은 시간이 걸리는 작업입니다. 그래서 웹서버와의 교류 없이 클라이언트에서 동적인 기능을 제공하고 싶은 니즈(needs)가 생겼습니다. 예를 들어 회원가입 페이지에서 입력란에 잘못된 값을 작성하면 웹서버에 데이터를 보내지 않고 클라이언트에서 곧바로 이것을 체크해 사용자에게 알려주는 것이죠. 생년월일을 입력하는 필드에 6자리를 입력해야 하는데, 8자리를 입력하면 “생년월일을 6자리로 입력해주세요”라고 바로 사용자에게 알려주는 동적인 기능을 제공하고 싶은 그런 니즈 말입니다.

◆ ‘자바스크립트’에 ‘자바’라는 단어가 들어가 있어 두 코딩 언어가 서로 관련이 있다고 많이들 오해하는데요. 자바스크립트(JavaScript)와 자바(Java)는 서로 관련이 없는 코딩 언어랍니다.

그래서 사용하는 것이 바로 자바스크립트(JavaScript)◆입니다. 이것은 클라이언트인 웹브라우저에서 실행되는 언어이기 때문에 입력 필드에 값이 입력되면, 서버와 교류 없이 입력값을 검사해 바로 사용자에게 알려줄 수 있습니다.

다음은 웹페이지에 자바스크립트가 포함된 모습입니다. 〈script〉와 〈/script〉로 감싸인 코드가 자바스크립트 코드입니다.

```
<iDOCTYPE html>
<html>
<head>
<script>
functiom myFunction() {
    var x = document.getElementByld("fname");
    x.value = x.value.toUpperCase();
}
</script>
</head>
<body>

영어 단어를 소문자로 입력하세요:
<input type="text" id="fname" onchange="myFunction()">

</body>
</html>
```

자바스크립트 코드 (<script> ~ </script>)

HTML 태그 (<body> ~ </html>)

이 코드는 이렇게 동작합니다. 아래와 같이 입력필드에 영단어를 입력하면(왼쪽 그림), 소문자를 대문자로 바꿔줍니다(오른쪽 그림). 자바스크립트 코드는 클라이언트에서 실행되는 코드이기 때문에 '클라이언트사이드(client-side)' 혹은 '프론트엔드(Front-end)' 영역으로 분류하지요.

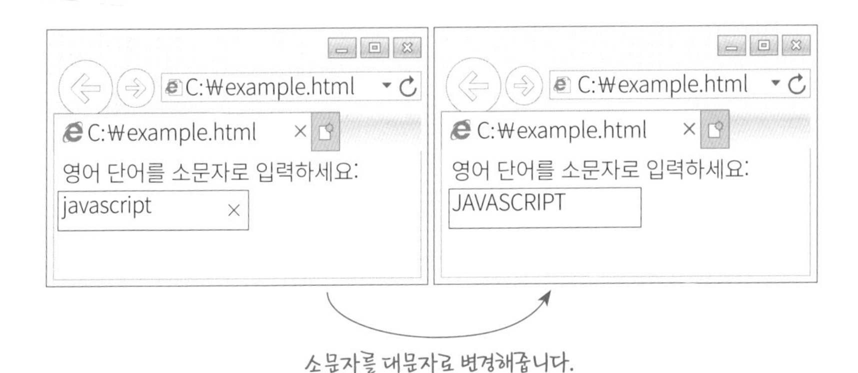

CSS

웹페이지에 스타일을 입히는 코드

웹개발의 프론트엔드 영역을 공부해야 한다면 배워야 할 언어 3종 세트가 있습니다. 바로 HTML, 자바스크립트(JavaScript), CSS입니다. 이제 CSS를 살펴볼 차례네요.

HTML 태그로만 작성하면 웹페이지가 무척 단조로워 보입니다. 색도 없고 글자 모양도 단순한 웹페이지로 보입니다. 비즈니스를 위한 웹페이지를 위해서는 화려하고 직관적일 뿐 아니라 디자이너의 손길이 묻어난 무엇인가가 필요한데 말입니다. 그래야 고객의 눈길을 1초라도 더 끌 수 있기 때문이지요. 그래서 사용하는 언어가 바로 CSS(Cascading Style Sheet)입니다.

HTML 태그로 작성된 웹페이지에 색과 스타일을 입히는 것을 CSS가 담당하고 있습니다. 앞에서 본 HTML 태그에 아래와 같이 CSS 코드를 추

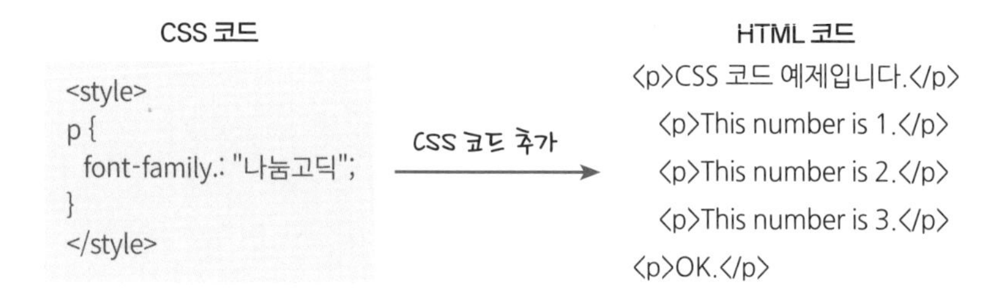

가해보겠습니다.

간단하게 글꼴을 바꾸는 코드를 추가했더니 다음의 오른쪽 그림처럼 웹페이지의 글꼴이 바뀝니다.

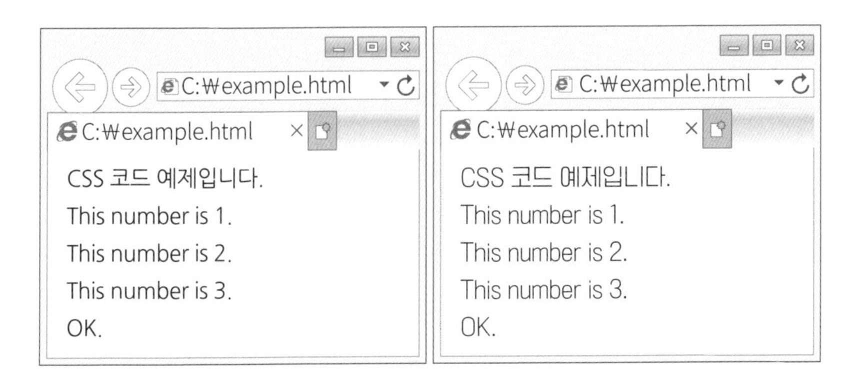

글자 크기를 바꾸는 코드(font-size: 30px)를 한 줄 추가하면, 오른쪽 그림처럼 글자의 크기가 커집니다.

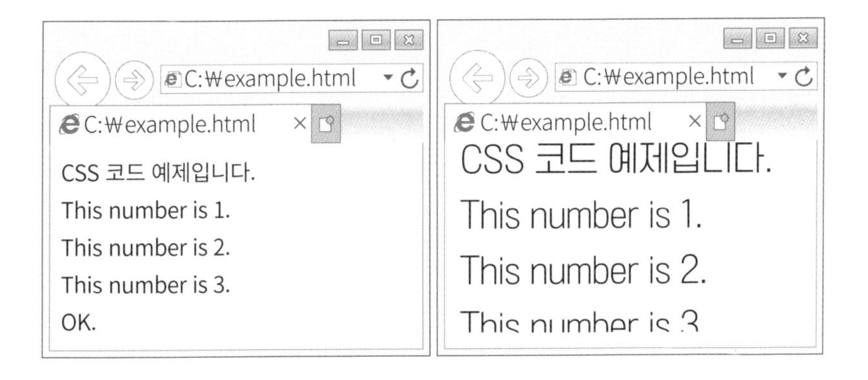

CSS 코드는 웹페이지에 스타일을 입히는 과정입니다. CSS를 이용하면 배경색이나 글자색을 바꿀 수도 있고, 문단의 정렬 방식을 바꾸거나 여백을 지정할 수 있지요.

물론 HTML을 이용해서도 웹페이지에 스타일을 입힐 수 있습니다.

CSS가 대중화되기 전까지는 HTML 태그 안에 스타일 태그를 넣기도 했으니까요. 하지만 HTML 태그와 스타일 코드를 섞어 작성하다 보니 문제가 생겼습니다. 여러 웹페이지에 동일한 스타일을 사용하는 경우 동일한 코드를 중복으로 작성해줘야 했거든요. 코드가 복잡해 보이는 단점도 있고, 유지보수가 어려운 점도 있었습니다. 만약 웹사이트의 디자인 콘셉트가 바뀌어 스타일을 바꿔야 한다면 모든 웹페이지를 수정해야 하는 절망과 시련도 찾아왔지요. 이런 연유로 요즘은 스타일 코드와 HTML 태그를 분리해서 작성하고 있답니다.

HTML5

HTML에 대한 표준

이미 우리가 잘 알다시피 HTML은 'HyperText Markup Language'의 약자로 웹페이지를 만들기 위해 사용되는 표준 프로그래밍 언어입니다. 여기서 표준은 '약속'을 의미합니다. 약속된 방법으로 웹브라우저를 만들어놓아야 웹페이지를 열 수 있습니다. HTML5에서 숫자 5는 이 언어의 버전을 의미합니다. HTML5로 표준이 잡힌 것이지요. HTML5에 따라 웹페이지를 작성하면, 어떤 웹브라우저에서든 웹페이지가 열릴 준비가 되었다는 뜻입니다.

표준을 따르지 않는다면 우리나라 기술은 갈라파고스◆ 섬과 같은 독자적 생태계가 형성될 수 있습니다. 글로벌 시대에 독자적 생태계를 만든다는 것은 미래가 아닌 과거로 되돌아가는 결정일 수 있습니다. 우리가 표준에 관심을 가져야 하는 이유이지요.

HTML5는 HTML4보다 버전이 높습니다. 버전이 높아졌다는 것은 무엇인가 좋아졌다는 힌트인데요. HTML5는 멀티미디어 재생 문제 등을 개선

◆ '갈라파고스'는 에콰도르 해안 근처의 섬 이름이에요. 섬을 여행하면 이곳에서만 사는 동물들을 구경할 수 있는데요. 갈라파고스에는 외부의 영향 없이 그들만의 고유의 생태계가 만들어졌다고 합니다. 이렇게 국제 흐름을 따르지 않고 독자적으로 만들어진 생태계를 '갈라파고스'에 비유하곤 하지요.

하기 위해 만들어졌습니다. HTML4에서는 오디오, 비디오와 같은 멀티미디어를 실행하기 위해서 플래시 플러그인(Flash Plugin)을 설치해야 했지요. 하지만 HTML5에서는 그럴 필요가 없어졌답니다. HTML5를 지원하는 웹브라우저에서는 플러그인이 없이도 멀티미디어를 직접 재생할 수 있거든요. 또한 HTML4에서 잘 사용하지 않는 태그들은 과감히 없애버렸고, 오디오 재생과 같은 태그들이 추가되었답니다.

HTML5로 웹페이지를 개발하면 웹개발자의 수고로움이 한결 줄어들 것 같습니다. 코딩 한 번으로 다양한 웹브라우저에서 실행할 수 있게 되니까요. 이러한 배경으로 'HTML5 기반의 웹프로그래밍'◆이라는 말을 사용하곤 합니다.

◆ 프로그래밍은 코딩의 다른 말입니다.

HTTP
웹서비스를 제공하고 제공받기 위한 약속

여러 사람이 함께하는 공동체에서 약속은 매우 중요합니다. 예를 들어 우체통에 편지를 넣어놓으면 편지봉투에 적힌 수신자에게 배달된다는 약속을 만들어놓았습니다. 또한 신호등에 빨간불이 켜지면 자동차는 멈춰야 한다는 약속도 정해놓았지요. 이런 약속들은 사회를 이루고 돌아가게 하는 규칙과 절차입니다. 인터넷 공간에서도 마찬가지입니다. 전 세계 인터넷망에서 웹페이지를 주고받기 위해서는 정해진 규칙과 절차를 따라야 합니다. 인터넷도 여러 컴퓨터가 사회를 이루기 때문에 규칙과 절차가 존재하는 것이죠.

인터넷상에서 데이터를 보내고 받는 규칙과 절차를 '프로토콜(protocol)'이라 부릅니다. 이런 배경 지식이 있는 IT 분야 사람들은 무엇인가 서로 사인(sign)이 맞지 않았을 때 "프로토콜이 맞지 않았다"라는 표현을 사용하기도 하지요.

웹페이지는 하이퍼텍스트로 이뤄진 문서입니다. 하이퍼텍스트를 전송하기 위해 전 세계 전문가들이 정한 규칙과 절차를 '하이퍼텍스트 전송 프로토콜'이라 하는데요. 영어로는 HyperText Transfer Protocol이라고 하고, 이를 줄여서 HTTP라고 부릅니다.

인터넷 웹브라우저에서 주소창에 www.naver.com이라고 입력하면, 주소의 앞부분에 자동으로 http://가 붙습니다. 주소줄에 http가 추가되었다는 의미는 'www.naver.com 주소를 찾아갈 건데요. http라는 규칙과 절차에 따라 웹페이지를 전송할 겁니다'라는 의미이지요.

그렇게 정해진 규칙과 절차를 따라 데이터가 저 멀리 떨어진 컴퓨터에 안전하게 전송(배달)될 수 있습니다. 물론 웹페이지를 주고받기 위해 나만의 규칙과 절차를 만들 수도 있습니다. 데이터를 주고받는 인터넷 공간에서 두 개체가 상호작용하기 위해서는 상대방과 프로토콜이 맞아야 가능한 일이겠지요.

우리는 전 세계에 퍼져 있는 웹서버에 접속하여 웹페이지를 요청하고 응답을 받습니다. 웹브라우저를 만드는 사람들도, 웹서버를 만드는 사람들도 HTTP라는 약속에 맞추어 소프트웨어를 개발해놓았습니다. 그래서 웹브라우저(클라이언트 소프트웨어)는 HTTP에 따라 웹서버에 요청 페이지를 보내고, 웹서버는 HTTP에 따라 웹브라우저에게 응답 페이지를 보내줍니다.

HTTPS
보안이 강화된 HTTP

인터넷은 여러 사람들이 함께 사용하는 공용망입니다. 그래서 웹브라우저가 웹서버로 보내는 사이에 누군가가 내 데이터를 훔쳐볼 수도 있는 위험성이 있습니다. 이런 인터넷 환경에서 데이터를 보호할 수 있는 방법이 필요하게 되었고, 보안이 강화된 프로토콜 HTTPS가 탄생했습니다. HTTPS에서 'S'는 'Secure'를 의미하는 글자로 보안이 한층 강화된 프로토콜입니다. HTTPS를 통해 데이터를 보내면 데이터가 암호화되어 전송되기 때문에, HTTPS 프로토콜은 인터넷 뱅킹처럼 보안이 중요한 웹사이트에서 사용하고 있습니다.

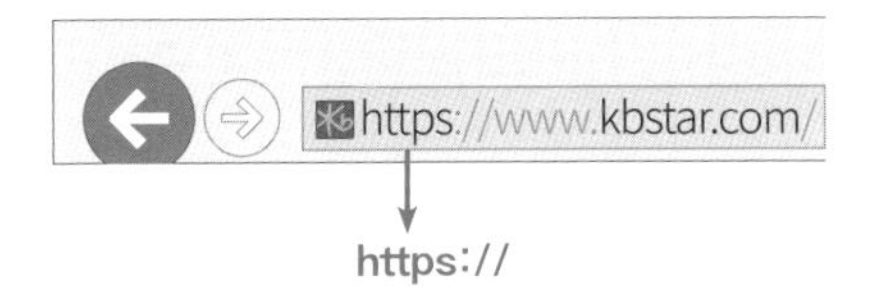

https://

웹서버

웹서비스를 제공하는 컴퓨터

인터넷을 통해 다양한 동영상과 그림, 뉴스거리를 볼 수 있는 것은 이런 서비스를 제공하는 '서버' 컴퓨터가 있기 때문입니다. 여기서 서버는 하드웨어와 소프트웨어 모두를 의미하는데요. 딱딱한 장치를 의미하는 하드웨어는 높은 사양을 자랑하며 서버급 컴퓨터의 자부심을 드러냅니다. 보통 빠른 속도의 CPU, 넉넉한 크기의 RAM과 같이 능력 출중한 컴퓨터들을 서버로 사용하는데요. 우리가 일반적으로 집에서 사용하는 컴퓨터보다 능력이 좋기 때문에 이런 종류의 컴퓨터를 '서버급 컴퓨터'라고 부릅니다. 반면 집에서 사용하고 있는 컴퓨터는 'PC급 컴퓨터'라고 하고요.

소프트웨어는 하드웨어를 움직이게 하는 영혼과도 같은 존재입니다. 이 내용은 몇 번을 강조해도 지나치지 않습니다. 아무리 능력이 좋은 컴퓨터도 소프트웨어 없이는 고철 덩어리나 다름없기 때문이지요. 네이버, 페이스북, 유튜브 등은 사람들에게 서비스를 제공합니다. 웹을 통해 제공하기 때문에 웹서비스라는 말을 사용하는데요. 서버 컴퓨터는 전 국민에게 서비스를 제공해야 하는 막중한 임무를 부여받았습니다. 그래서 특별한 소프트웨어가 필요해졌습니다.

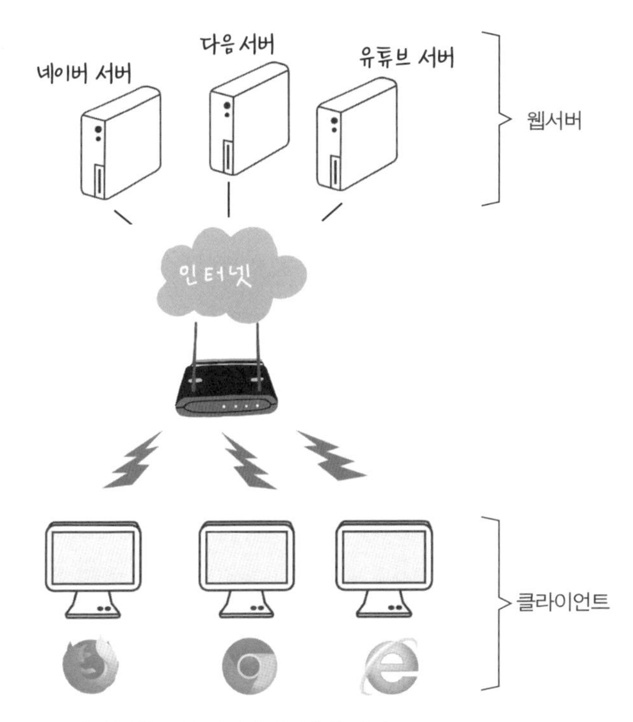

서비스를 제공하는 컴퓨터를 '서버'라고 부르지만, 어떤 종류의 서비스를 제공하느냐에 따라 웹서버, 콘텐츠서버, DB서버 등 이름도 제각각이랍니다. 웹서비스를 제공하는 서버는 당연히 '웹서버'라는 이름이 붙었습니다. 웹서버(web server)는 웹브라우저(클라이언트)에서 요청한 내용을 처리해주는 소프트웨어인데요. 레스토랑에서 테이블 담당 서버가 손님의 요청을 처리하는 것처럼 웹서버는 인터넷을 통해 도착한 클라이언트의 요청을 처리합니다.

웹서버에는 특별한 소프트웨어가 설치되어 있어야 합니다. 그래야 웹서비스를 제공할 수 있거든요. 이 특별한 소프트웨어가 바로 '웹서버' 역할을 하는 소프트웨어입니다. 예를 들어 아파치(Apache), 엔진엑스(nginx),

IIS 등이 있습니다. 웹코딩을 배우기 시작한다면 컴퓨터에 이들 웹서버부터 설치해야 합니다.

웹브라우저에서 '날씨' 메뉴를 클릭해 웹서버에게 서비스를 요청합니다. 저멀리 떨어진 웹서버는 우리집 컴퓨터로 웹문서(웹페이지)를 보내줍니다. 그러면 웹브라우저는 이 웹문서를 화면에 보여주지요. 이 문서는 HTML(HyperText Markup Language)로 작성되었기 때문에 확장자가 '.html'입니다. '파워포인트' 프로그램에서 ppt 확장자의 문서를 열 수 있는 것처럼 웹브라우저 주소줄에 example.com/index.html이라고 적어주면 example.com 서버 공간에 있는 index.html 파일을 웹브라우저에 열어줍니다.

다음은 웹서버의 점유율을 보여주는 표입니다. 단연 아파치 서버가 가장 높은 점유율을 보이고 있는데요. 많은 기업들이 웹서비스를 위해 아파치 서버를 사용합니다. 아파치 서버를 많이 사용하는 이유는 공개 소프트웨어라 무료이고, 안정적으로 서비스를 제공할 수 있기 때문이지요. 실제로 기업에서도 많이 사용하고 있기 때문에 웹개발과 관련된 책에서는 아파치 서버를 자주 소개하고 있습니다.

전 세계 웹서버 점유율

소프트웨어명	회사	점유율
아파치(Apache)	Apache	48.5%
엔진엑스(nginx)	NGINX, Inc.	35.4%
아이아이에스(IIS)	Microsoft	10.8%
기타	-	4%

출처: 위키피디아

동적 웹페이지

동적으로 변화는 웹페이지

기차표를 예약하는 웹서비스를 생각해봅시다. 웹사이트에는 기차표를 예약하는 기능도 있고, 내가 예약한 정보도 조회할 수 있습니다. 물론 취소 기능도 제공하지요. 이런 동적인 기능은 HTML으로는 만들 수 없습니다. HTML은 정적인 웹페이지만 만들 수 있으니까요. HTML의 부족함을 메워주는 '동적인' 웹코딩 언어가 있습니다. 바로 JSP, ASP, PHP 등인데요. 다이나믹한 웹페이지를 개발할 수 있는 이 코딩 언어들 덕분에 우리는 게시판에 글을 추가하고 기차표를 예약할 수도 있지요.

JSP(Java Server Pages)는 자바 코딩 언어를 사용하는 웹코딩 언어입니다. JSP는 HTML 내부에 자바(Java) 코드를 추가해 동적인 웹페이지를 만들 수 있도록 해주지요. 다음은 JSP로 작성한 코드입니다. HTML 코드와는 사뭇 다른 모습인데요. 〈p〉 태그를 사용하면서 〈%〉도 사용하고 있습니다. 〈%〉 안에 작성한 코드가 자바코드이고, 〈p〉는 HTML 태그이지요.

```
<p>JSP 코드입니다.</p>
<% for (int i=1; i<4; i++) { %>
    <p>This number is <%= i %>.</p>
<% } %>
<p>OK.</p>
```

코드를 이렇게 복잡하게 작성해야 하는 이유는 단연 웹페이지를 '동적'으로 표현하기 위함입니다. JSP와 같은 코딩 언어가 사용되기 이전에는 HTML만 이용해 웹페이지를 작성했습니다. 웹페이지에 표도 추가하고 이미지도 추가해 내가 원하는 내용을 인터넷으로 공유할 수 있었지요. 하지만 게시판에 글을 등록하거나 인터넷으로 물건을 구입하는 일은 상상할 수 없었습니다. 정말 정적인 웹서비스만을 제공했지요. 하지만 사용자의 마음은 이미 동적인 웹페이지로 향해 있었나 봅니다.

WAS
동적인 웹페이지를 처리하는 애플리케이션 서버

동적인 웹페이지를 만들기 위해 PHP, JSP 등과 같은 특별한 코딩 언어로 작성된 코드를 실행하려면, WAS(Web Application Server)라는 소프트웨어가 있어야 합니다. WAS가 이 코드를 해석해 HTML 태그로 변환해주거든요. 이렇게 변환된 웹페이지를 웹서버가 클라이언트로 전송합니다. 여기서 클라이언트는 바로 내 컴퓨터의 웹브라우저입니다. 왼쪽의 코드가 JSP로 작성된 코드입니다. 웹애플리케이션 서버(WAS)가 이 코드를 HTML 태그로 바꿔주면 오른쪽 코드처럼 변환됩니다.

JSP로 작성된 웹페이지	HTML 코드로 변환된 웹페이지
<p>JSP 코드입니다.</p> <% for (int i=1; i<4; i++) { %> <p>This number is <%= i %>.</p> <% } %> <p>OK.</p>	<p>JSP 코드입니다.</p> <p>This number is 1.</p> <p>This number is 2.</p> <p>This number is 3.</p> <p>OK.</p>

JSP 코드로 작성하면 파일 확장자는 .jsp이어야 합니다. 그래야 웹어플

웹브라우저(클라이언트)

C:₩example.html

C:₩example.html

CSS 코드 예제입니다.

This number is 1.

This number is 2.

This number is 3.

OK.

스마트폰

노트북 컴퓨터

PC

웹서버가 클라이언트에 HTML 코드를 보내줍니다.

인터넷

웹서버

웹애플리케이션 서버(WAS)

데이터베이스 관리 서버(DBMS)

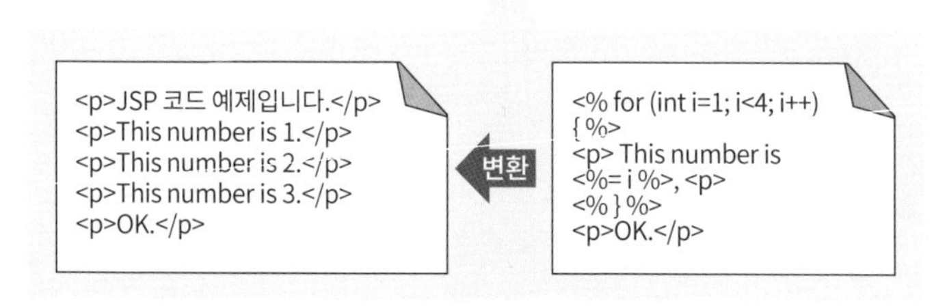

```
<p>JSP 코드 예제입니다.</p>
<p>This number is 1.</p>
<p>This number is 2.</p>
<p>This number is 3.</p>
<p>OK.</p>
```



```
<% for (int i=1; i<4; i++)
{ %>
<p> This number is
<%= i %>, <p>
<% } %>
<p>OK.</p>
```

JSP코드가 HTML코드로 변환되는 과정

리케이션 서버(WAS)가 자기가 처리할 수 있는 파일이라고 생각하거든요. 반면 HTML 코드로 작성하면 이 파일의 확장자는 .html이어야 하지요. 그래야 웹브라우저에서 이 파일을 보여줄 수 있습니다.

정말 많은 사람들이 웹사이트에 접속해 기차표를 예약합니다. 이렇게나 많은 예약을 처리하는 웹서버를 보면 대단해 보입니다. 숫자 하나도 틀리지 않고 정확하게 계산해주고 그렇게나 많은 예약을 빠트리지 않고 모두 기록해주니까요. 이렇게 서버가 기록을 잘할 수 있는 이유는 데이터를 잘 기록하고 관리해주는 별도의 소프트웨어가 있기 때문입니다. 이 소프트웨어가 바로 DBMS입니다. 많은 사람들이 이용하는 웹서비스에서 DBMS의 역할이 중요해지는 이유가 이것이지요.

HTML로 작성된 웹페이지는 웹브라우저가 보여줍니다. 클라이언트 역할을 하는 웹브라우저가 HTML 문서의 태그를 해석해서 제목도 표시하고 이미지도 추가해줍니다. 그래서 HTML을 '클라이언트사이드(client-side)' 언어라고 말합니다. 반면 JSP 파일 등에 포함된 자바 코드는 서버에서 해석합니다. 서버에 위치한 데이터베이스에서 데이터를 읽어오고 계산 작업도 해주기 때문에 '서버사이드(server-side)' 언어라고 하지요.

데이터베이스 서버

DBMS가 설치되어 있는 서버

식당에 가면 손님의 주문을 기록하고 매출도 기록해야 합니다. 이런 일련의 과정을 빠르게 처리해야 손님이 기다리지 않는 친절한 서비스가 되겠지요. 웹서비스를 위해 클라이언트 요청이 오면 이것을 빠르게 처리한 다음 그 결과를 기록해주는 소프트웨어가 필요해졌습니다. 데이터를 체계적이고 누락 없이 저장할 수 있는 그런 소프트웨어 말이지요. 이런 이유로 전문가들은 데이터베이스를 관리하기 위한 소프트웨어를 개발했는데요. 우리는 이것을 데이터베이스 관리 시스템(DBMS)이라고 부릅니다. DBMS가 설치되어 데이터가 저장되는 컴퓨터를 '데이터베이스 서버'라고 하지요.

데이터베이스 관리 시스템으로는 MySQL, Oracle, MS-SQL, MongoDB 등이 있습니다. 항상 이러한 전문 소프트웨어가 필요한 것은 아닙니다. 엑셀을 이용해 데이터를 관리할 수도 있거든요. 하지만 네이버, 다음처럼 많은 사용자들이 이용하는 웹서버에서는 이들이 요청하는 데이터 양이 매우 많고 순간적으로 쌓이기 때문에 체계적으로 기록하기 위한 전문적인 소프트웨어가 꼭 필요하답니다.

데이터를 저장한다는 것은 메모리의 데이터를 하드디스크에 안전하게 기록하는 일을 의미합니다. 웹서버에서 처리하는 데이터의 양이 정말 많기 때문에 데이터를 빠른 속도로 기록하고 찾아볼 수 있도록 도와주는 DBMS의 역할이 매우 중요하답니다.

데이터베이스는 데이터의 모음을 말합니다. 수많은 데이터가 쌓인 데이터베이스는 원판이 싸여 있는 모습의 아이콘을 사용합니다. 데이터가 기록되는 하드디스크 안에 여러 장의 둥근 판이 있기 때문에 이렇게 표현하는 것이지요.

하드디스크 내부 모습

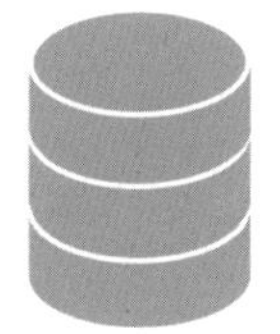

DB 아이콘

프론트엔드와 백엔드

웹서비스를 위한 전방과 후방

웹코딩은 크게 두 영역으로 나눌 수 있습니다. 프론트엔드와 백엔드인데요. 비유하자면, 군대의 전방과 후방으로 볼 수 있겠습니다. 웹페이지의 보이는 영역을 프론트엔드(front-end)라고 부릅니다. 웹개발 영역의 앞부분에 위치한다는 의미로 프론트(front)라는 단어를 사용했지요. 프론트엔드 영역에서 사용되는 코딩 언어는 HTML, CSS, JavaScript가 있습니다.

반면, 사용자에게는 보이지는 않지만 웹페이지를 동적으로 표현하고 데이터베이스에 데이터를 추가하는 영역을 '백엔드(Back-end)'라고 합니다. 웹개발 영역의 뒷부분에 위치한다는 의미로 백(back)이라는 단어를 사용했지요. 이 영역은 데이터베이스를 다뤄야 하기 때문에 JSP, PHP 등과 같은 코딩 언어뿐만 아니라 SQL문에 대한 이해가 필요하답니다.

다음 JSP 코드를 보면 SQL문("select * from member where id = ?") 코드가 포함되어 있습니다.

```
<%@ page import = "java.sql.*" %>
<%
...
 Class.forName("com.mysql.jdbc.Driver");
 conn=DriverManager.getConnection(url,id,pw);
 String sql = "select * from member where id = ?";
 pstmt = conn.prepareStatement(sql);
 pstmt.setString(1,"test");
 rs = pstmt.executeQuery();
...
%>
```

SQL문이 포함되어 있는 JSP 코드

앞에서 웹서버와 WAS를 설명했는데요. 프론트엔드 영역은 웹서버에서 처리하는 영역이고, 백엔드는 웹애플리케이션 서버(WAS)에서 담당하는 영역입니다.

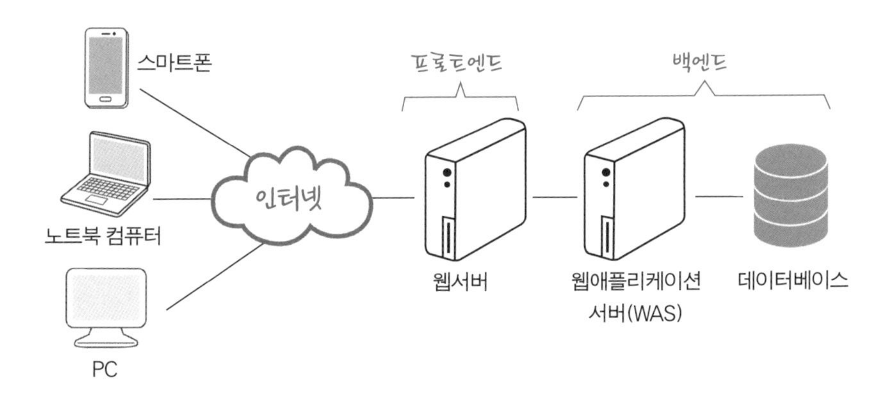

어떤 부분을 코딩하는지에 따라 웹개발의 앞부분을 담당하면 '프론트엔드 개발자', 뒷부분을 담당하면 '백엔드 개발자'라고 부릅니다. 이 둘을 모두 할 수 있는 능력자라면 '풀스택(full-stack) 개발자'라고 한답니다.

쿠키
클라이언트의 웹 사용 흔적

웹브라우저(클라이언트)가 서버로 웹페이지를 보여달라고 요청하면, 웹서버는 이 요청에 응답합니다. 이 서버는 웹브라우저 주소창에 작성한 URL(Uniform Resource Locator)을 보고 사용자가 어떤 웹페이지를 요청하는지 확인합니다.

웹사이트에서 사용자가 하이퍼링크를 클릭할 때마다 웹서버로 계속 요청이 갑니다. 인터넷 쇼핑몰에서 상품을 클릭하거나 장바구니에 담는 과정이 웹서버 입장에서는 클라이언트의 요청이지요. 웹서버는 클라이언트와 관계를 유지하지 위한 정보를 가지고 있지 않습니다. 그래서 두 명의 사용자가 동일한 웹사이트의 링크를 계속 클릭하면 서버는 어떤 사용자가 어떤 서비스를 요청하는지 헷갈리기 시작합니다. 이렇게 클라이언트와의 관계를 저장하지 않는 HTTP 프로토콜을 '무상태 프로토콜(stateless protocol)'이라고 부르지요.

장바구니에 상품을 담은 뒤 다른 상품을 구경하고 다시 와보니 장바구니가 비어 있네요. 이러면 얼마나 화가 날까요? 오랫동안 HTTP 프로토콜을 사용하고 있음에도 불구하고, 이런 불편을 느끼지 못했던 것은 바로 클

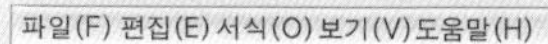

쿠키 파일

라이언트의 흔적을 남겨주는 '쿠키(Cookie)' 덕분입니다.

HTTP가 클라이언트의 상태를 저장하지 않는다는 특징 때문에 쿠키를 사용하고 있습니다. 쿠키는 클라이언트 컴퓨터에 저장되는 4KB 정도의 작은 파일인데요. 사용자가 과거 방문한 웹사이트가 있다면 웹브라우저는 이들 정보를 쿠키에 기록해놓습니다. 그리고 다시 접속하면 웹브라우저가 쿠키에 기록된 정보를 웹서버로 보내주지요.

수많은 클라이언트의 요청을 받아야 하는 웹서버 입장에서는 누가 해당 요청을 하는 것인지 알기 위해 쿠키를 사용하는 것입니다. 또한 사용자의 관심사에 따라 맞춤형 웹서비스를 제공하기 위해서도 쿠키에 관심 정보를 기록해놓는답니다.

여기서 잠깐!

쿠키는 헨젤과 그레텔의 빵부스러기에서 영감을 얻은 단어입니다. 헨젤과 그레텔이 집으로 돌아가기 위해 빵 부스러기를 이용해 흔적을 남겼던 것처럼, 쿠키도 웹사이트의 방문 흔적을 남겨주는 정보이지요. 불행하게도 새들이 빵 부스러기를 먹어버려 헨젤과 그레텔은 집으로 돌아가지 못하게 되는데요. 새들이 먹어버린 빵 부스러기와 같이, 쿠키도 시간이 지나면 자동으로 삭제되는 임시 정보입니다. 그래서인지 인터넷 기록을 잠시만 저장한다는 의미로 쿠키를 '임시 인터넷 파일'이라고 부르고 있습니다.

사물인터넷

사물들을 인터넷으로 연결하는 기술

사물인터넷(Internet Of Things)은 사물들의 인터넷을 말합니다. 줄임말로 IoT라고 불리는 이 기술은 제4차 산업혁명 시대의 주인공이기도 합니다. 여기서 인터넷(Internet)이란 컴퓨터들이 네트워크를 만들어 서로 데이터를 주고받을 수 있도록 도와주는 기술을 말하는데요. 지금까지 인터넷을 컴퓨터들을 위한 기술이라고 생각했다면 이제는 달리 생각할 때가 되었습니다. 컴퓨터뿐만 아니라 사물들도 인터넷을 사용할 수 있는 시대가 되었기 때문입니다.

인터넷 백과사전인 위키피디아에서 사물인터넷을 다음과 같이 정의하고 있습니다.

> 사물인터넷이란 각종 사물에 센서와 통신 기능을 내장하여 인터넷에 연결하는 기술, 즉 무선 통신을 통해 각종 사물을 연결하는 기술을 의미한다.

사물인터넷에서 '사물'은 컴퓨터, 냉장고와 같은 기기뿐만 아니라 사람까지 확장됩니다. 사물과 사물이 대화를 나누는 것뿐만 아니라 사람과 사

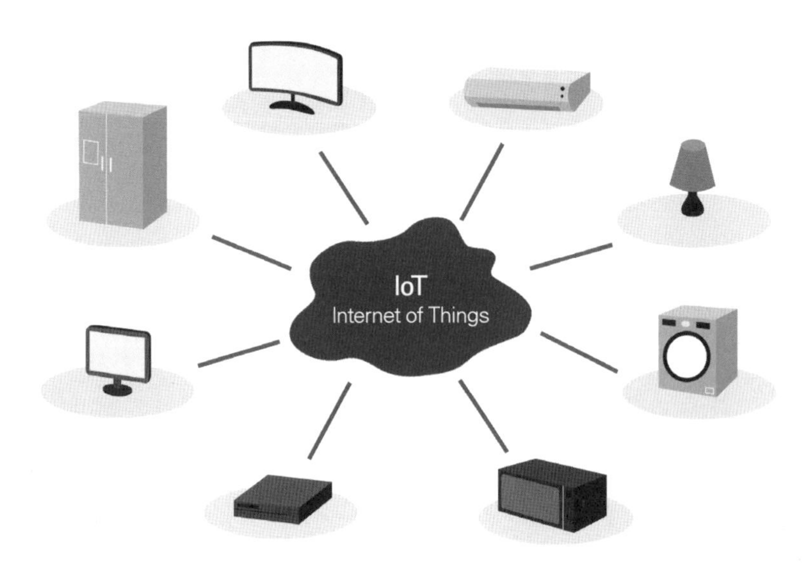

물이 소통할 수 있도록 하는 것이 사물인터넷의 핵심이지요. 사물들이 서로 대화를 나누기 위해서 각각에 소프트웨어가 내장◆되어 있어야 합니다. 이 소프트웨어는 밋밋하게 동작했던 사물들에게 다양한 기능을 제공하도록 마법을 걸어줄 수 있습니다.

◆ 사물에 내장된(embedded) 소프트웨어를 '임베디드 소프트웨어'라고 부릅니다. 임베디드 소프트웨어는 '1장. 코딩 언어로 작성된 응용 소프트웨어'의 25쪽에서 설명하고 있습니다.

대화를 나눈다는 것을 '통신'이라고 말합니다. 통신(通信)은 '통할 통'과 '믿을 신'이 결합된 한자어입니다. 서로 믿어야 통할 수 있는 것처럼 통신을 위해서는 두 사물이 서로 인증 과정을 거쳐야 합니다. '난 널 믿을 수 있어!'라고 신뢰 관계를 확립하기 위해서이지요. 인증은 보통 서버 컴퓨터와 사물들 간에 이루어집니다. 서버 컴퓨터가 사물들의 중심에 서서 인증을 해주는 것이죠.

사물들에는 주변 환경을 센싱할 수 있도록 센서가 장착되어 있습니다. 이 센서는 심장박동을 측정하는 센서일 수도 있고, 발전 설비의 전력을 측정하는 센서일 수도 있습니다. 이들 센서로부터 센싱된 데이터들은 서버 컴퓨터로 전달되어 사물들의 상태를 실시간으로 지켜볼 수 있도록 도와줍니다. 이런 사물인터넷 기술을 통해 사람과 사물들이 연결되어 소통할 수 있는 것이지요.

사물들이 서버 컴퓨터로 데이터를 보내기 위해서는 사물에 통신 모듈이 장착되어 있어야 합니다. 사물들이 센싱한 데이터를 무선으로 전송하기 위해서인데요. 이 데이터는 일차적으로 가까운 통신 장치에 도달합니다. 그런 후 인터넷을 통해 서버 컴퓨터로 데이터가 전달되지요. 통신을 위해 사물들도 주소가 필요해졌습니다. 이런 이유로 사물인터넷의 사물들도 IP주소를 사용하고 있지요.

사물인터넷의 새로운 기술 덕분에 스마트폰으로 심장박동, 운동량 등을 모니터링할 수 있고, 공장의 생산 설비 가동상태를 내 손안에서 실시간으로 모니터링할 수 있게 되었습니다. 또한 스마트 가전기기들이 서로 어우러져 집이 똑똑해지고 있습니다. 스마트폰으로 세탁 시간, 냉장고의 온도를 확인하는 등 스마트 홈의 세계가 이미 시작되었습니다.

인터넷 기술을 통해 집 밖에서 보일러를 켤 수 있는 편리함을 선물해주었지만, 이로 인해 사이버 공격의 위험에 노출되는 보안 약점이 생기게 되었습니다. 해커들이 인터넷을 통해 사물들을 컨트롤할 수도 있어서 보안상 위협이 발생하기 시작한 것이죠. 이런 상황을 보고 있으니 제4차 산업혁명을 맞이하는 우리가 보안에 대해서도 공부해야 하는 이유가 확실해졌습니다.

4장

빅데이터를 위한 소프트웨어

저는 데이터를 전문적으로 관리하는 소프트웨어입니다. 데이터를 추가하거나 삭제하기도 하고 수정하는 일을 담당합니다. 우리가 숨쉬는 매 순간마다 우리가 생활하는 곳곳에서 데이터가 쌓입니다. 버스가 승차장에 도착하는 순간, 버스에 타서 카드를 단말기에 대는 순간, 유튜브에 동영상을 업로드하는 순간, CCTV 카메라 앞을 지나갈 때도 우리의 모습이 데이터로 기록됩니다. 이렇게 쌓인 데이터들의 모음을 데이터베이스라고 부르는데요. 수북한 데이터베이스에서 원하는 데이터를 찾아주는 것도 제가 하는 일이랍니다. 요즘은 데이터를 분석해서 새로운 비즈니스 기회를 찾는 사람들이 많아졌습니다. 그래서인지 저의 인기가 날로 높아지고 있답니다.

데이터
의미 있는 정보로 재탄생하는

삶의 순간마다 데이터가 쌓이는 디지털 세상에서 우리는 데이터(data)를 통해 삶의 의미를 발견하고 있습니다. '의미'라는 것은 사물에 가치를 부여함으로써 발견할 수 있는데요. 사실 데이터의 진가를 발견하는 주인을 만날 때 가능한 일이겠지요. 데이터는 연예편지에 적힌 글자일 수도 있고, 파란 하늘과 뭉게구름을 기억하기 위해 어린 시절에 찍은 사진 한 장일 수도 있습니다. 인터넷에서 물건을 구입하면서 기록된 결제내역일 수도 있고, 교차로에 세워진 도로 표지판일 수도 있지요. 데이터는 이렇게 우리에게 삶의 의미를 발견해줄 수 있는 정보로 새롭게 태어날 수 있습니다.

오랜 시간 컴퓨터만 공부한 사람들은 데이터를 사뭇 다른 시각으로 바라봅니다. 컴퓨터가 처리할 수 있는 데이터의 형태가 다르다는 사실을 인지하고 데이터를 생각하지요. 예를 들어 사람들의 나이는 19세와 같이 정수형입니다. 키와 몸무게는 정수형인 경우도 있지만 170.3센티미터와 55.4킬로그램과 같이 실수형인 경우도 있습니다. '소프트웨어'라는 단어는 문자형이고요. 개발자들은 이것을 염두에 두고 코드를 작성합니다.

코딩을 할 때 변수를 정의해줍니다. 변수를 정의한다는 것은 컴퓨터에게 내가 사용할 데이터의 형식이 무엇인지를 알려주는 과정이지요. 예를 들어 int age라고 작성하면 age라는 이름의 '정수형 변수'를 정의하는 것입니다. 정수형 변수에는 0, 1, 2, 3과 같은 숫자를 담을 수 있고요.

디지털 방식으로 움직이는 우리 생활에서 데이터는 우리 몸의 혈액처럼 중요한 역할을 합니다. 인터넷 뉴스를 클릭하면 수많은 데이터가 인터넷 관을 통해 흐르게 되고, 웹페이지에서 입력한 내용이 처리되어 서버 컴퓨터의 하드디스크에 저장됩니다. 하드디스크의 데이터를 꺼내 모니터에 동영상을 보여주기도 하지요.

데이터베이스 관리 시스템, DBMS
데이터를 체계적으로 관리하는 소프트웨어

많은 데이터가 쌓이게 되면서 고민이 생겼습니다. 데이터가 너무 많아 빠뜨리기도 하고, 여기저기 정리 없이 기록하니 데이터가 맞지 않는 문제가 발생했습니다. 또한 수많은 데이터 속에서 데이터를 찾는 데 시간이 너무 오래 걸리는 어려움도 생겼지요. 어떤 데이터는 비밀을 유지해야 하기 때문에 아무나 접근하지 못하도록 통제방법도 필요해졌습니다. 이런저런 고민으로 탄생한 소프트웨어가 바로 '데이터베이스 관리 시스템(DataBase Management System)'입니다. 줄여서는 DBMS라고 부릅니다.

데이터가 시시각각으로 생성되는 세상에서 데이터를 잘 관리하는 것이 그 무엇보다 중요해졌습니다. 그래서 데이터베이스 관리 시스템(DBMS)을 전문적으로 공부해 데이터를 관리하는 직업도 생겼습니다. 또한 사용자의 생활패턴이 고스란히 데이터로 남는 디지털 시대에 데이터 분석은 새로운 비즈니스 기회를 찾을 수 있도록 도와주는 기업의 중요한 활동이 되었습니다. 이런 연유로 요즘은 '데이터 분석가'라는 이름의 직업이 관심을 한몸에 받고 있습니다.

대부분의 소프트웨어는 데이터베이스를 사용합니다. 입력을 받아 처리하는 과정에서 혹은 처리한 결과를 데이터로 기록합니다. 무수하게 쌓이는 데이터를 잘 정리하고 잘 찾기 위해 배우는 '자료 구조'라는 컴퓨터 과목도 있으니, 컴퓨터 분야에서 데이터를 잘 활용하는 것은 연구 대상이기도 합니다.

데이터베이스 관리 시스템(DBMS)은 데이터를 아래와 같이 테이블로 정리합니다. 복잡하고 많은 데이터를 테이블(표)로 관리하니 데이터를 추가하거나 찾는 과정이 훨씬 체계적입니다. 하지만 하나의 테이블에 너무 이것저것 담으려다 보니 데이터를 찾는 속도가 느려지기 시작했습니다.

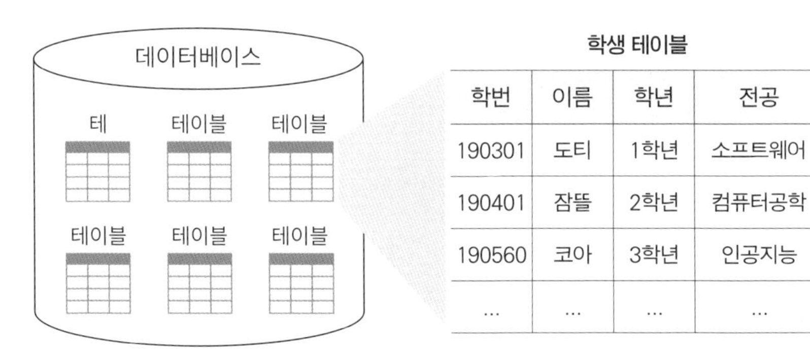

학번	이름	학년	전공
190301	도티	1학년	소프트웨어
190401	잠뜰	2학년	컴퓨터공학
190560	코아	3학년	인공지능
...	...	...	...

테이블로 정리된 데이터베이스

하늘 높이 쌓인 문서더미에서 원하는 데이터를 찾는 것보다 차곡차곡 정리된 표시를 보고 데이터를 찾는 것이 훨씬 빠르겠지요. 이러한 이유로 DBMS에서는 모든 데이터를 하나의 테이블에 쌓아두기보다는 여러 테이블을 이용해 데이터를 분류하고 기록하고 있습니다. 그리고 테이블들 간에 관계를 정의하고 있습니다. 이들 관계를 이용하면 원하는 데이터를 쉽게 찾을 수 있기 때문이지요.

학생 테이블

학번	이름	학년	전공
190301	도티	1학년	소프트웨어
190401	잠뜰	2학년	컴퓨터공학
190560	코아	3학년	인공지능
...	...	...	...

관계

수강 테이블

과목코드	학번	전공
223	190301	수학과
222	190301	수학과
203	190401	컴퓨터과
...	...	...

연인관계, 친구관계, 원수관계에서 '관계'라는 말은 서로 무엇인가 연결고리가 있다는 의미입니다. 연인관계에서 사랑이라는 연결고리로 둘을 이어주듯 데이터베이스에서도 연결고리를 정해 테이블 간의 관계를 만들어줍니다.

2개의 테이블이 있다고 생각해보겠습니다. 하나는 학생 데이터를 저장하는 '학생' 테이블이고, 또 하나는 학생들의 수강 신청 과목을 기록해두는 '수강' 테이블이지요. 여기서 수강 테이블과 학생 테이블을 연결해주는 고리는 '학번'입니다. 수강 테이블에 적힌 학번을 이용해 학생 테이블에서 원하는 학생들의 이름, 학년, 전공 등을 찾아볼 수 있습니다.

이렇게 데이터베이스에서 관계(relationship)는 무척이나 중요한 의미를 가집니다. 돈독한 테이블들의 관계 덕분에 우리가 두 테이블을 연결하고 원하는 결과를 찾아볼 수 있게 되었으니까요. 특히나 큰 규모의 프로젝트에서 테이블에 어떤 데이터를 기록할지, 테이블 간의 관계를 어떻게 맺어줄지는 프로그램의 성능에 영향을 미칠 만큼 매우 중요한 일이랍니다.

이렇게 '관계'를 중요시하는 데이터베이스를 '관계형 데이터베이스(RDB, Relational Database)'라고 부릅니다.

오라클과 MySQL
데이터를 관리하는 대표적인 소프트웨어

무슨 프로그램을 만들건, 어떤 종류의 코딩 언어를 사용하건, 데이터베이스는 붕어빵의 팥앙꼬와 같이 반드시 프로그램에 포함되는 녀석입니다. 레스토랑에서 그날의 매출을 장부에 적습니다. 하지만 종이에 적힌 이 숫자들은 그다음의 작업을 자동화하지는 못합니다. 매출 계산을 별도로 해야 하고 직원의 월급도 수작업으로 계산해야 하는, 어찌 보면 관리가 어려운 데이터의 모임이지요.

우리는 사람이 하는 일을 컴퓨터로 대신하기 위해 소프트웨어를 개발합니다. 장부를 대신 정리하고 데이터를 체계적으로 관리하기 위해 소프트웨어를 사용하지요. 물론 종이로 만들어진 장부도 일종의 데이터베이스이지만, 효율적인 업무 처리를 위해서는 데이터 관리를 위한 전문적인 소프트웨어를 사용합니다. 일반적으로 IT 세계에서는 MySQL, 오라클, MongoDB 등과 같은 소프트웨어, 즉 데이터베이스 관리 시스템(DBMS)을 사용하고 있지요.

DBMS는 데이터를 정확하고 오류 없이 관리해야 한다는 소명과 책임을 갖고 태어났습니다. IT 시스템에서 핵심 역할을 하는 소프트웨어이기 때문에, 이 소프트웨어는 아파 쓰러져서는 안 된다고 코딩되어 있습니다. 만약 아파 쓰러질 것 같으면 다른 컴퓨터의 소프트웨어에게 자기 일을 넘겨 마지막까지 책임을 다해야 한답니다. 이런 중요성 때문에 DBMS는 제공하는 기능이 많을뿐더러 운영체제 기술 수준을 뺨칠 정도로 복잡하기도 하지요.

우리가 DBMS를 전문적으로 공부하는 것이 아니라면, 모든 기술적인 내용을 세세하게 공부할 필요는 없습니다. 하지만 DBMS의 존재감을 모르고서 코딩을 공부하는 것은 붕어빵에서 팥 앙꼬를 안 먹는 격이라고나 할까요?

지금부터 전 세계 상위 다섯 가지의 DBMS를 소개하겠습니다. 세계적으로 유명한 소프트웨어들인 만큼 국내에서도 많이 사용하고 있습니다.

순위	DBMS 이름	소프트웨어 로고	데이터베이스 모델	오픈소스/ 상용소프트웨어
1	Oracle	ORACLE	관계형 DBMS	상용소프트웨어
2	MySQL	MySQL	관계형 DBMS	오픈소스
3	Microsoft SQL Server	Microsoft SQL Server	관계형 DBMS	상용소프트웨어
4	PostgreSQL	PostgreSQL	객체-관계형 DBMS	오픈소스
5	MongoDB	mongoDB	문서 지향 DBMS	오픈소스

출처: https://db-engines.com/en/ranking (2018년 기준)

이들 대부분이 관계형 DBMS입니다. 앞에서도 설명했듯 관계형 DBMS는 테이블 간의 관계(relationship)을 맺어 하나의 테이블에 변동이 생기면 다른 테이블에도 영향을 미치게 할 수 있고, 관계가 있는 두 테이블을 합쳐져(join) 원하는 데이터를 찾을 수도 있지요.

오라클(Oracle)은 전 세계적으로 많이 사용하는 상용 소프트웨어로, 이 소프트웨어를 사용하기 위해서는 돈을 지불해야 합니다. 국내에서도 많이 사용하는 소프트웨어인지라 취업을 준비하는 대학생들이 오라클 자격증 취득을 준비하기도 한답니다.

그다음으로 많이 사용하는 DBMS가 MySQL입니다. MySQL은 페이스북, 트위터, 유튜브 등에서 사용될 정도로 전 세계적으로 높은 점유율을 자랑하고 있습니다. 소스코드가 공개되는 오픈소스이고 안정적으로 동작하는 소프트웨어이기 때문에, 국내에서 소규모 웹사이트를 만들 때도 많이 사용하고 있지요. 웹코딩을 시작할 때 MySQL을 공부하는 이유도 무료로 사용할 수 있다는 장점과 시장점유율이 높아 활용도가 높은 데 있답니다.

메타데이터
데이터에 대한 데이터

데이터가 아래와 같이 수북하게 쌓여 있습니다. 수북하게 쌓인 데이터베이스에서 도티의 생일이 언제인지 찾아보려고 합니다. 이런! 데이터가 정리되어 있지 않아 복잡해 보입니다. 일단 문단의 처음부터 한 글자씩 확인해서 '도티'라는 이름을 찾아보겠습니다.

190302잠뜰10-02-01컴퓨터190304민들10-04-14소프트웨어190305태양10-05-05컴퓨터190301도티10-01-23소프트웨어190303코아10-03-01컴퓨터디자인190306아름10-02-10컴퓨터190307미나10-04-13소프트웨어190308서아10-05-11컴퓨터190309권우10-01-29소프트웨어190310연주10-09-08컴퓨터디자인190311지호10-02-16컴퓨터디자인190312지원10-03-30소프트웨어

'도티'라는 이름을 찾았나요? '도티' 이름 오른편에 '10-01-23'이라는 데이터가 보입니다. 이것은 생년월일을 의미하는 것일까요? 그럼, '도티' 이름 왼편에 있는 190301은 무엇일까요? 이것도 생년월일 같이 보이는데요. 흠…… 데이터에 대한 이름을 붙여야겠는걸요. '이 데이터는 생년월일

을 의미하는 겁니다'라고 모두가 알 수 있게 말이에요. 또 하나 고민이 생겼습니다. 컴퓨터에게 이 데이터가 정수형인지 문자형인지 미리 알려줘야 소프트웨어가 형식에 맞게 처리할 텐데, 이를 어찌하면 좋을까요?

아무래도 '데이터를 위한 데이터'를 추가해주어야 할 것 같네요. 데이터를 위한 데이터를 '메타데이터(metadata)'라고 부르는데요. 예를 들어 아래 표에서 학번, 이름, 생년월일 등이 바로 메타데이터입니다. 데이터를 표로 구조화해서 보여주니 이제 한결 보기 좋아졌습니다. DBMS에서 데이터를 관리하기 위해 표(table)를 사용하는 이유를 알겠네요.

'메타(meta)'라는 단어는 '~에 대한(about)'으로 해석합니다. 그래서 메타데이터를 '데이터에 대한 데이터'로 설명하고는 하는데요. 사전적 정의를 읽어본 분이라면 고개를 갸우뚱할 수도 있겠습니다. 사전적 정의만으

데이터를 위한 데이터, 메타데이터(Metadate)

학번	이름	생년월일	전공
190302	잠뜰	10-02-01	컴퓨터
190304	민들	10-04-14	소프트웨어
190305	태양	10-05-05	컴퓨터
190301	도티	10-01-23	소프트웨어
190303	코아	10-03-01	컴퓨터디자인
190306	아름	10-02-10	컴퓨터
190307	유진	10-04-13	소프트웨어
190308	서아	10-05-11	컴퓨터
190309	권우	10-01-29	소프트웨어
190310	연주	10-09-08	컴퓨터디자인
190311	지호	10-02-16	컴퓨터디자인
190312	지원	10-03-30	소프트웨어

데이터

로 메타데이터를 이해하기에는 아무래도 어렵거든요.

> '메타데이터'란 데이터에 관한 구조화된 데이터로,
> 다른 데이터를 설명해주는 데이터.

HTML로 작성된 웹페이지(웹문서)에서도 메타데이터를 찾아볼 수 있습니다. 웹페이지의 구조를 잡아주는 〈head〉, 〈title〉, 〈body〉, 〈table〉 등이 바로 메타데이터입니다. 〈title〉, 〈body〉, 〈table〉이라는 태그는 웹페이지에는 보이지 않는 글자이지만, 이들 태그 덕분에 웹페이지를 머리글과 본문, 테이블 등을 '구조적'으로 표현할 수 있거든요.

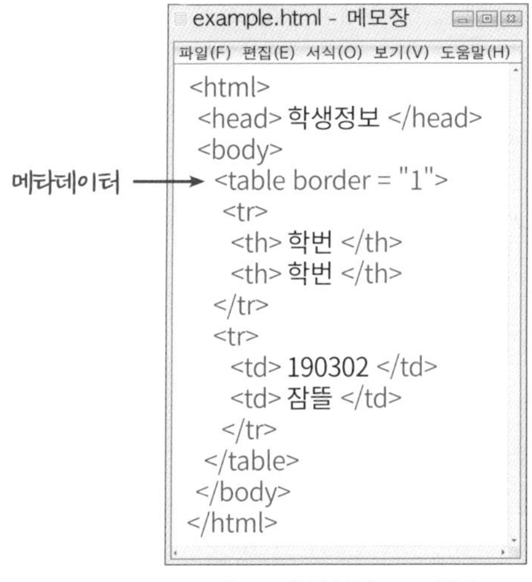

메모장에 작성된 html 문서

웹브라우저에서 html 문서를 연 모습

색인

원하는 내용을 빨리 찾을 수 있도록 도와주는 단어 목록

메타데이터는 데이터더미에서 내가 원하는 데이터를 빨리 찾기 위해서 사용됩니다. 다음 그림처럼 책 뒷면에도 메타데이터가 있는데요. 바로 색인(index)입니다. 책 본문에서 내가 원하는 단어의 위치를 빠르게 찾아볼 수 있도록 도와주는 정보인 색인은 '책 본문(데이터)에 대한 데이터'로

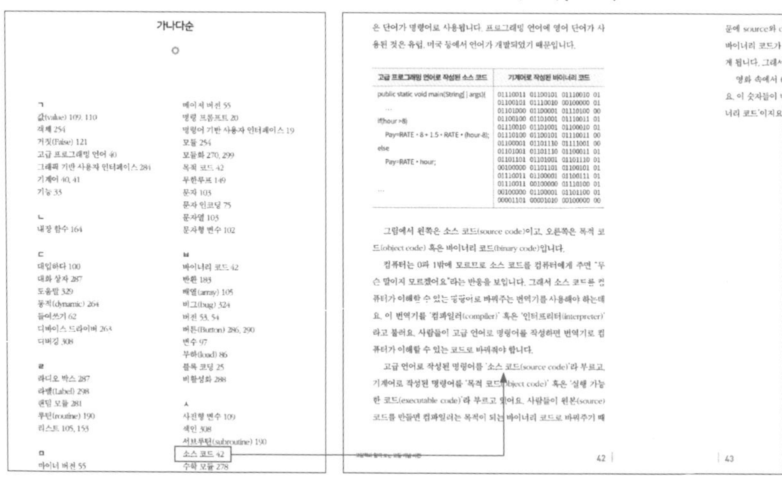

메타데이터이지요.

그럼, DBMS의 경우를 살펴보겠습니다. 테이블에서 내가 원하는 데이터를 찾기 위해 테이블의 맨 첫 줄부터 마지막까지 데이터를 하나씩 검사해야 합니다. 테이블에 100줄의 데이터가 있다고 생각해볼게요. '도티'의 생일을 찾아야 하는데, 하필이면 도티 데이터가 테이블 맨 아래에 위치해 있습니다. 데이터베이스를 관리하는 소프트웨어(DBMS)에게 '도티의 생일을 찾아줘'라는 명령을 내리면 이 소프트웨어는 학생 테이블의 첫 번째 데이터부터 차례대로 확인합니다. 그리고 맨 마지막 줄에 가서야 '도티'라는 이름을 찾아내지요.

만약 데이터가 100만 개라고 한다면 데이터를 100만 번 확인한 후에야 원하는 데이터를 찾게 되겠지요. 색인의 도움 없이 두꺼운 책에서 원하는

학생 테이블

학번	이름	생년월일	연락처	전공
190302	잠뜰	10-02-01	010-111-1111	컴퓨터
190304	민들	10-04-14	010-111-2222	소프트웨어
190305	태양	10-05-05	010-111-3333	컴퓨터
190303	코아	10-01-23	010-111-4444	소프트웨어
190306	아름	10-03-01	010-111-5555	컴퓨터디자인
...	...	...		...
...	...	...		...
190307	미나	10-4-13	010-111-5555	소프트웨어
190308	서아	10-05-11	010-111-6666	컴퓨터
190309	권우	10-01-29	010-111-7777	소프트웨어
190310	연주	10-09-08	010-111-8888	컴퓨터디자인
190311	지호	10-02-16	010-111-9999	컴퓨터디자인
190312	지원	10-03-30	010-222-2222	소프트웨어
190301	도티	10-01-23	010-222-3333	소프트웨어

100줄의 데이터

'도티' 데이터가 100번째 있습니다.

용어를 찾는다고 생각해보세요. 모든 페이지를 일일이 찾아봐야 하는 고충이 벌써부터 느껴집니다. 이런 고충은 DBMS에서도 마찬가지입니다.

그래서 데이터베이스에서도 색인을 사용합니다. 색인은 대량의 데이터에서 원하는 데이터를 빠르게 찾기 위해 사용하는 특별한 테이블이지요. 책 본문에서 중요한 키워드를 색인으로 뽑는 것처럼 테이블에서 빨리 찾아야 하는 데이터를 뽑아 색인으로 만들어줍니다.

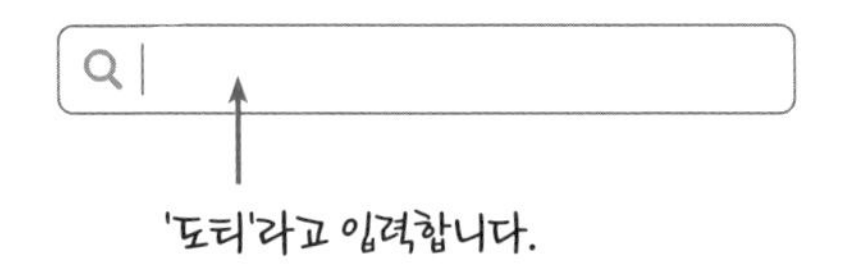

카카오톡과 같은 스마트폰 앱에서는 친구 추가 기능을 제공하는데요. 친구 추가를 위해 우선 친구를 찾아야 합니다. 친구 찾기는 연락처나 이름 등으로 할 수 있지요. 입력란에 '도티'라고 작성하면 소프트웨어는 데이터베이스를 뒤져서 도티의 정보를 찾아옵니다. 여기서 데이터를 찾아주는 소프트웨어가 바로 데이터베이스 관리 시스템(DBMS)이지요.

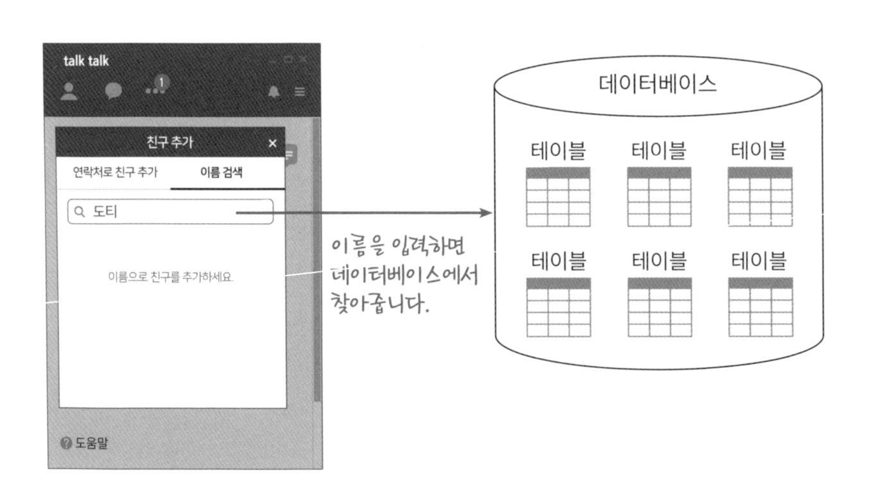

DBMS는 무수하게 쌓인 데이터에서 원하는 데이터를 쉽고 빠르게 찾기 위해 인덱스(색인)를 사용하고 있습니다. 인덱스에는 키워드와 데이터 위치가 있는데요. '데이터 위치'는 책 색인에서의 페이지 번호와 유사한 정보랍니다. 책 색인의 페이지 번호를 따라가면 책 본문에서 키워드를 찾을 수 있듯 인덱스의 데이터 위치를 따라가면 원하는 데이터가 어디에 저장되어 있는지 찾을 수 있답니다. 보통 책에서는 색인어를 쉽게 찾기 위해 '가나다순'으로 정렬해두는데요. 데이터베이스도 마찬가지로 정렬되어 있답니다.

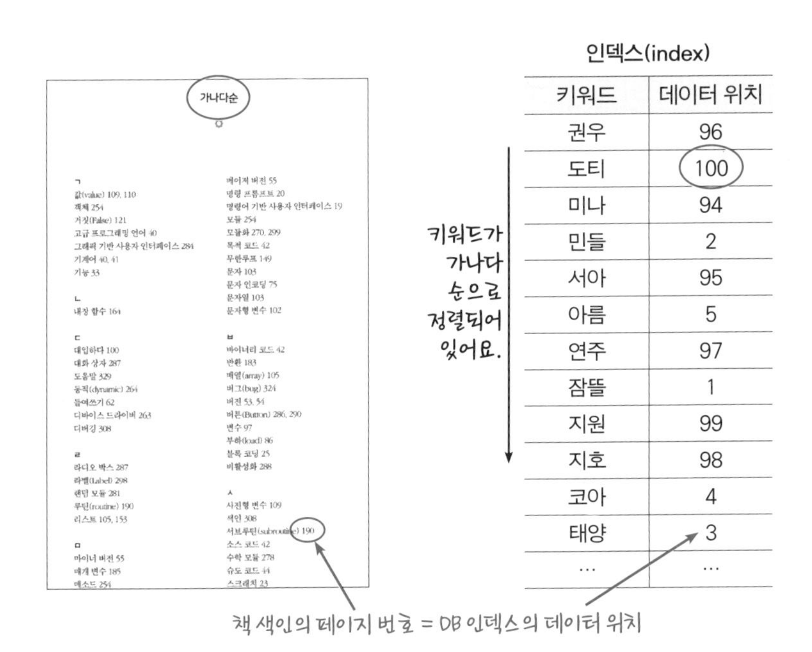

ㄱ
값(value) 109, 110
객체 254
거짓(False) 121
고급 프로그래밍 언어 40
그래픽 기반 사용자 인터페이스 284
기계어 40, 41
기능 33

ㄴ
내장 함수 164

ㄷ
대입하다 100
대화 상자 287
도움말 329
동적(dynamic) 264
들여쓰기 62
디바이스 드라이버 263
디버깅 308

ㄹ
라디오 박스 287
라벨(Label) 298
랜덤 모듈 281
루틴(routine) 190
리스트 105, 153

ㅁ
마이너 버전 55
매개 변수 185
메소드 254
메이저 버전 55
명령 프롬프트 20
명령어 기반 사용자 인터페이스 19
모듈 254
모듈화 270, 299
목적 코드 42
무한루프 149
문자 103
문자 인코딩 75
문자열 103
문자형 변수 102

ㅂ
바이너리 코드 42
반환 183
배열(array) 105
버그(bug) 324
버전 53, 54
버튼(Button) 286, 290
변수 97
부하(load) 86
블록 코딩 25
비활성화 288

ㅅ
사전형 변수 109
색인 308
서브루틴(subroutine) 190
소스 코드 42
수학 모듈 278
슈도 코드 44
스크래치 23

인덱스(index)

키워드	데이터 위치
권우	96
도티	100
미나	94
민들	2
서아	95
아름	5
연주	97
잠뜰	1
지원	99
지호	98
코아	4
태양	3
…	…

도티의 '데이터 위치'는 100입니다. 학생 테이블에서 100번째 위치를 찾아가니 도티의 학번, 생년월일, 연락처 등을 금세 찾을 수 있었습니다. 인덱스가 없었더라면 이렇게 빠르게 찾을 수 없었을 거예요.

◆ 설명을 쉽게 하려고 그림의 인덱스를 간단하게 표현했는데요. 실제 인덱스는 효율적인 데이터 검색을 위해 트리구조로 저장되고 있습니다.

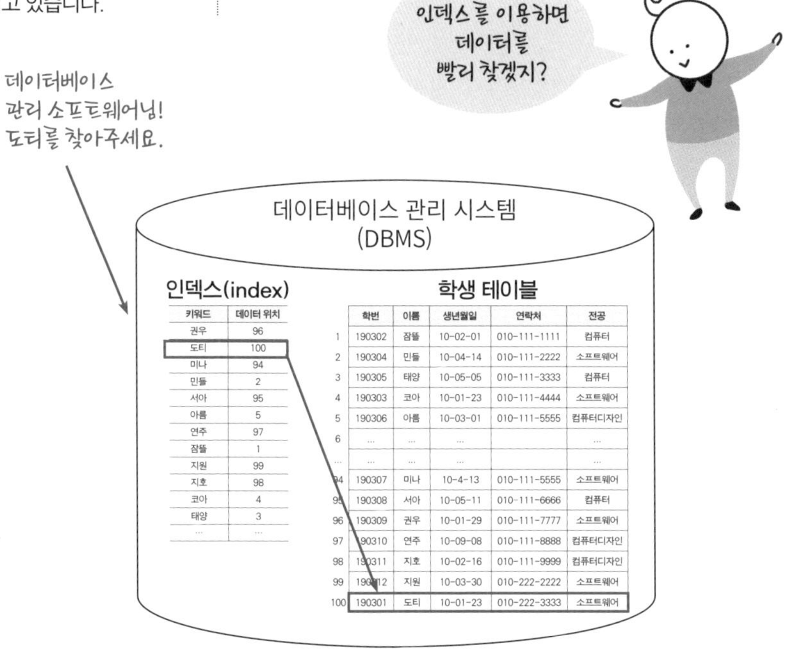

키워드	데이터 위치
권우	96
도티	100
미나	94
민들	2
서아	95
아름	5
연주	97
잠뜰	1
지원	99
지호	98
코아	4
태양	3
...	...

	학번	이름	생년월일	연락처	전공
1	190302	잠뜰	10-02-01	010-111-1111	컴퓨터
2	190304	민들	10-04-14	010-111-2222	소프트웨어
3	190305	태양	10-05-05	010-111-3333	컴퓨터
4	190303	코아	10-01-23	010-111-4444	소프트웨어
5	190306	아름	10-03-01	010-111-5555	컴퓨터디자인
6	...	...	...		...
...	...	...	...		...
94	190307	미나	10-4-13	010-111-5555	소프트웨어
95	190308	서아	10-05-11	010-111-6666	컴퓨터
96	190309	권우	10-01-29	010-111-7777	소프트웨어
97	190310	연주	10-09-08	010-111-8888	컴퓨터디자인
98	190311	지호	10-02-16	010-111-9999	컴퓨터디자인
99	190[illegible]12	지원	10-03-30	010-222-2222	소프트웨어
100	190301	도티	10-01-23	010-222-3333	소프트웨어

이것이 데이터베이스 관리 시스템(DBMS)이 하는 일입니다. 데이터를 오류 없이 안정적으로 저장하고 빠르게 찾아줘야 하는 막중한 임무를 가진 소프트웨어이지요. 참고로, 현업에서는 DBMS와 DB라는 말을 섞어 사용하지만, 두 용어는 엄연히 다른 단어입니다. DBMS는 데이터를 관리하는 '소프트웨어'를 의미하고, DB는 '데이터의 묶음'을 의미한다는 점을 기억하세요.

해시태그

해시 표시(#)가 있는 태그

이번에는 우리가 매일 접하는 메타데이터를 소개하겠습니다. 네이버 블로그나 인스타그램 등에 게시물을 올릴 때 '태그'를 추가하지요? 이렇게 태그를 추가해놓으면 사람들이 쉽게 관련 정보를 찾을 수 있는데요. 여기서 '태그'가 바로 메타데이터입니다.

#코딩책과함께보는코딩개념사전 #코딩
#프로그래밍 #개념사전 #파이썬 #김현정
#궁리 #책 #리뷰 #서평

블로그에 추가된 해시태그

해시 기호(#)가 붙은 이 태그를 '해시태그(hash tag)'라고 부릅니다. 해시태그를 클릭하면 이 태그가 붙은 모든 글을 한꺼번에 볼 수 있지요.

파이썬 코딩에서도 해시 기호(#)를 사용합니다. 소스코드에서 코멘트를 추가할 때 이 기호를 사용하는데요. 이 역시 코드에 대한 데이터로 메타데이터입니다.

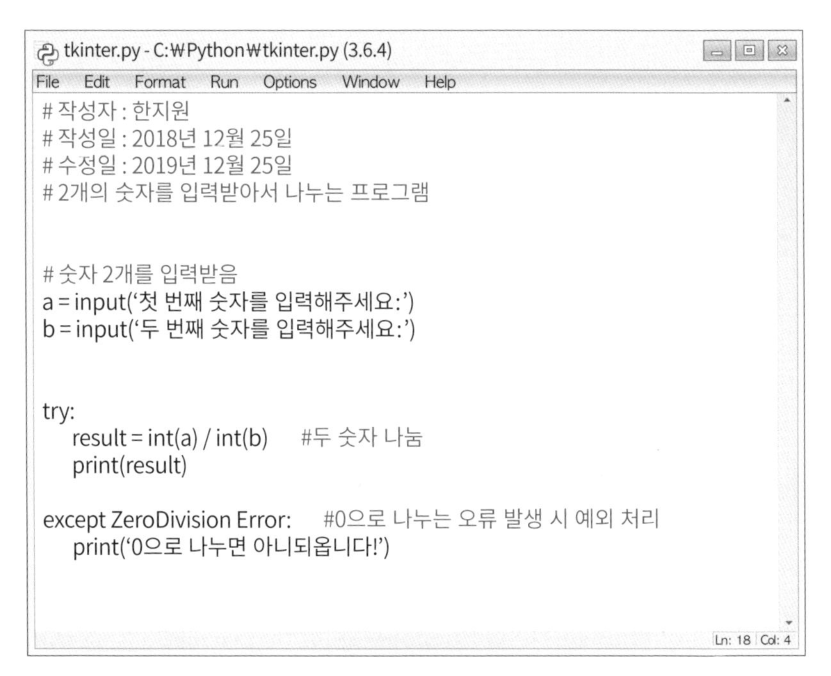

파이썬 코드의 해시태그

해시 기호는 코딩 언어마다 쓰임새가 다릅니다. 예를 들어 C 언어에서는 해시 기호(#)를 컴파일러가 먼저 처리해야 하는 키워드로 생각한답니다.

```
#include <stdio.h>
int main(void) {
  printf("hello, world\n");
}
```

C 코드의 해시태그

SQL

데이터가 궁금할 때 사용하는 질문 언어

수많은 데이터에서 내가 원하는 데이터를 어떻게 찾을 수 있을까요? 데이터를 한 줄씩 확인하면서 일일이 찾을 수도 있겠지만, 수천만 건 이상의 데이터에서 원하는 데이터를 찾아야 한다면 수작업으로는 절대 불가능할 것입니다.

컴퓨터가 사람들이 사용하는 언어를 바로 이해할 수 있으면 좋겠지만, 아직 그 정도로 스마트하지는 않습니다. 그래서 수북하게 쌓인 데이터베이스에서 원하는 데이터를 찾기 위해 사용하는 특별한 언어가 있습니다. 바로 '구조적 질의 언어(Structured Query Language)'입니다. 보통 줄임말로 'SQL'이라고 부르지요. SQL은 데이터베이스에 정보를 요청하기 위해 '질의(query)'하는 언어입니다. '질의'는 '의심나거나 모르는 점을 물음'이라는 뜻이지요. 쉽게 말해 데이터베이스에 질문을 하는 것이랍니다.

데이터베이스를 관리하는 소프트웨어(DBMS)에게 질문하려면 다음과 같은 SQL이라는 특별한 언어로 문장을 작성해야 합니다. 컴퓨터가 이해할 수 있도록 질문도 문법에 맞춰서 해야 하는 것이죠.

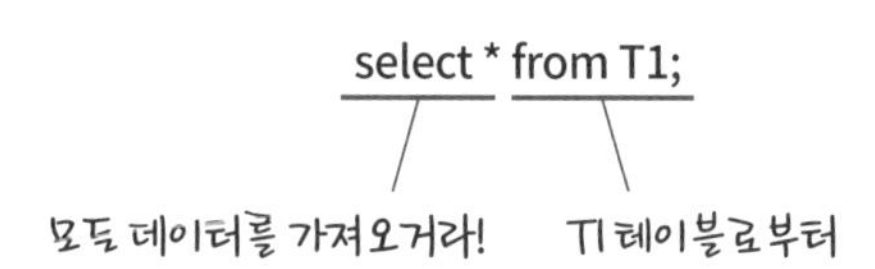

◆ *는 '모든'이라는 의미를 가집니다.

어떤가요? SQL을 이용해 질문하는 것이 그리 나빠 보이지는 않지만, 질문 자체가 공손해 보이지도 않네요. 질의문에는 'please'라는 단어도 없고, 'Could you'라는 단어도 찾아보기 힘드니 말입니다. 'select'라는 동사부터 시작하는 것을 보니 명령문은 확실히 맞는 것 같습니다. 그래서 코딩을 명령어 작성 과정이라고 설명하나 봅니다.

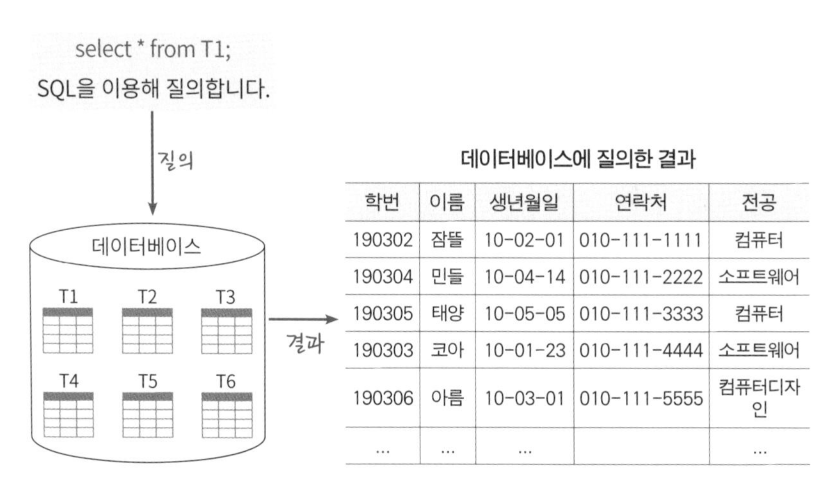

학번	이름	생년월일	연락처	전공
190302	잠뜰	10-02-01	010-111-1111	컴퓨터
190304	민들	10-04-14	010-111-2222	소프트웨어
190305	태양	10-05-05	010-111-3333	컴퓨터
190303	코아	10-01-23	010-111-4444	소프트웨어
190306	아름	10-03-01	010-111-5555	컴퓨터디자인
...	...	...		...

데이터베이스에 질의하여 결과를 얻는 모습

간단한 SQL 문장도 있지만, 어떨 때는 다음처럼 질의문을 복잡하게 작성하기도 합니다. 물론 더 복잡한 질의문도 있습니다.

```
mysql> SELECT name, id, major FROM T1 WHERE age >= 20 ORDER BY id DESC;
```

질의문이라고 해서 꼭 질문만 하는 것은 아닙니다. 데이터베이스의 데이터를 수정하거나 삭제하는 것도 SQL 문장으로 작성할 수 있습니다.

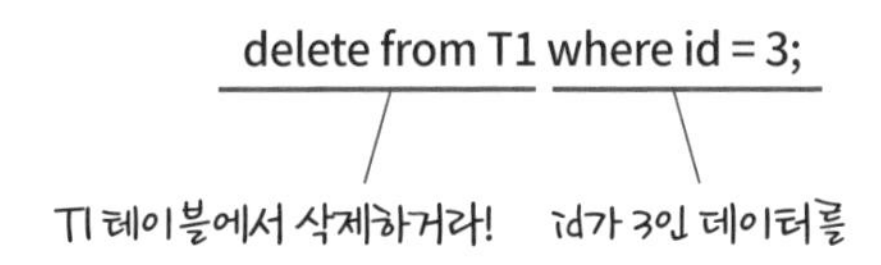

SQL은 여타 코딩 언어처럼 융통성이라고는 전혀 없기 때문에 따옴표(') 라도 잘못 들어가면 "문법에 오류가 있는 것 같은데요!"라고 오류 메시지를 보여줍니다.

물론, 문법에 맞춰 SQL 언어를 배우는 과정이 자칫 지루할 수도 있습니다. 게다가 DBMS 종류마다 질의 언어가 약간씩 다르다는 사실을 알게 되면 '이것들을 모두 공부해야 하나'라는 고민도 생길지 모릅니다. 그래도 다행인 점은 이 언어들이 서로 비슷하기 때문에 한 가지 언어를 배우면 다른 언어를 좀 더 쉽게 배울 수 있고, SQL문도 표준화되어 있어 통일된 문장을 작성할 수 있도록 도와주고 있습니다.

정형 데이터와 비정형 데이터

형태가 정해진 데이터와 그렇지 않은 데이터

데이터는 정형 데이터와 비정형 데이터로 분류됩니다. '정형'은 형태가 정해졌다는 말이고, '비정형'은 형태가 정해지지 않았다는 말입니다.

테이블을 만들 때부터 어떤 형식의 데이터를 저장해야 하는지 정해야 하고, 데이터베이스에 데이터를 저장할 때도 형식에 꼭 맞추어 저장해야 합니다. 형식에 맞지 않는 데이터를 테이블에 추가하려고 하면 소프트웨어가 바로 '오류'라고 알려주지요.

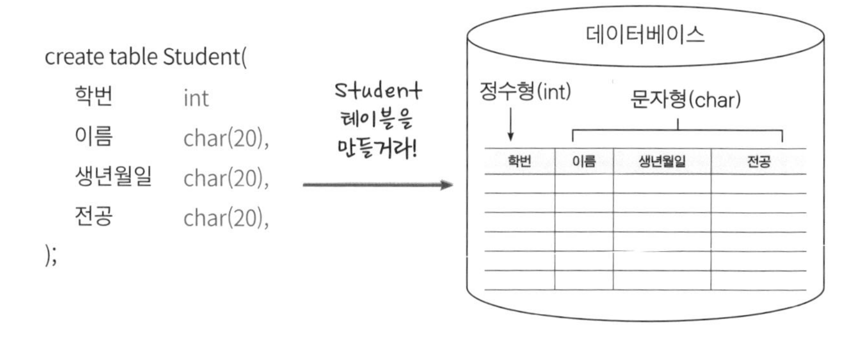

'create table'이라고 작성하며 컴퓨터에게 '테이블을 만들거라'라고 명령을 내립니다. 이 테이블의 이름을 Student라고 지었습니다. 테이블에는 학번, 이름, 생년월일, 전공 데이터를 채울 예정입니다. 학번은 숫자로 기록하기 때문에 정수형으로 정했습니다. '정수'는 영어로 integer이기 때문에 '학번 int'라고 작성합니다. 이런식으로 작성하면 컴퓨터는 '아! 학번 데이터는 정수형이구나'라고 생각하게 되는 것이지요. 이름과 생년월일은 문자형으로 기록할 겁니다. 그래서 문자(character)라는 의미로 char라고 데이터형을 적어주었답니다.

아래와 같이 SQL문을 작성해서 테이블에 데이터를 추가해보겠습니다. 'insert into Student values'라고 작성하면 'Student 테이블에 이 값들을 추가하거라!'라는 의미입니다.

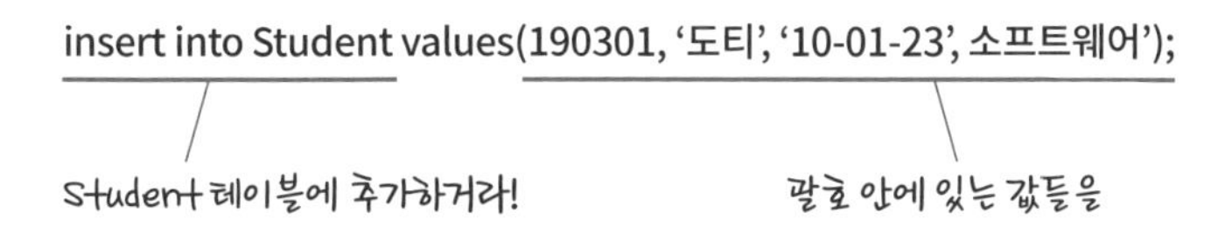

테이블에 데이터가 1건 추가되었네요.

```
MySQL 8.0 Command Line Client - Unicode
mysql> select * from student;
+--------+--------+--------------+----------------+
| 학번   | 이름   | 생년월일     | 전공           |
+--------+--------+--------------+----------------+
| 190301 | 도티   | 10-01-23     | 소프트웨어     |
+--------+--------+--------------+----------------+
 row in set (0.00 sec)

mysq>
```

그럼, 정해진 길이를 초과해서 데이터를 추가해볼까요? 다음처럼 SQL 문장을 작성하고 엔터키를 눌러보겠습니다.

insert into Student values(190301, '도티', '10-01-23',
'저는 대학교에서 소프트웨어를 공부하고 싶습니다.');

↓

'전공'에 들어가는 데이터가 char(20)을 넘어섰습니다.

create문을 사용해 테이블을 만들 때 '전공'에 들어갈 데이터의 길이를 20으로 정했는데요. '전공 char(20)' 이렇게요. 만약 이보다 긴 문장('저는 대학교에서 소프트웨어를 공부하고 싶습니다.')을 추가하려고 하면 DBMS는 '전공 데이터가 너무 길어요!(Data Too long for column 전공)'라고 오류 메시지를 보여줍니다.

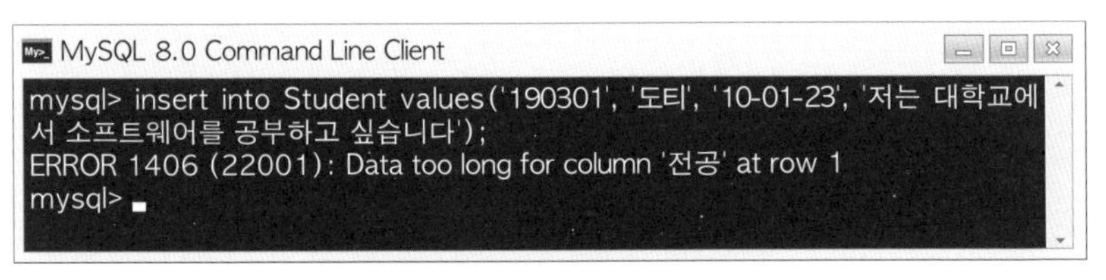

데이터 길이가 길다고 알려주는 오류메시지

이것이 정형 데이터의 세계입니다. 형식에 맞게 그리고 길이에 맞게 데이터를 저장해야 하지요. 데이터를 넣기 전부터 데이터 형식을 딱 맞춰놓았기 때문에 비정형 데이터보다는 데이터 분석 작업이 훨씬 수월하답니다.

하지만 요즘은 정형 데이터보다 비정형 데이터가 훨씬 더 많습니다. 빅데이터의 주인공이 비정형 데이터가 아닌가 싶을 정도로 폭발적으로 증가하고 있지요. 이에 비정형 데이터에 대한 관심도 높아지고 있습니다. 앞서 비정형 데이터는 형식이 정해지지 않은 데이터라고 설명했는데요. 유튜브, SNS, 블로그, 웹문서 등처럼 글 내용의 형식이 자유로운 경우를 '비정형 데이터'라고 부릅니다. 고정된 틀이 있지 않아서 데이터 분석에도 어려움이 따릅니다. 블로그의 데이터를 가져와 분석하려면 제목은 무엇인지, 작성일자는 어디에 적혀 있는지를 일일이 정해주는 전처리 작업을 따로 해줘야 하거든요. 비정형 데이터의 이런 자유분방함 때문에 데이터 분석 전에 이런저런 번거로운 처리 작업들이 생기게 됩니다.

그런데 이렇게나 손이 많이 가는 비정형 데이터에 우리가 관심을 가지는 이유는 무엇일까요? 오늘날 우리 생활에서 SNS와 블로그는 삶의 일부가 되었고, 이를 통해 많은 사람들이 소통하고 있습니다. 그리고 이것이 고스란히 데이터로 기록되고 있지요. 사람들의 욕구를 충족해줄 무엇인가를 찾아내고, 새로운 비즈니스의 가치를 발견하기 위해 이들 비정형 데이터는 소중한 정보의 보고가 되고 있습니다. 또한 데이터를 분석하는 일은 시장 트렌드 분석을 위해 매우 중요한 활동이 되었습니다. 수많은 별들로 수놓인 밤하늘에서 사자자리 별자리를 찾으며 새로운 의미를 발견하듯, 남들이 생각하지 못한 새로운 것을 발견하기 위해 무수한 빅데이터 속에서 가치 있는 정보를 찾고 있는 것이죠.

빅데이터 분석

많은 양의 데이터 속에서 기회를 발견하는 것

비즈니스 관점에서 소비자의 구매 패턴 분석은 매우 중요한 일입니다. 고객의 구매 성향을 분석해 마케팅에 활용하기도 하고 서비스를 개선하는 데도 활용합니다. 또한 새로운 상품 개발을 위해서 최신의 유행과 선호도를 데이터를 이용해 분석하기도 하지요. 의료 분야의 경우 질병의 역학조사를 위해 데이터 분석은 필수 과정입니다. 기업뿐만 아니라 연구소에서도 데이터 연구가 활발하게 이루어지고 있습니다. 모든 연구는 데이터를 기초로 시작되기 때문에 데이터 분석 방법을 잘 이해하는 것이 연구의 첫 걸음이 될 수 있겠지요.

데이터 분석을 잘하기로 유명한 기업이 있습니다. 바로 미국의 월마트인데요. 월마트에서는 고객의 영수증을 분석해서 기저귀와 맥주가 함께 팔리고 있다는 사실을 알게 되었습니다. 기저귀를 구매하는 소비자가 주로 남편이라는 사실을 확인하고 기저귀 옆에 맥주를 진열하는 판매전략을 세웠습니다. 결과는 대성공이었습니다. 맥주 판매량이 30퍼센트나 급등했으니까요.

공공서비스를 개선한 사례도 있습니다. 2014년 서울시는 서울 지역의

밤 시간대 휴대전화 통화 이력을 분석해서 심야버스 노선을 정했고, 이것은 시민들에게 늦은 시각 귀갓길의 편리함을 선물해주었답니다.

데이터 분석은 소비자가 필요로 하는 것이 무엇인지 파악하는 훌륭한 수단이 되고 있습니다. 고객의 니즈(needs)를 파악하는 것이 곧 기업의 성공전략이 되기 때문에 데이터 분석의 중요성이 더욱 높아지고 있는 것이지요.

우리는 빅데이터의 세상에 살고 있습니다. 지하철을 타며 교통카드를 단말기에 찍을 때, 페이스북에 글을 올릴 때, 인터넷 쇼핑몰에서 물건을 살 때 누가, 언제, 무엇을 했는지가 모두 데이터로 쌓이고 있지요. 이렇게 쌓이는 데이터의 양이 방대해지다 보니 'Big'이라는 단어가 수식어로 붙게 되었습니다. '빅데이터'는 Big Data를 소리나는 대로 부르는 말입니다.

데이터를 분석하려면 무엇부터 해야 할까요? 데이터 분석 과정을 함께 머릿속으로 생각해봅시다. 우선 데이터를 이용해 알고 싶은 내용이 무엇인지 목적을 정하는 것이 우선입니다. 예를 들어 다음처럼 목적을 세울 수 있습니다.

데이터 분석의 목적: 여름방학에 어떤 종류의 책이 많이 팔릴지 예측.

예측이라는 것은 미래에 발생할 일을 예상하는 것입니다. 예측의 결과가 실제와 다를 수도 있지만 충분한 데이터를 이용한다면 예측 결과가 실제와 동떨어지는 문제는 줄일 수 있겠지요. 정확한 분석을 위해서는 데이터의 질과 양이 무엇보다 중요하답니다.

여름방학에 어떤 종류의 책이 잘 팔릴지는 신이 아닌 이상 어느 누구도 알기 어렵습니다. 그렇기 때문에 과거의 데이터에 의존해서 예측을 수행하고 있습니다. 우선, 책 판매의 트렌드를 분석하기 위해 3년치 책 판매 데이터를 가져와 분석을 시작합니다. 책 종류별로 판매량을 분석하고 구매 나이대별로 분석하면 좋을 것 같았습니다. 학생들의 나이에 따라 관심사가 다를 테니까요. 이런 과정을 거쳐 데이터를 분석해보니, 역시 여름방학에는 영어공부, 자격증 그리고 여행과 관련된 책이 가장 많이 팔렸다는 사실을 알게 되었습니다. 여름방학에는 주로 어학연수 때문에 호주나 캐나다 여행을 간다는 사실과 이 지역의 여행 책이 다른 지역보다 더 많이 팔린다는 통계도 얻었습니다.

회사에서는 이러한 분석 결과를 기반으로 판매 전략을 세웁니다. 예를 들어 오프라인 서점의 경우 영어, 자격증, 여행과 관련된 책을 눈에 잘 띄는 곳에 진열합니다. 또한 인기가 많은 베스트셀러와 새로 출간된 책을 잘 보이는 곳에 진열해 판매량을 높이기 위해 노력하지요.

데이터 분석은 인터넷 서점에서 더욱 진가를 발휘합니다. 사용자들이 어떤 키워드로 책을 검색하는지를 분석한다면 책에 대한 트렌드를 파악할 수 있으니까요. 요즘은 블로그와 SNS의 영향력이 매우 높아지는 추세라 소셜 미디어에 올라온 데이터들을 분석해 트렌드를 파악하는 것도 중요한 일이 되었습니다. 하지만 이들 데이터는 형태가 정해지지 않은 '비정형 데이터'이기 때문에 데이터 형식을 맞춰야 하는 사전작업이 필요합니다.

무수하게 쌓인 데이터를 분석하는 일은 만만찮은 작업입니다. 데이터를 하나하나 보고 패턴을 찾아내는 것은 더더욱 불가능한 일이지요. 그래서 우리는 전문적인 소프트웨어를 이용해야 합니다. 다행히 데이터 분석을 위한 소프트웨어가 이미 준비되어 있기 때문에 이 소프트웨어를 사용하는 방법을 배우면 되는 것이죠.

컴퓨터를 전공하고 IT 기술을 잘 안다고 꼭 데이터 분석을 잘하는 것은 아닙니다. 해당 분야의 흐름을 이해하고 통찰하는 눈이 있어야 데이터 분석도 더 잘할 수 있습니다. 데이터가 곧 자산인 시대에서 컴퓨터를 전공하지 않은 사람들도 데이터를 분석할 수 있는 능력이 요구되고 있습니다. 미래의 유망 직업으로 '빅데이터 분석가'를 꼽을 정도이니 데이터의 활용 능력이 그만큼 중요하다는 의미겠지요. 데이터 분석 능력은 모두에게 필요한 현재가 되고 있습니다.

R 언어

빅데이터 분석을 위한 코딩 언어

데이터 분석을 위해 많이 사용하는 코딩 언어가 있습니다. 이 언어의 이름은 'R'인데요. 이름이 너무 간단해서 이 이름을 처음 접할 때 고개가 갸우뚱해지기도 합니다. 하지만 정말 이름이 '알'입니다.

1995년 로스 이하카(Ross Ihaka)와 로버트 젠틀맨(Robert Gentleman)이 이 언어를 개발했는데요. 두 사람의 이름 앞글자를 따와 언어의 이름을 'R'로 지었다고 합니다. 이런 이름 덕분에 R 코딩책에는 재미있는 제목들이 붙기도 합니다. 예를 들어 "빅데이터를 R자"와 같이 말이죠.

R은 데이터를 다루는 코딩 언어이다 보니 문장에서 특정 글자를 뽑아내거나 데이터베이스에서 키워드를 찾을 수 있는 함수들을 제공하고 있습니다. 합계, 평균, 표준편차 등을 구하는 통계 함수도 제공하고 데이터를 정렬하거나 합치는 등 데이터를 가지고 이것저것 할 수 있는 함수들을 제공하지요.

또한 정형 데이터를 위한 SQL문도 제공하고, 데이터를 시각적◆으로 표현하기 위한 함수들도 제공한답니다.

◆ 데이터를 그래프로 시각적으로 표현하는 것을 '데이터 시각화'라고 부릅니다.

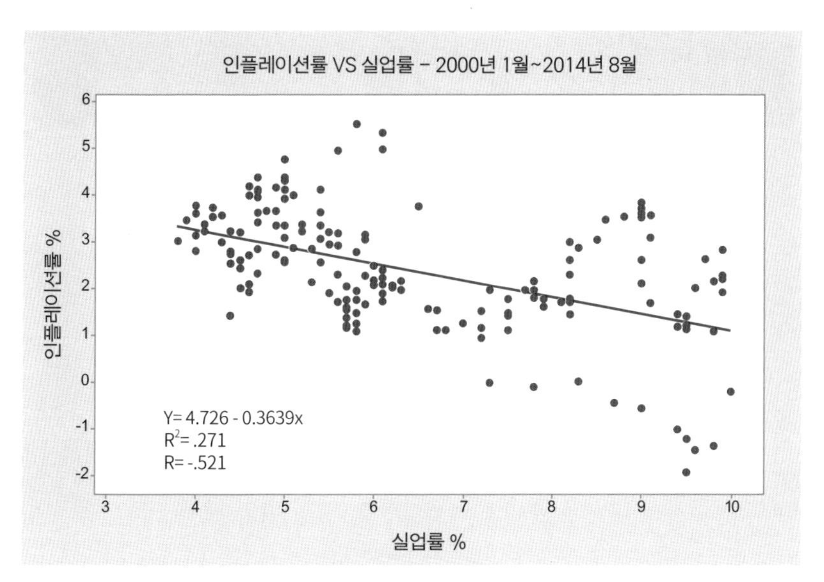

데이터 시각화 예시

공공 데이터

모두에게 공개하는 데이터

일반적으로 기업에서 만들어진 모든 데이터는 '비밀 데이터'입니다. 어떤 회사에 가서 데이터 공개를 요구한다면 '영업 비밀'의 이유로 거부하는 상황을 경험할 수 있습니다. 반면, 공공기관에서 만들어진 데이터는 어떨까요?

'공공'이라는 말은 사회 구성원에 두루 관계되는 것을 의미합니다. 나도 관련이 있고, 다른 사람도 관련이 있는 것이기 때문에 영어로는 public이라는 단어를 사용합니다. 한자어로 '공공(公共)'은 '공평할 공(公)'과 '함께 공(共)'이 합쳐진 단어입니다. '공공기관'은 사회 구성원들의 이익을 위해 일하는 기관으로 '공평'해야 하고 사회 구성원과 '함께'해야 하는 것이 역할이자 책임이지요. 즉 공공기관은 '공익'을 위해 존재하는 회사입니다. 이런 공공기관에서 제공하는 데이터를 '공공 데이터'라고 부릅니다.

공공기관의 역할은 회사마다 다르겠지만, 빅데이터 시대에 공공기관의 역할은 데이터 공유 영역까지 확장되었습니다. 공공기관에서 가지고 있는 데이터를 사회 구성원들에게 공유하여 사회 발전에 도움을 주고 있지요.

정부에서는 공공기관에서 데이터를 공유할 수 있도록 '공공데이터포털(www.data.go.kr)'까지 만들어놓았습니다. 여기서 다양한 공공 데이터를 엑셀 등과 같은 파일로 다운로드받을 수 있습니다. 공공 데이터를 공개한 덕분에 많은 기업들이 혜택을 누리고 있습니다. 한국관광공사의 관광데이터를 이용해 여행서비스를 제공하는 모바일 앱을 개발하기도 하고, 국토교통부의 공공 데이터를 이용해 주택 가격 정보를 제공하는 모바일 앱을 만들어 창업을 시작한 청년들도 있지요.

개인정보
나만의 정보

공공 데이터와는 반대로 공개하지 말아야 하는 정보가 있습니다. 바로 나만의 정보인 '개인정보'이지요. 개인정보는 나와 다른 사람을 구별할 수 있는 고유한 정보로 이름, 주민등록번호, 집주소 등을 말합니다. 개인정보를 '개인식별정보'라고도 부르는데요. '식별'은 여러 사물, 사람들 중에서 하나를 구별할 수 있는 것을 말합니다.

선생님이 초등학교 1학년 학생들을 '식별'하기 위해 책상에 이름표를 붙입니다. 새학기에 아이들의 이름을 아직 외우지 못한 선생님은 이름표의 도움으로 학생들을 식별하곤 합니다. 하지만 동일한 이름을 가진 학생들이 있기 때문에 어떨 때는 이름만으로 부족할 때가 있습니다. 그래서 2반 도티, 3반 도티와 같이 이들을 구분할 수 있는 반 정보를 덧붙이기도 합니다.

우리 사회에서 가장 강력한 개인식별정보는 주민등록번호입니다. 이 번호만 있으면 나만의 정보를 어디서든 조회할 수 있으니까요. 은행이나 병원에 가서도 이 번호는 만능정보입니다. 이 번호는 나만 가지고 있는 유일한 정보이기 때문입니다. 주민등록번호는 사람이 태어나서 죽을 때까지 개인에게 고유하게 부여된 번호이기 때문에 '고유식별번호'라고도 부르고 있습니다. 고유하다는 것은 유일하다는 특징이 있습니다. 그래서 우리나라에서 동일한 주민등록번호는 없어야 합니다.

나를 식별할 수 있는 이 개인정보가 무분별하게 사용되었던 때가 있습니다. 포털 사이트에 회원가입을 하려면 주민등록번호를 무조건 제공해야 했던 때가 있었지요. 그러다 보니 다른 사람들이 몰래 내 고유식별번호를 사용하는 경우가 발생했습니다. 그리고 유명한 포털 사이트에서 보유했던 개인정보가 소홀하게 관리되어 다른 국가에 판매되는 부끄러운 자화상까지 보여주었습니다. 심지어 "개인정보는 더 이상 개인정보가 아니라 공공정보이다"라는 웃지 못할 씁쓸한 농담을 했던 시기였지요.

이런 사회적 시행착오 끝에 개인정보보호법이 2013년 8월에 만들어졌습니다. 이 법이 제정됨에 따라 최소한의 개인정보만 요구하도록 사회가 변하고 있습니다. 개인정보를 소중하게 관리해야 한다는 인식과 함께 기업들도 개인정보를 철저하게 관리해야 한다는 분위기가 형성되고 있지요. 은행이나 병원 등에서 고객의 주민등록번호를 사용하려면 반드시 본인이 서명한 동의서를 받아야 합니다. 또한 개인정보를 유출시키는 것도 법적으로 엄격해졌습니다. 개인정보를 유출시키면 사회적 비난뿐만 아니라 법적 처벌까지 받게 되지요.

요즘 길가에 설치된 CCTV 카메라를 쉽사리 볼 수 있습니다. 범죄 예방을 위한 CCTV 카메라에 사람들의 모습이 찍힙니다. 사람들의 얼굴이 영상 데이터로 기록되지요. 사람들의 얼굴은 개인정보일까요? 아닐까요? 맞습니다. 사람들의 얼굴도 주민등록번호와 같은 개인정보입니다. 그렇기 때문에 CCTV 카메라로 사람들의 얼굴이 촬영되면 얼굴 부분을 모자이크로 처리해 저장합니다(물론 범인 추적처럼 꼭 필요한 상황에서는 모자이크를 없앱니다). 모자이크 처리로 개인의 정보를 식별하지 못하도록 '비식별화'

하는 것이죠.

소프트웨어를 개발할 때 이런 개인정보를 기록하고 저장하는 과정에 신경을 써야 합니다. 특히 주민등록번호와 같은 고유식별번호는 암호화하여 저장해야 합니다. 최악의 상황으로 데이터가 유출되더라도 암호화되어 볼 수 없도록 해야 하는 것이죠.

데이터 마이닝

데이터에서 뜻밖의 정보를 채굴하는 것

데이터 마이닝(Data Mining)이란 데이터에서 특정한 패턴과 트렌드를 찾아내고 의미 없어 보였던 데이터에서 정보를 뽑아내 지식을 발견하는 과정을 말합니다. 쉽게 설명하면, 미처 생각하지 못했던 곳에서 뜻밖의 데이터를 찾아내는 것을 말합니다. 마이닝(mining)은 채굴이라는 의미로 광산에서 금, 은과 같은 광석을 캐내는 일을 뜻하는데요. 광산에서 보석을 캐내듯 데이터 더미에서 가치 있는 정보는 찾아내는 과정을 비유한 것이죠.

데이터 마이닝은 꼭 특정 패턴의 데이터를 찾는 일에만 국한되지 않습니다. 가치 있는 데이터를 찾아내기 위해서는 데이터베이스를 잘 관리해야 하고, 데이터를 자르거나 합치는 등의 처리 과정을 거쳐야 하지요. 또한 관심거리가 되는 데이터를 통계로 뽑아주고 이해하기 쉽도록 막대나 선 등의 비주얼한 그래프나 워드 클라우드(217쪽 그림)로도 표시해주는 일까지 해야 합니다. 이 모든 것이 데이터 마이닝 영역에 포함됩니다.

데이터 마이닝을 위한 특별한 데이터베이스가 있습니다. 이것을 '데이터 웨어하우스(data warehouse)'라고 하는데요. 여러 곳에 저장되어 있는 데이터에서 분석에 필요한 데이터를 뽑아 웨어하우스에 저장합니다. '창고'라는 웨어하우스의 의미 그대로 분석에 필요한 데이터를 저장하는 창고 역할을 합니다. 데이터를 저장할 때 분석에 용이하도록 데이터 통합이나 정렬 등의 전처리 작업을 수행할 수 있는 소프트웨어이지요.

이렇게 찾아낸 정보를 회사에서는 중요한 의사결정에 활용하고 있습니다. 과거에는 통계적 기법으로 데이터의 의미를 분석했지만, 최근에는 머신러닝 등의 인공지능 기법이 활발하게 활용되고 있지요. 컴퓨터를 전

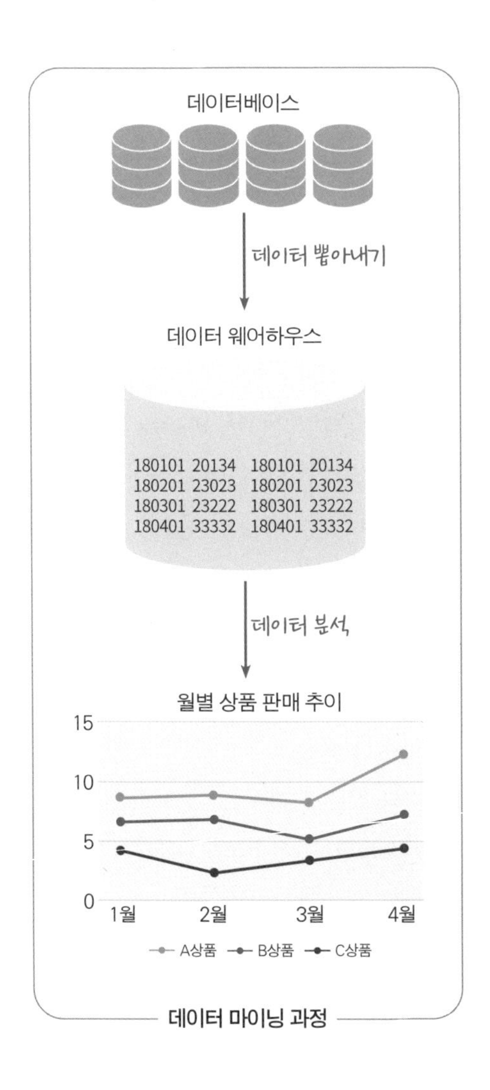

데이터 마이닝 과정

워드 클라우드(Word Cloud)

공하지도 않은 우리가 인공지능에 대해 공부해야 하는 것도 이런 이유랍니다.

위 그림은 빅데이터 분석 결과를 시각화한 '워드 클라우드(word cloud)'입니다. 그림이 구름(cloud)처럼 보이나요? 어떤 글자는 크기가 큰데요. 이것은 그만큼 사람들의 관심이 높은 데이터라는 표시입니다. 이렇게 사람들의 관심사를 분석하여 멋지게 시각화하는 작업이 데이터 마이닝의 마지막 작업이라면, 이 분석 결과를 이용해 비즈니스 가치를 찾는 일은 창의력과 통찰력을 가진 사람들의 몫이랍니다.

여기서 잠깐!

레파지토리

저장소라는 의미를 가진 '레파지토리(repository)'는 데이터를 저장하는 공간을 말합니다. 이 저장공간은 'DBMS'라는 소프트웨어가 관리되는 공간일 수도 있고, 파일 형태로 데이터가 관리되는 공간일 수도 있습니다. 이러한 맥락으로 데이터를 관리하는 DB서버, 데이터 저장장치인 스토리지(storage), 그리고 여러 데이터베이스가 모인 데이터 웨어하우스를 통틀어 '레파지토리'라고 부릅니다.

XML과 JSON

서로 다른 소프트웨어의 데이터 교환을 위한 문서 포맷

XML(엑스엠엘)은 HTML(에이치티엠엘)과 사촌 정도 되는 마크업 언어입니다. HTML은 웹문서를 표현하는 언어이지만, XML은 다양한 목적으로 사용하기 위해 만들어졌습니다. 그래서 그 이름도 '확장 가능한 마크업 언어(eXtensible Markup Language)'라고 지어졌지요.

소프트웨어는 사용자들의 니즈(needs)와 개발 목적에 맞게 제각기 다르게 만들어집니다. 서로 다른 환경에서 자라온 남녀가 결혼 후 소통에 어려움이 있는 것처럼 소프트웨어들도 통신에 어려움이 생기기 마련입니다. 독자적으로 개발된 소프트웨어들이 데이터를 주고받아야 한다면 서로에게 맞추는 과정인 데이터 변경 작업부터 시작해야 하지요.

예를 들어 인터넷 쇼핑몰에서 카드 결제를 하면 결제 금액 정보를 은행으로 전송해야 합니다. 하지만 인터넷 쇼핑몰에서 보관하는 데이터의 종류와 형식이 은행의 금융시스템과 다릅니다. 애초 소프트웨어를 만든 목적과 쓰임새가 다르니 당연히 다를 수밖에 없지요. 이렇게 서로 다른 시스템들이 데이터를 교환할 필요성이 생기면서 특별한 언어가 필요해졌습니다.

글자만 가득한 텍스트 문서를 교환해도 되지만, 데이터를 구분할 수 있는 '메타데이터' 없이 데이터만 교환하고 처리하다 보니 어려움이 발생하기 시작했습니다. 시스템들이 교환하는 문서에 점(.)이나 공백이라도 잘못 들어가면 데이터 교환 기능이 멈추기도 하고 잘못된 데이터가 저장되기도 했습니다. 그러다 보니 데이터를 관리하고 처리하는 입장에서 구조화된 문서가 필요하게 되었습니다.

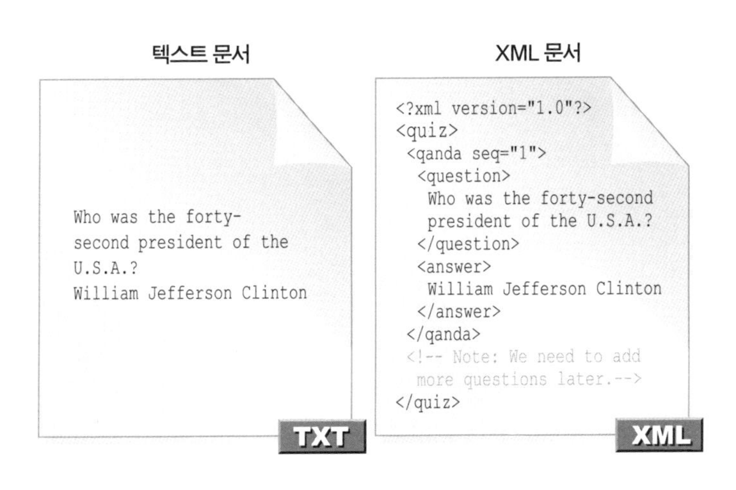

XML은 다른 종류의 시스템들이 별문제 없이 데이터를 주고받을 수 있도록 만들어진 마크업 언어입니다. 〈answer〉William Jefferson Clinton〈/answer〉라고 작성하면, 'answer'는 메타데이터로, 'William Jefferson Clinton'는 데이터로 처리하자고 약속했습니다. 어떻게 보면 XML로 작성된 문서가 텍스트 문서보다 더 복잡해 보이지만, 그래도 상관없습니다. 사람이 처리하는 문서가 아니라 컴퓨터가 처리하는 문서이기 때문이지요. '이 태그는 이렇게 처리해'라고 코드만 작성해놓이면 컴퓨터가 알아서 처리한답니다.

영화배우 이름처럼 보이는 JSON(제이슨)도 XML처럼 데이터 교환을 위해 탄생했습니다. JSON의 데이터 포맷은 서로 다른 시스템 간의 데이터를 주고받기 위해 '키와 값'의 쌍으로 이루어져 있습니다. 여기서 '키'가 메타데이터이고 '값'이 데이터입니다. XML 문서보다는 문서 크기가 작아 '경량'이라는 수식어가 붙었습니다. 가볍다는 장점으로 빠른 속도를 보장해야 하는 인터넷 환경에서 많이 사용되고 있습니다.

JSON 문서

```
{
"이름": " 이유라",
"나이": 28,
"성별": "여",
"주소": "서울특별시 분당구 목동",
"특기": ["노래", "춤"],
"가족관계": {"#": 1, "남편": "김남편"},
"회사": "경기 성남시 분당구 양동"
}
```

JSON

5장

보안과 보호를 위한 소프트웨어

white hat
Black hat

저는 무엇인가를 보호해주는 소프트웨어입니다. 무엇을 보호하냐고요? 바로 IT 자산입니다. 기업에서 사용하는 소프트웨어, 컴퓨터, 데이터 등을 IT 자산이라고 부릅니다. 허락을 받은 사람들은 IT 자산을 사용할 수 있도록 해주고, 그렇지 않은 사람들은 접근도 못하게 하는 것이 제 역할입니다. 해커들의 공격을 막는 방어막 역할도 하고 데이터를 보호하기 위해 암호화하는 일도 담당하고 있지요. 스마트TV, 스마트냉장고 등과 같이 '스마트한' 기기가 점차로 많아지면서 IT 자산이 공격에 노출되는 빈도도 더 높아지고 있는 요즘, 저의 책임이 막중해졌습니다.

보안과 보호
수단과 목적의 차이

보안과 보호는 서로 다른 의미를 가진 단어이지만, 우리는 이 둘을 혼용하는 편입니다. 물론 두 용어는 목적과 수단이라는 측면에서 조금은 다른 상황에서 사용됩니다. 회사에는 경비원이 사람들의 출입을 통제합니다. 회사 직원은 건물 안에 들어가도록 허락하지만, 그렇지 않은 사람은 들어가지 못하게 하는 것이 통제의 방법이지요. 이렇게 통제하는 이유는 회사의 자산을 '보호'하기 위해서입니다. 아무나 회사에 들어가도록 놔둔다면 도난과 파손의 염려가 있을 수 있기 때문이죠. 경비원은 건물의 보안을 책임지는 사람이기 때문에 영어로 'Security Guard'라고 부릅니다.

아이들이 노는 놀이터에 CCTV 카메라가 꼭 한 대씩은 설치되어 있습니다. CCTV 카메라를 설치하는 이유는 사고와 범죄로부터 아이들을 '보호'하기 위해서이지요. 여기서 CCTV 카메라 장비를 '보안 장비'라고 합니다.

보안과 보호를 위한 소프트웨어는 매우 다양합니다. 개인정보를 검사하는 소프트웨어는 '개인정보보호솔루션'이라고 하고, CCTV 카메라와 같은 장비는 '보안 장비'라고 합니다.

소프트웨어는 사용자의 입력을 받아와 출력을 만들어줍니다. 소프트웨어를 통해 데이터에 접근하고 소프트웨어를 통해 데이터를 저장할 수 있습니다. 그렇기 때문에 보호의 대상은 궁극적으로 데이터일 수 있습니다. 데이터를 보호하기 위해서는 소프트웨어를 아무나 사용하지 못하게 하는 것이 보안의 기본입니다. 이를 위해서 대부분의 소프트웨어는 '로그인' 기능을 제공하고 있습니다. 로그인을 통해 권한을 가진 사람만 소프트웨어를 사용하도록 하는 것이지요.

'권한'은 일반적으로 사용자 권한과 관리자 권한으로 구분합니다. 기차표 예매 프로그램을 예로 들어볼게요. 사용자 권한으로 로그인을 하면 기차표 예매, 취소 기능 등을 사용할 수 있습니다. 관리자 권한은 사용자 권한보다 더 많은 기능을 사용할 수 있습니다. 관리자는 추석 특별 노선을 추가하거나 변경할 수 있는 기능도 사용할 수 있는 것이죠. 권한이 높다는 것은 사용할 수 있는 기능이 많고 그만큼 책임도 크다는 것을 의미한답니다.

암호화와 복호화

암호문을 만드는 것, 암호문을 푸는 것

데이터 암호화는 누군가가 나의 비밀정보를 보더라도 이해할 수 없도록 만드는 과정을 말합니다. 인터넷 쇼핑몰을 이용하거나 인터넷 뱅킹을 하려면 주민등록번호, 비밀번호 등의 개인정보를 입력해야 할 때가 있는데요. 이런 정보들이 거미줄과 같은 네트워크를 거쳐 서버로 배달(전송)될 때 위험에 노출됩니다. 인터넷은 수많은 사람들이 함께 이용하는 공용 네트워크여서 배달 과정에서 다른 사람들이 내 데이터를 훔쳐볼 수 있기 때문입니다. 그래서 보안이 중요한 데이터는 암호화해서 내보내야 하지요. 데이터를 암호화하면 누군가 데이터를 훔쳐보더라도 내용을 알 수 없을 테니까요.

데이터 암호화에 대한 아이디어는 오래전부터 있어왔습니다. 고대 그리스 시대, 전쟁 중에 전투계획을 적군에게 들키지 않고 아군에게 전달하기 위해 데이터를 암호화하여 전문을 보냈습니다. 이에 반해, 적군에서는 아군의 전투 계획을 빼내기 위해 암호문을 풀려는 부단한 노력이 있었습니다. 깨지지 않는 암호문을 만들려는 노력과 암호문을 깨려는 노력 덕분에 현재의 암호화 기술이 복잡하게 된 것이지요.

암호화 시초는 '치환'이라는 방법으로 시작되었습니다. 치환이란 '바꿔 놓음'이라는 뜻인데요. 글자의 순서를 바꾸어 다른 사람들이 이해하기 어렵게 만드는 방법입니다. 아래 그림처럼 A를 D로 바꾸고, B를 E로 바꾸는 방법이지요.

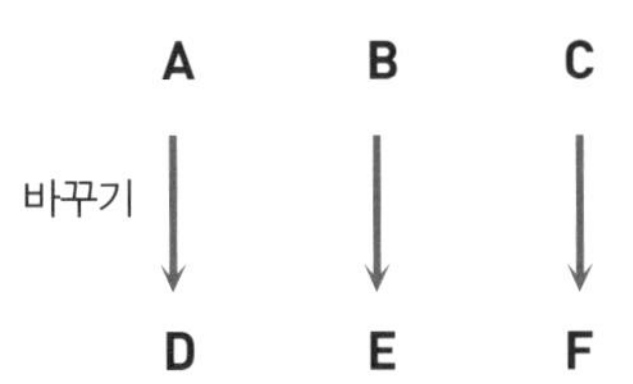

이 방법으로 'Let's meet at two'의 평범한 문장을 암호화하면 'Ohwvph hwdwwzr'로 바꿀 수 있습니다. 'Ohwvph hwdwwzr'로 편지를 보내면 누군가 훔쳐보더라도 의미를 잘 알 수 없겠지요. 단, 이 편지를 받는 사람에게는 미리 이 암호문을 푸는 방법을 알려줘야 합니다.

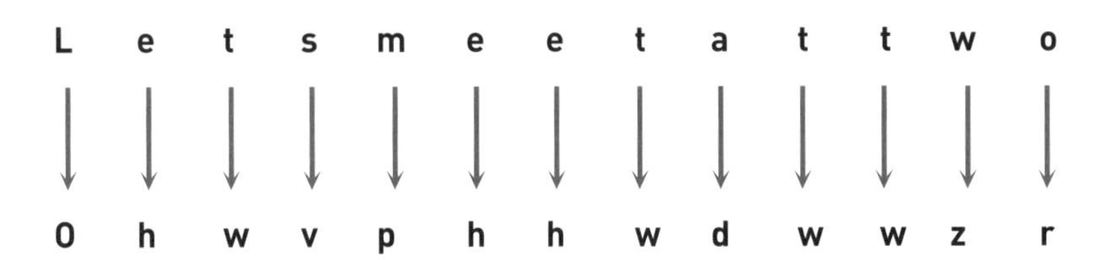

이 방법은 쥴리어스 시저가 만들었다고 해서 '시저 암호법'이라고 부릅니다. 'Let's meet at two'와 같은 '평범한' 문장을 '평문(plain text)'이라고 하고, 암호문을 평문으로 바꾸는 과정을 '복호화'라고 하지요.

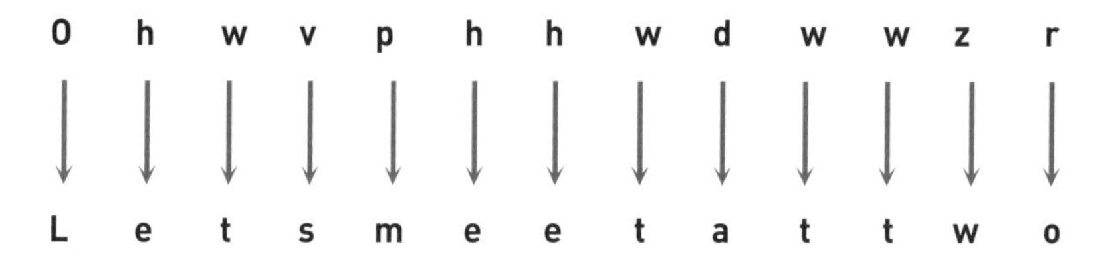

초창기의 암호화는 치환과 같이 글자의 순서를 바꾸는 정도였지만, 현대 암호화 기술은 정말 복잡하고 정교해졌습니다. 문을 잠그고 열 때 열쇠를 사용하는 것처럼 암호화와 복호화를 위해 열쇠(key)를 사용하기 시작했습니다. 개인키, 비밀키, 공개키 등의 단어를 인터넷에서 접할 수 있는데요. 이것은 암호화나 복호화할 때 사용하는 열쇠를 의미하지요.

암호화키와 복호화키

암호문을 만들고, 풀기 위한 열쇠

'암호화'란 평문을 암호문으로 바꾸는 과정을 말합니다. 여기서 '평문'이란 우리가 일상에서 사용하는 평범한 문장이지요. 예를 들어 'Let's meet at two'처럼 의미를 파악할 수 있는 문장이 평문입니다. 암호문은 'Ohwvph-hwdwwzr'처럼 그 누구도 이해할 수 없는 비밀 문장을 말하지요.

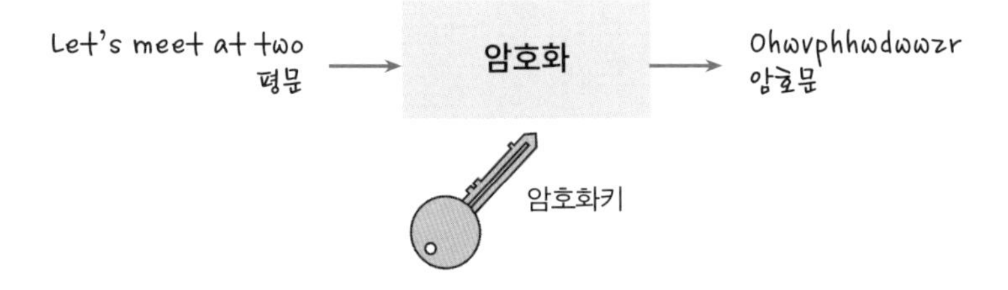

만약 누군가 이 암호문을 평문으로 풀게 하고 싶다면 '키(key)'를 건네줘야 합니다. 열쇠가 있어야 암호문을 평문으로 바꿀 수 있거든요. 이렇게 암호문을 평문으로 바꾸는 과정을 '복호화'라고 합니다.

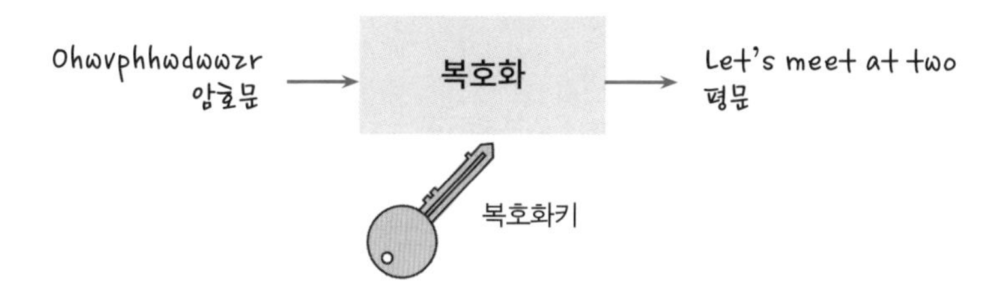

암호화키와 복호화키는 같을 수도 있고 다를 수도 있지만, 키 없이 암호문을 평문으로 바꿀 수는 없습니다. 암호화키와 복호화키가 같으면 키가 대칭된다는 의미로 '대칭키'라고 부릅니다. 다른 경우라면 '비대칭키'라고 부르죠.

암호 알고리즘

암호문을 만드는 복잡한 코드

네이버, 다음과 같은 웹사이트를 접속할 때 우리도 모르는 사이에 암호화 알고리즘이 사용되고 있습니다. 이 알고리즘에는 평문의 데이터를 매우 복잡한 방법으로 암호화해서 다른 사람이 데이터를 훔쳐가더라도 풀지 못하도록 하는 암호화 기술이 적용되어 있습니다. 암호기계로 암호문을 작성했던 과거와 달리 지금은 암호화 기술이 코드로 작성되어 있지요.

1994년 논문으로 발표된 '아주 작은 암호 알고리즘(a tiny encryption algorithm)'을 소개합니다(233쪽 그림). 언뜻 보기에도 복잡해 보이지만, 암호 알고리즘이 워낙 복잡하기 때문에 이 정도는 아주 간단한 알고리즘 축에 속할 정도입니다.

암호문이 쉽게 풀리지 않도록 암호 알고리즘은 정교하게 설계되어 있습니다. 앞에서도 말했듯 암호문을 깨려는 노력 덕분에 암호화 기술이 계속 복잡해지고 있는데요. 코딩을 이제 시작하는 우리가 암호 알고리즘까지 자세히 공부할 필요는 없습니다. 수학과 컴퓨터를 잘 아는 전문가들이 알고리즘을 연구하고 있으니까요. 하지만 기본적으로 코딩 언어에서 암호 알고리즘을 제공하고 있기 때문에 전문가들이 안전하다고 알려준 암호 알

```
#include <stdint.h>

void encrypt (uint32_t* v[2], uint32_t* k[4]) {
    uint32_t v0=v[0], v1=v[1], sum=0, i;           /* set up */
    uint32_t delta=0x9E3779B9;                      /* a key schedule constant */
    uint32_t k0=k[0], k1=k[1], k2=k[2], k3=k[3];   /* cache key */
    for (i=0; i<32; i++) {                          /* basic cycle start */
        sum += delta;
        v0 += ((v1<<4) + k0) ^ (v1 + sum) ^ ((v1>>5) + k1);
        v1 += ((v0<<4) + k2) ^ (v0 + sum) ^ ((v0>>5) + k3);
    }                                               /* end cycle */
    v[0]=v0; v[1]=v1;
}

void decrypt (uint32_t* v[2], uint32_t* k[4]) {
    uint32_t v0=v[0], v1=v[1], sum=0xC6EF3720, i;  /* set up */
    uint32_t delta=0x9E3779B9;                      /* a key schedule constant */
    uint32_t k0=k[0], k1=k[1], k2=k[2], k3=k[3];   /* cache key */
    for (i=0; i<32; i++) {                          /* basic cycle start */
        v1 -= ((v0<<4) + k2) ^ (v0 + sum) ^ ((v0>>5) + k3);
        v0 -= ((v1<<4) + k0) ^ (v1 + sum) ^ ((v1>>5) + k1);
        sum -= delta;
    }                                               /* end cycle */
    v[0]=v0; v[1]=v1;
}
```

아주 작은 암호 알고리즘(a tiny encryption algorithm, 1994)

고리즘을 잘 활용하는 방법을 배워야 합니다.

여기서 '안전한 알고리즘'이란 암호문을 깨려는 시간이 매우 오래 걸려 몇십 년이 걸려도 깨지지 않는 알고리즘을 의미합니다. 컴퓨터 성능이 좋아짐에 따라 안전한 알고리즘의 기준도 달라지고 있는데요. 컴퓨터의 성능이 좋을수록 암호문을 깰 수 있는 시간이 줄어들고 있기 때문입니다.

데이터를 암호화하고 복호화하는 과정은 시간이 걸리는 작업입니다. 컴퓨터의 중앙처리장치인 CPU에게 시간이 걸리는 암호화 작업을 많이 던져주면 그만큼 웹서버의 처리 속도가 느려지게 되지요. 인터넷 쇼핑몰에서 상품 하나를 클릭했더니 상세페이지로 넘어가는 데 5초가 걸렸다고 생각해보세요. 3초도 길다고 느끼는 한국에서 반응이 느린 웹사이트는 고객을 떠나보낼 수 있는 실패한 프로젝트로 기록되겠지요.

소프트웨어를 개발할 때 '속도'는 매우 중요한 사항입니다. 특히나 사용자가 많은 웹사이트라면 반응 속도가 더더욱 개발 프로젝트의 성공을 판가름하는 지표가 될 수 있습니다. 암호 알고리즘 사용은 시스템 속도에 영향을 주기 때문에 모든 데이터를 암호화하지는 않습니다. 꼭 필요한 경우에 적절한 암호 알고리즘을 선택해서 암호화해야 하지요. 그래서 어떤 데이터를 암호화해야 하는지, 어떤 알고리즘을 사용해야 하는지에 대한 이해와 감각이 무엇보다 중요하고 필요하답니다.

대칭키 알고리즘

암호화키와 복호화키가 같은 알고리즘

암호 알고리즘은 데이터를 암호화하고 복호화하기 위한 일종의 함수입니다. 평문을 입력으로 넣어주면 출력으로 암호문이 나오는 그런 함수이지요. 데이터를 암호화하거나 복호화하기 위해 열쇠가 필요합니다. 암호화를 위한 열쇠를 '암호화키'라고 부르고, 복호화를 위한 열쇠를 '복호화키'라고 부르지요.

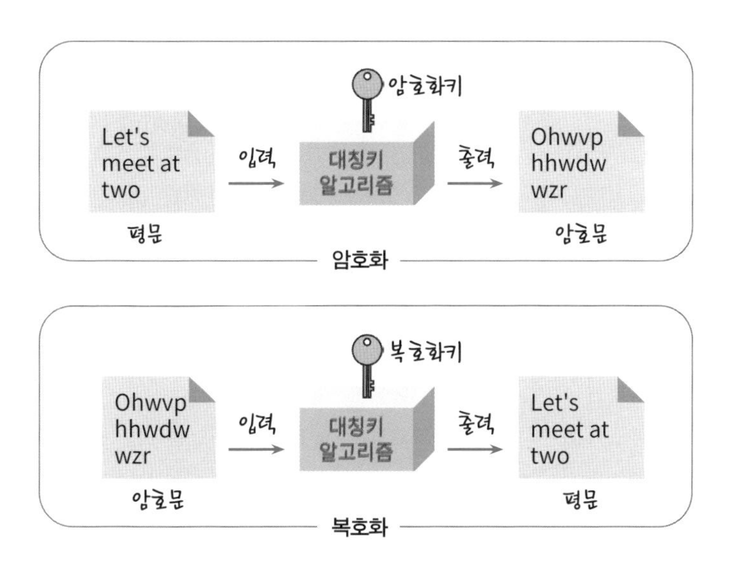

두 개의 키(key)가 동일하다면 '대칭키'라고 합니다. 대칭키를 사용하는 암호 알고리즘을 '대칭키 알고리즘'이라고 부르고요. 키 하나로 암호화할 수도, 복호화할 수도 있습니다.

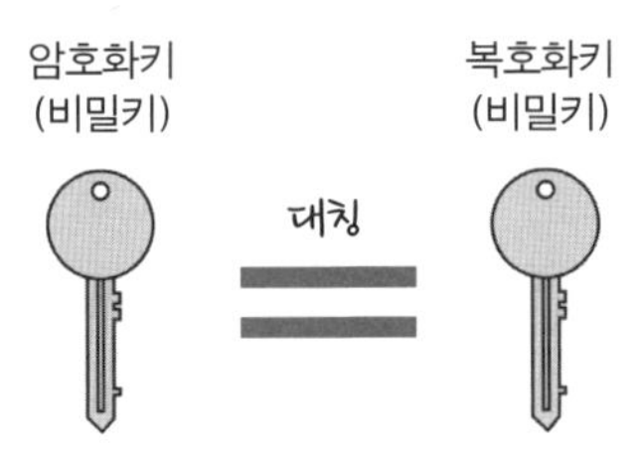

인터넷은 여러 사람이 같이 사용하는 공용망이기 때문에 누군가 인터넷을 통해 배달되는 데이터를 훔쳐볼 수 있습니다. 그래서 데이터를 보호하기 위해 암호화의 방법을 사용합니다. 이런 보안의 중요성 때문에 코딩 언어의 표준 라이브러리에는 암호화 알고리즘이 포함되어 있습니다.

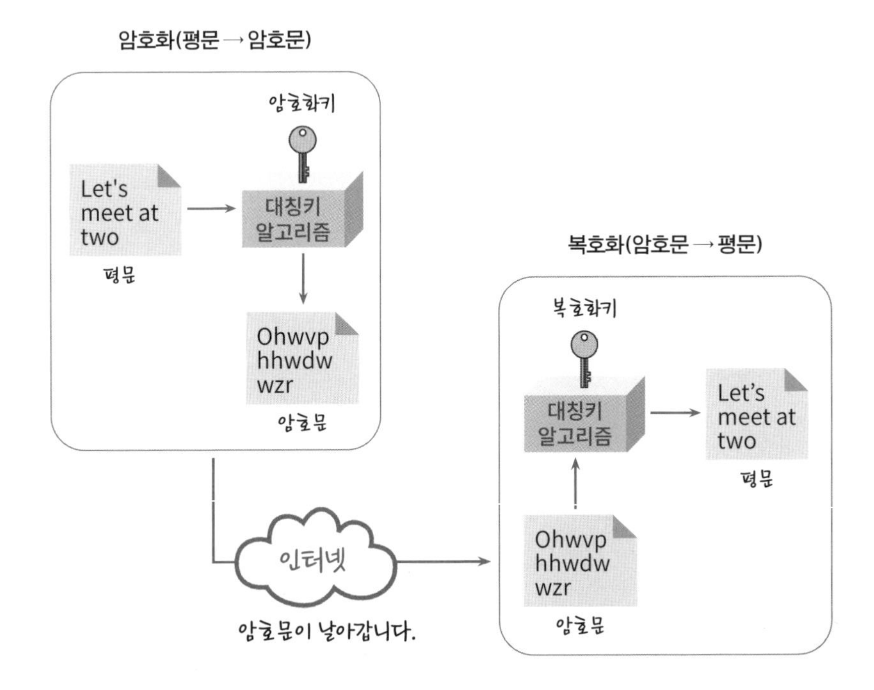

잠긴 문을 열 수 있는 열쇠를 잘 보관해야 하듯 암호 알고리즘의 키도 다른 사람이 가져가지 못하도록 잘 관리해야 합니다. 이 키는 그 누구에게도 알려줘서는 안 되는 중요한 정보이기 때문에 '비밀키'라고 부릅니다.

그런데 한 가지 고민이 생겼습니다. 저 멀리 떨어진 친구에게 인터넷을 통해 키를 전달해야 하는데, 이 키를 안전하게 전달할 방법이 도무지 떠오르지 않습니다. USB 메모리에 키를 담아서 우편으로 보낼 수도 없고, 인터넷으로 키를 전달하면 누군가 훔쳐볼 수 있잖아요. 그래서 비대칭키 알고리즘이 탄생하게 되었답니다.

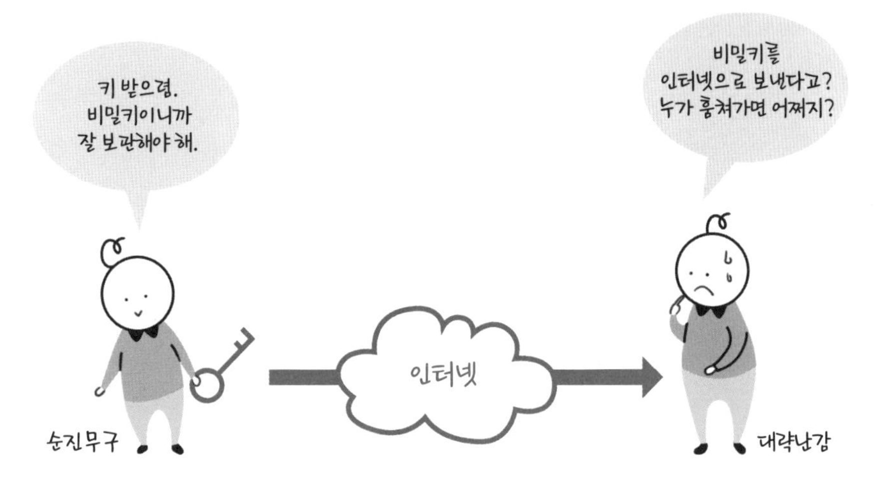

비대칭키 알고리즘
암호화키와 복호화키가 다른 알고리즘

비대칭키 알고리즘은 이름에서도 힌트를 얻을 수 있듯이 암호화하는 키와 복호화하는 키가 서로 다릅니다. 하나의 키는 비밀로 해야 하는 '개인키(private key)'이지만, 또 다른 하나의 키는 누구에게나 공개할 수 있는 '공개키(public key)'이지요.

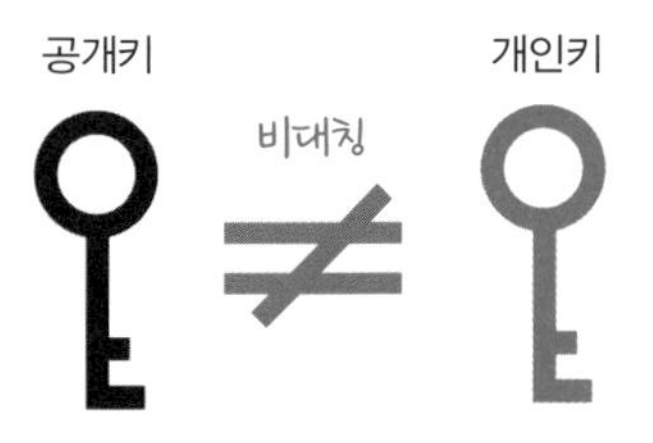

공개키로 데이터를 암호화하면 개인키로만 풀 수 있습니다. 반대로 개인키로 암호화하면 공개키로만 풀 수 있습니다. 공개키로 암호화했지만 동일한 공개키로는 풀리지 않는 신기한 키이지요.

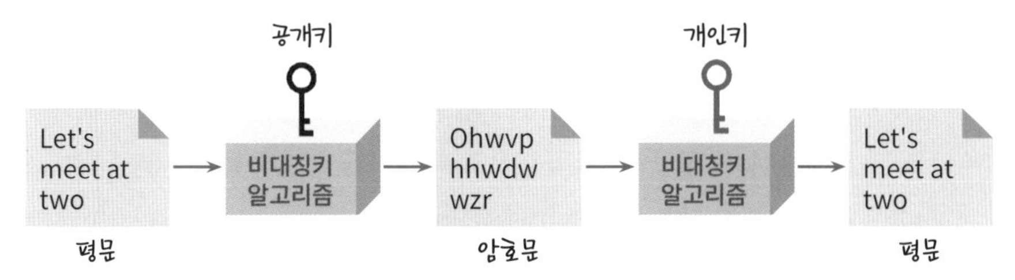

공개키로 암호화하면 쌍이 되는 개인키로 풀 수 있어요.

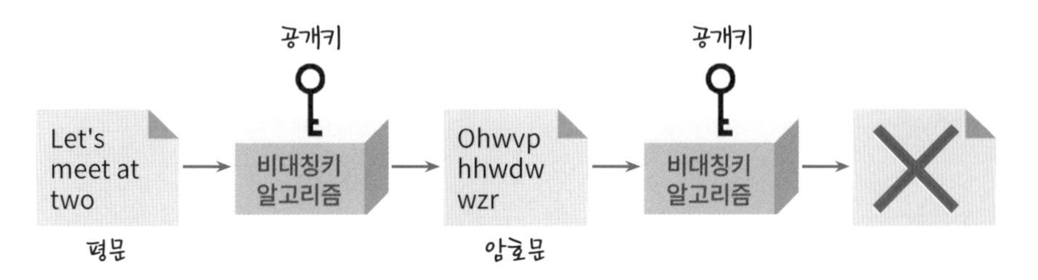

공개키로 암호화하고 이 키로 복호화하면 암호문이 안 풀려요.

암호 알고리즘의 개인키와 공개키는 일종의 이란성 쌍둥이와 같습니다. '공개키'는 말 그대로 공개할 수 있는 키입니다. 인터넷을 통해 공개키를 전달해도 누가 몰래 키를 훔쳐봐도 상관없습니다.

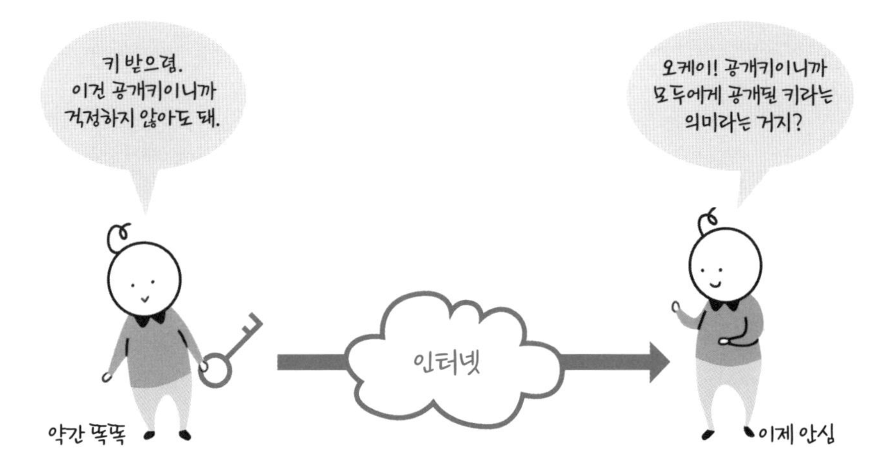

데이터를 암호화해서 보내려는 친구에게 공개키를 건네줍니다. “이 공개키로 암호화해서 나한테 보내주면, 나만 풀 수 있어!”라고 말하며 공개키를 건네줍니다. 친구가 내 공개키로 데이터를 암호화하면, 내가 가지고 있는 개인키로만 암호문을 풀 수 있습니다. 공개키는 누구에게나 공개할 수 있는 키이므로 인터넷으로 전송해도 염려가 없지만, 개인키는 공개하면 안 되는 비밀키입니다. 꼭 나만 가지고 있어야 하지요.

대칭키와 비대칭키 알고리즘의 결합
성능을 고려한 알고리즘의 적절한 선택

비대칭키 알고리즘의 키 관리가 안전한데, 왜 대칭키 알고리즘을 사용하는 것일까요? 그것은 속도에 이유가 있습니다. 보안이 고려되는 순간 소프트웨어의 속도에 영향을 주게 되거든요. 특히나 비대칭키 알고리즘의 암복호화 속도가 대칭키 알고리즘보다 훨씬 오래 걸리기 때문에 소프트웨어의 성능을 생각한다면 비대칭키 알고리즘만 고집할 수는 없는 일이지요.

대칭키와 비대칭키 알고리즘 비교

대칭키 알고리즘	비대칭키 알고리즘
암호화키와 복호화키가 동일해요.	암호화키와 복호화키가 달라요.
비밀키를 상대방에게 보내줘야 해요.	공개키가 있으니까 비밀키를 보내주지 않아도 돼요.
비밀키 교환이 매우 걱정스러워요.	비밀키를 교환하지 않으니 안심이에요.
암복호화하는 데 속도가 빨라요.	암복호화하는 데 속도가 너무 느려요.

이런 이유로 비대칭키 알고리즘과 대칭키 알고리즘을 적절히 조합하

여 사용합니다. 대칭키 알고리즘은 인터넷을 통해 비밀키를 안전하게 전송하기 어려운 단점이 있었는데요. 이 비밀키를 암호화해서 주고받는다면 이런 단점도 금세 해결될 수 있습니다. 비밀키를 암호화하기 위해 비대칭키 알고리즘을 사용합니다. 이렇게 비밀키를 암호화해서 보내기 때문에 이제는 한결 마음이 놓이네요.

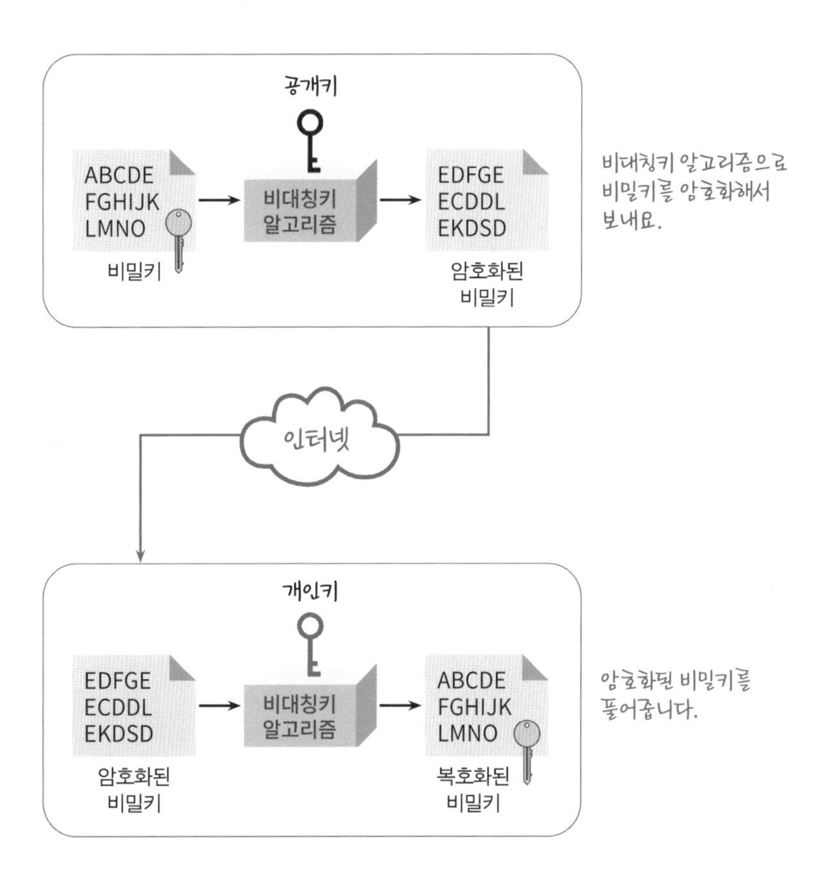

비밀키를 비대칭키 알고리즘으로 암호화한다니, 역시 보안은 복잡한 신세계 같습니다. 비대칭키 알고리즘의 속도가 느리다는 단점이 있지만 비밀키를 암호화할 때만 사용하기 때문에 그리 걱정할 문제가 아닙니다. 비밀키는 크기가 작기 때문이죠.

비대칭키 알고리즘의 덕분에 비밀키가 안전하게 전달되었으니, 두 컴퓨터 간의 주고받는 데이터는 대칭키 알고리즘을 사용해 암호화하기 시작합니다. 두 컴퓨터 사이에 하루 종일 데이터를 주고받을 테니 속도가 빠른 대칭키 알고리즘이 제격이지요.

이렇게 소프트웨어를 개발한다는 것은 단순히 코딩 언어만 배우는 과정이 아닙니다. 소프트웨어와 하드웨어 그리고 이들 간의 네트워크를 함께 이해해야 하는 일이지요. 특히나 요즘처럼 사이버 공격이 증가해 보안이 중요해지는 시기에는 보안에 대한 감각도 필요하답니다.

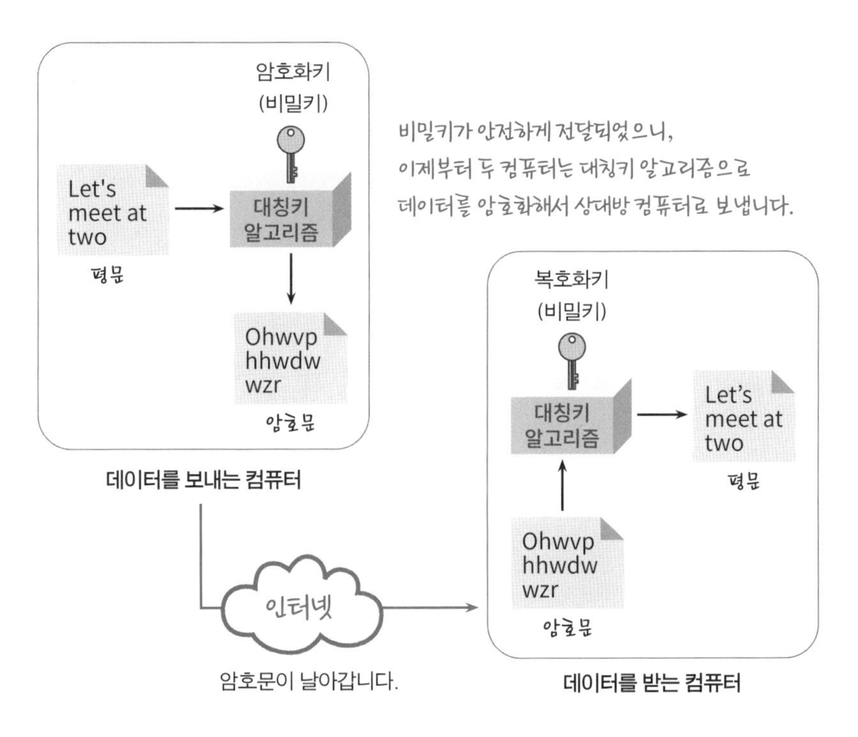

대칭키 알고리즘으로 데이터를 암호화해서 보내요.

공인인증서와 전자서명

인터넷 공간에서 사용하는 신분증과 자필 서명

신용카드 결제, 아파트 매매 계약, 보험 계약 등 우리는 중요한 일을 처리할 때 신분증을 제시하고 서명을 합니다. 신분증은 내가 누구인지 증명하기 위해 사용하고, 서명은 도장처럼 약속을 표시하기 위해 사용합니다.

그렇다면 인터넷 뱅킹이나 인터넷 쇼핑몰 같은 인터넷 공간에서는 어떻게 신분을 확인할까요? 인터넷 공간에서는 일반적으로 공인인증서를 사용합니다. 공인인증서는 신분증과 같은 역할을 하는 파일인데요. 공인인증서로 로그인을 하면 '제가 바로 진짜 도티예요'라고 나의 신분을 증명할 수 있지요.

공인인증서에는 서명 기능이 포함되어 있는데요. 이를 '전자서명'이라고 부릅니다. 전자서명은 실제 서명처럼 약속을 표시해주는 역할을 하지요. 그래서 인터넷 뱅킹에서 공인인증서를 이용해 계좌이체를 하고서 "전 돈을 보낸 적이 없는데요"라고 시치미 떼고 오리발을 내밀어도 소용없습니다. 공인인증서에는 개인의 신분 정보뿐만 아니라 약속의 표시인 서명 기능이 있기 때문입니다.

공인인증서의 전자서명은 비대칭키 알고리즘을 사용합니다. 앞에서

공인인증서 로그인

설명했듯 이 알고리즘은 공개키로 암호화하면 개인키로 복호화할 수 있고, 개인키로 암호화하면 공개키로 복호화할 수 있습니다. 공개키로 암호화한 다음 똑같은 공개키로는 절대 복호화할 수 없습니다. 이란성 쌍둥이로 함께 태어난 개인키를 사용해야 한답니다.

공개키는 모두에게 공개하는 키이지만 개인키는 자신만 가지고 있어야 하는 비밀키이지요. 도티 개인키는 도티만 가지고 있어야 하고, 잠뜰의 개인키는 잠뜰만 가지고 있어야 합니다. 개인키는 매우 중요한 키이기 때문에 누가 몰래 자기의 개인키를 훔쳐가지 않도록 잘 보관해야 합니다. 나 몰래 전자서명을 할 수도 있거든요.

비대칭키 알고리즘을 사용해 도티 개인키로 암호화하면 도티의 공개키로만 풀 수 있습니다. 당연히 다른 사람의 공개키로는 풀리지 않습니다. 잠뜰의 개인키로 암호화하면 잠뜰의 공개키로만 풀 수 있습니다. 역시 다른 사람의 공개키로는 안 풀립니다.

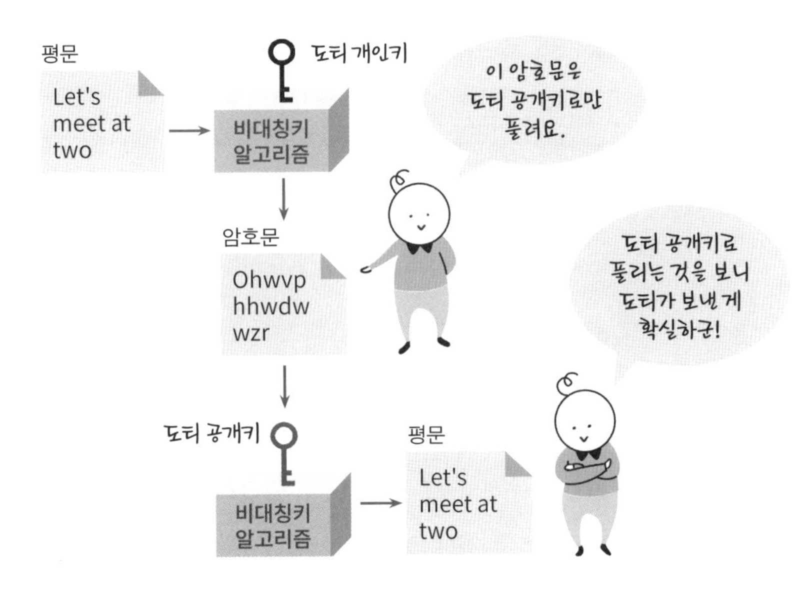

여기서 중요한 사실을 발견할 수 있지요. 도티의 공개키로 암호문이 풀렸다면, 이것은 분명 도티가 암호문을 만든 것이 틀림없습니다. “제가 한 적이 없는데요!”라고 도티가 거짓말을 해도, “무슨 말이야! 네 공개키로 풀리는 것을 보니, 네가 한 것이 맞고만!”이라고 받아칠 수 있거든요. 비대칭키 알고리즘은 이렇게 ‘오리발 방지 프로젝트’◆를 위해 중요한 약속의 표시인 전자서명에 사용된답니다.

◆ 오리발 방지를 IT 용어로 ‘부인 방지’라고 합니다.

안전한 비밀번호

도둑이 풀기 어려운 자물쇠

'안전'이라는 말은 오래전부터 우리 생활에서 꽤 익숙해진 단어입니다. 자동차를 타면 '안전벨트'를 메야 하고 지하철 승차장에서는 '안전선' 안쪽으로 서 있어야 합니다. 운동경기를 할 때도 '안전 준수사항'을 지켜야 하지요. 늘 주변에 있어 너무나 익숙한 나머지 때론 이것의 중요성을 잊기도 합니다. 결국, 대형 사고를 경험한 후에야 우리는 이것의 소중함을 깨닫게 되지요. 이 말은 우리의 재산과 생명을 지키기 위한 마땅히 지켜야 하는 '의무감'이 묻어난 말이지만, 때론 불편과 규제로 비치기도 합니다.

'안전'은 '사고가 날 염려가 없는 상태'를 의미합니다. '편안할 안(安)'이라는 한자를 사용하는 것을 보니, 안전하다는 것은 마음과 몸이 편안한 상태여야 한다는 의미를 물씬 풍깁니다. 자동차에서 안전벨트를 메면 마음이 편안해지는 것처럼 말이지요.

'비밀번호'는 남들에게 말해서는 안 되는 비밀정보를 말합니다. 이 비밀번호는 통장 비밀번호일 수도 있고, 아파트 현관문을 여는 비밀번호일 수도 있지요. 나쁜 마음을 먹은 누군가가 내 비밀번호를 훔쳐보는 순간 그동안의 편안한 마음은 사라지고 불안과 걱정만 가득해집니다. 안전을 위해서는 비밀번호를 반드시 비밀로 관리해야 한다는 사실은 어찌 보면 당연한 일이지요.

인터넷 공간에서도 비밀번호는 우리의 안전을 지키는 중요한 정보입니다. 비밀번호는 주로 웹사이트에 들어가는 일종의 대문 자물쇠 역할을 하고 있습니다. 나도 모르게 누군가가 내 아이디와 비밀번호로 웹사이트 로그인에 성공했다면, 이 순간부터 웹사이트에서 나의 정보를 도둑맞기 시작합니다. 비밀번호를 잘 관리하는데도 불구하고 웹사이트를 도둑맞기도 합니다. 이것은 비밀번호가 안전하지 않다는 증거이지요. 대문이 아무리 두꺼워도 이 문을 여는 자물쇠가 허술한 것과 같은 맥락이지요.

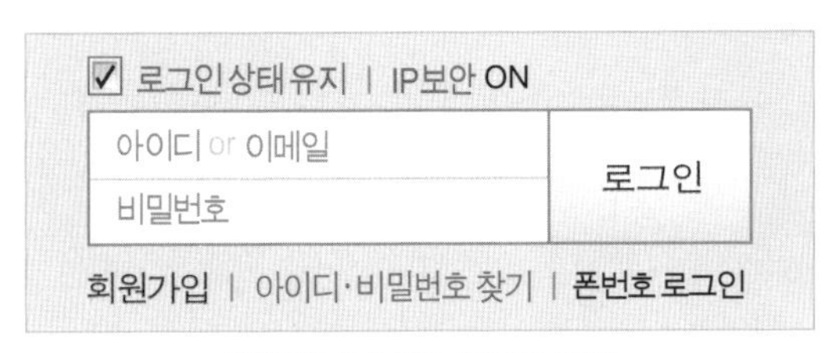

웹사이트의 대문, 로그인 화면

집을 안전하게 지키기 위해 튼튼하고 정교한 자물쇠를 달아야 하는 것처럼 웹사이트도 마찬가지입니다. 웹사이트에서 내 계정(account)◆이 도난당하지 않기 위해서는 안전한 비밀번호를 사용해야 한답니다.

◆ 계정은 로그인할 때 사용하는 아이디(ID)를 의미합니다.

안전한 비밀번호는 그 구성이 복잡해서 쉽사리 추측하기 어려운 비밀번호를 의미합니다. 로그인 화면에서 이것저것 비밀번호를 다 시도해도 쉽게 찾아내기 어려운 그런 비밀번호를 말하지요.

해커들에게 쉽게 노출되는 '최악의 비밀번호 Top 25'를 소개합니다. 기억하기 쉽고 간단한 비밀번호가 얼마나 위험한지를 단적으로 알려주는 내용이지요. 특히 내가 쉽게 떠올릴 수 있는 비밀번호는 남들도 쉽게 떠올릴 가능성이 있기 때문에 사전적으로 의미 있는 단어(예: baseball)나 집주소, 생년월일 등을 비밀번호에 포함해서는 안 된답니다.

최악의 비밀번호 Top 25

웹사이트에서 로그인 화면은 사이버 공격의 최전선이나 다름없습니다. 로그인 단계에서 보안에 구멍이 난다면, 다른 모든 것이 무방비로 털릴 수 있기 때문이죠. 이러한 이유로 회원가입 페이지에서 비밀번호의 강도를 검사합니다. 비밀번호에 생년월일이 포함되어서는 안 되고, 문자열과 특수문자가 포함되도록 사용자들을 번거롭고 불편하게 만듭니다. 그래서인지 보안과 사용성은 반비례 관계에 있다고들 말하지요. 하지만 안전한 비밀번호를 위해서는 불편해도 어쩔 수 없는 일입니다.

안전을 위해 비밀번호의 길이도 매우 중요합니다. 만약 비밀번호 길이가 길다면 해커들이 시도해야 할 비밀번호 가짓수가 많아지게 됩니다. 그만큼 도둑이 웹사이트의 잠긴 문을 열기 어렵다는 의미입니다. 이러한 이유로 웹사이트의 보안을 강화하기 위해 회원가입 페이지에서 비밀번호의 길이를 길게 작성하도록 요구하고 있습니다.

보안의 첫째는 비밀번호를 안전하게 설계하는 것입니다. 국내에서는 안전한 비밀번호가 사용되도록 비밀번호에 영문자, 숫자, 특수문자를 골고루 포함해야 하고, 그 길이도 8자리 이상이어야 한다고 권고하고 있습니다. 또한 웹사이트마다 비밀번호를 다르게 설정해놓고 주기적으로 변경해야 합니다.

보안에 대해 잘 알고 있는 저조차도 이런 모든 것을 지키기가 쉽지 않습니다. 하지만 인터넷으로 연결되는 세상에서 우리의 소중한 개인정보를 지키는 것은 개인의 작은 실천들에서 시작된답니다. 그러니 불편하더라도 보안을 챙겨야 한다는 인식을 가지고 실천하는 일이 중요하겠습니다.

단방향 해시함수

한쪽 방향으로만 암호화하는 함수

암호 알고리즘을 이용하면 데이터를 암호화하고 또 반대로 복호화할 수 있습니다. 이렇게 양쪽 방향으로 데이터를 암호화하고 복호화할 수 있는 알고리즘을 '양방향 알고리즘'이라고 부릅니다. 반면, 데이터를 한쪽 방향으로 암호화할 수 있지만, 원래 데이터로 복호화할 수 없는 알고리즘을 '단방향 알고리즘'이라고 하지요.

보통 암호화는 복호화를 염두에 두고 했을 텐데, 단방향 알고리즘이 필요한 이유가 있을까요? 바쁜 하루를 지내다 보면 신용카드 비밀번호를 까먹는 경우가 가끔 있습니다. 신용카드 비밀번호가 생각나지 않아 콜센터에 전화해봐도 상담사는 내 신용카드 비밀번호를 결코 알려주지 않습니다. 물론 알려줘서도 안 됩니다. 그 이유는 보안을 위해 비밀번호가 데이터베이스에 저장되어 있지 않기 때문입니다. 혹시 모를 비밀번호 유출을 대비하기 위해 입력한 비밀번호를 해시값으로 변환해 저장합니다.

단방향 알고리즘으로 해시값을 생성했기 때문에 원래 비밀번호를 찾는 것은 현실적으로 불가능하지요.

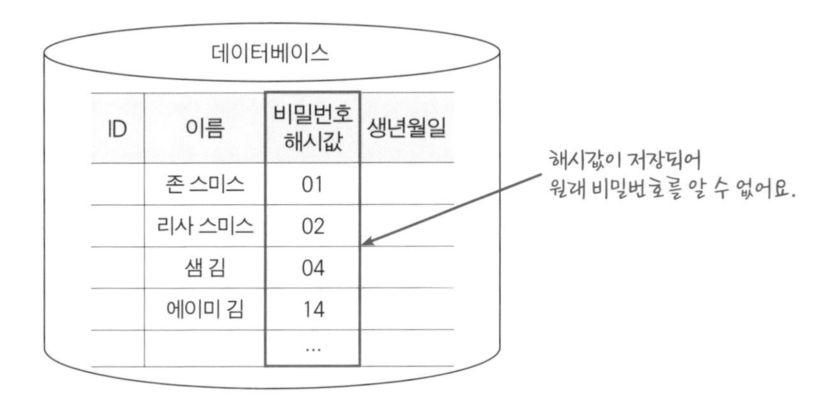

우리가 회원가입 페이지에서 비밀번호를 입력하면 해시함수가 동작합니다. 비밀번호를 해시값으로 변경하는 함수이지요. 이 해시함수는 입력값의 글자 길이가 달라도 항상 고정된 길이의 글자를 출력으로 내보냅니다.

예를 들어 'apple33'을 함수에 넣으면 이 글자를 '02'로 바꿔주고,

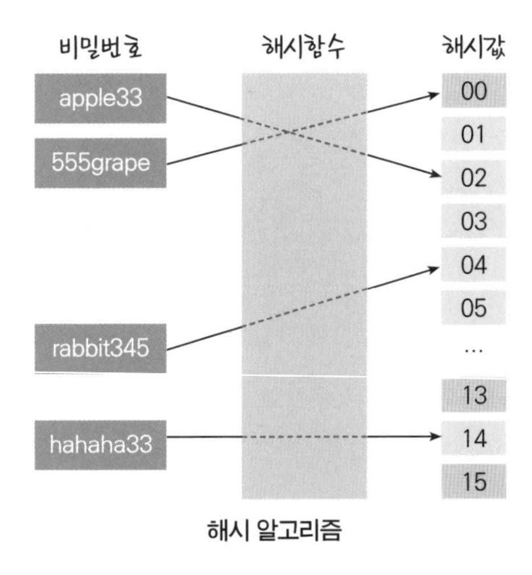

해시 알고리즘

'555grape'를 함수에 넣으면 '00'으로 바꿔줍니다. 함수의 입력으로 들어가는 글자의 길이는 달라도 해시값의 길이는 항상 2자리로 동일합니다. 이것이 해시함수의 특징이랍니다.

은행과 같은 금융기관 등에서는 사용자가 입력한 비밀번호를 평문 자체로 보관하지 않습니다. 비밀번호 대신에 '비밀번호에 대한 해시값'을 저장하고 있지요. 그럼 어떻게 사용자가 입력한 비밀번호가 맞는지 확인할 수 있는 걸까요? 데이터 복호화도 못하는 단방향 알고리즘인데 말이지요.

◆ 설명을 쉽게 하려고 그림의 해시값을 간단하게 표현했지만, 실제 해시함수는 매우 복잡한 해시값을 만들어낸답니다.

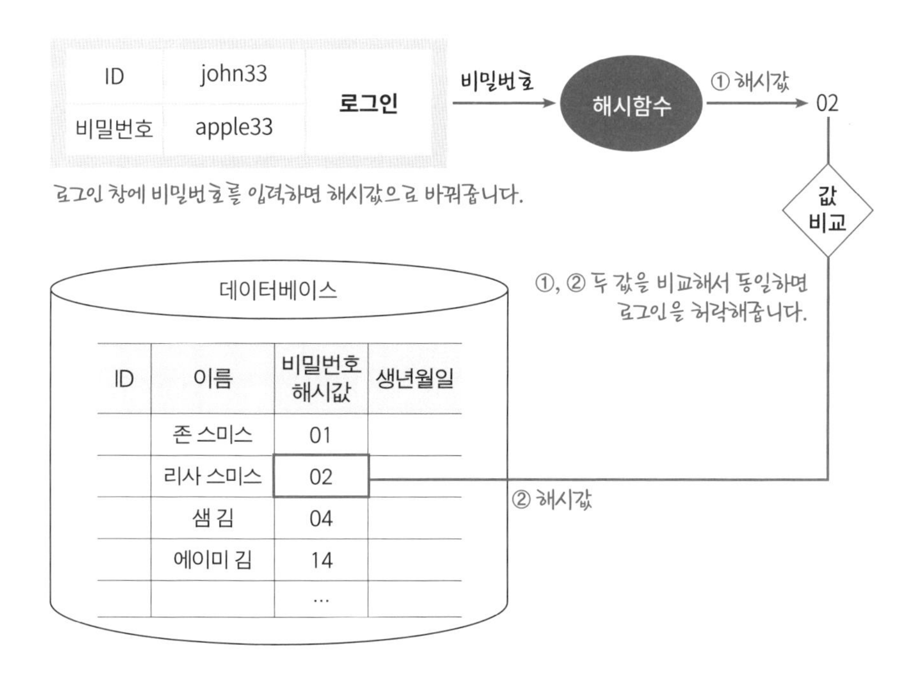

사용자가 로그인 창에 비밀번호를 입력하면 해시함수를 통해 해시값을 만들고(그림의 ①), 데이터베이스에 저장된 해시값(그림의 ②)과 비교합니다. 두 값이 같다면 올바른 비밀번호라고 판단하고 로그인을 허용해줍

니다.

비밀번호를 저장할 때 양방향 암호 알고리즘을 사용하면 어떨까요? 이 알고리즘을 사용하면 비밀번호를 까먹은 사용자들에게 비밀번호를 알려 줄 수도 있을 텐데요. 물론 그런 좋은 점도 있지만, 항상 세상에는 좋은 마음의 소유자만 있는 것은 아니어서, 양방향 알고리즘이 보안상 적절하지 않을 수도 있습니다. 데이터베이스에 저장된 비밀번호를 모조리 복호화해서 비밀번호를 훔쳐갈 수 있는 우려가 있기 때문이지요.

블록체인의 핵심 기술로도 사용되고 있는 해시 알고리즘에는 두 가지 특징이 있습니다. 이 특징을 이해하면 왜 해시가 블록체인에 사용되는지도 이해할 수 있답니다.

첫째, 항상 동일한 길이로 해시값을 만들어줍니다. 해시 알고리즘으로는 MD5, SHA1, SHA-256과 같은 알고리즘이 있습니다. MD5 알고리즘을 이용해 해시값을 한번 만들어보겠습니다. 'apple33'을 해시함수의 입력값으로 넣으니 32개의 글자로 작성된 해시값이 출력됩니다. 입력값이 7개 글자밖에 안 되는데 해시값을 32개 글자나 만들다니, 가성비가 좋아 보이지 않는데요.

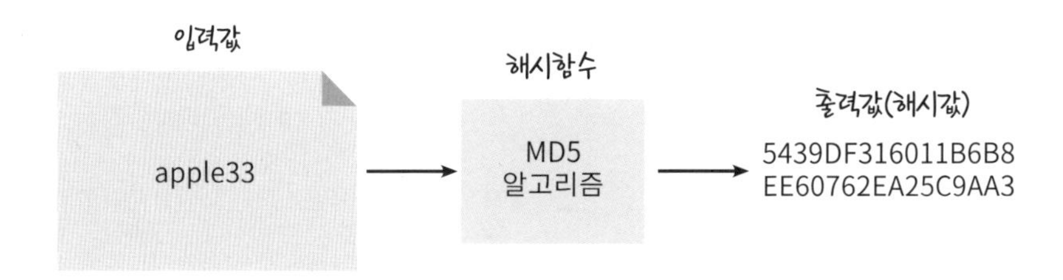

그럼, 이번에는 입력 문자열을 매우 길게 해보도록 하겠습니다. 긴 문자열을 넣어보니 이번에도 32개 글자로 만들어진 해시값이 출력됩니다. 아하!

입력값의 길이가 달라도 출력값의 길이는 항상 동일하군요.

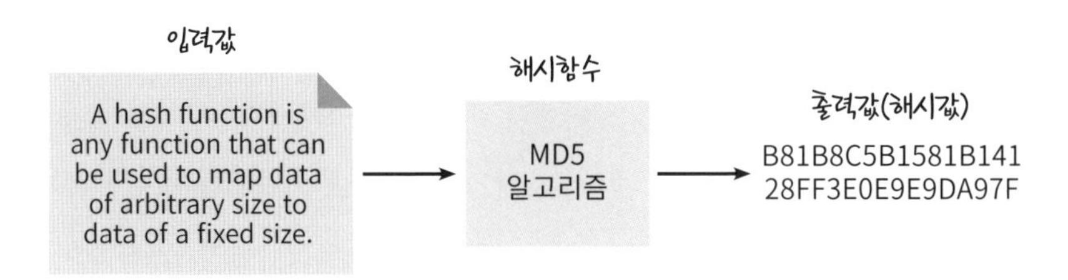

둘째, 입력값에 점 하나만 바뀌도 해시값이 달라집니다. 해시함수는 입력값에서 글자가 하나라도 변경되면 해시값이 완전히 변경됩니다. 정말 점(.)하나만 추가돼도 새로운 해시값이 만들어진답니다. apple33을 해시함수에 넣어보니 5439DF3160으로 시작하는 해시값이 만들어졌습니다.

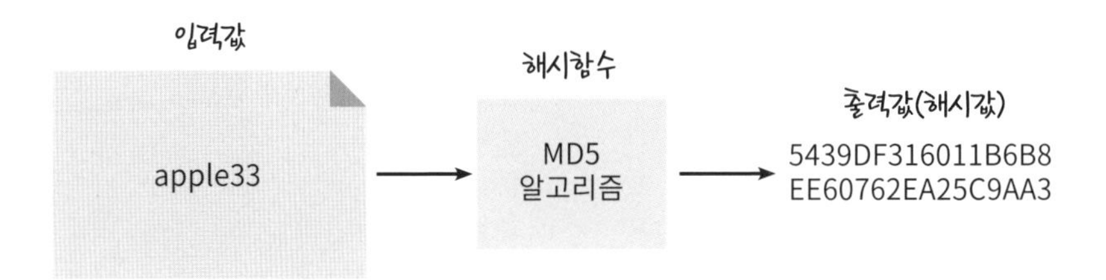

apple33에 느낌표(!) 하나를 추가한 다음 해시함수를 실행하니, 이제는 600EEA77AD로 시작하는 전혀 다른 해시값이 만들어졌습니다. 글자 하나 바꿨을 뿐인데 해시값이 정말 새롭게 만들어졌지요.

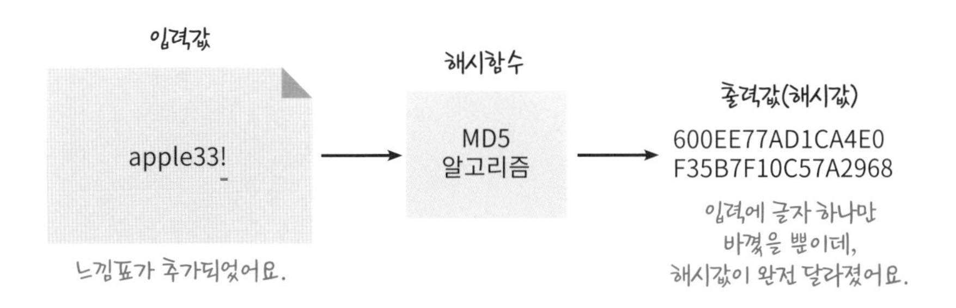

입력값에 따라 해시값이 확 달라지는 해시함수의 이런 특징 때문에 문서의 진본 여부를 검사하는 데 활용하고 있습니다. 인터넷 공간은 여러 사람이 함께 사용하는 공용 네트워크입니다. 인터넷으로 전송되는 내 파일을 중간에 훔쳐가 악성코드를 심어놓을 수도 있고, 파일의 작성자를 슬쩍 바꿔놓을 수도 있겠지요. 그러니 인터넷을 통해 중요한 파일을 받아야 한다면, 이 파일이 진짜인지 혹시 변경은 안 되었는지를 검사해야 합니다. 이때 해시함수를 사용할 수 있지요.

SHA-512

권고하는 해시 알고리즘

해시 알고리즘에는 MD5, SHA-256, SHA-512 등이 있습니다. MD5 알고리즘의 경우 설계상 결함이 발견되어 현재 SHA◆와 같은 안전한 알고리즘 사용을 권고하고 있습니다. SHA(Secure Hash Algorithm)는 이름 그대로 '안전한 해시 알고리즘'인데요. SHA1로 시작해 SHA2까지 개발되었습니다. 컴퓨터의 성능이 좋아지면서 공격의 기술도 높아지고 있기 때문에 암호학자들은 지금도 더 복잡한 알고리즘을 연구하고 있습니다.

◆ SHA 알고리즘의 숫자가 높을수록 복잡한 해시 알고리즘입니다.

아래는 이클립스 실행파일을 다운로드받는 웹페이지입니다. 'eclipse-inst-win64.exe' 파일 바로 옆에 'SHA-512'라는 글자가 있는데요. 이 아

이클립스 홈페이지에 포함된 해시값

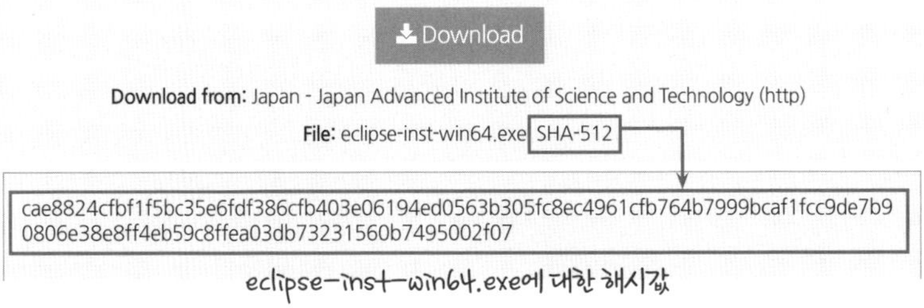

이콘을 클릭하면 'cae8824cfbf1f5bc35e6fdf386…'로 시작하는 해시값이 나타납니다.

이 해시값의 정체는 무엇일까요? 이것은 eclipse-inst-win64.exe를 해시함수◆에 넣어서 얻은 결과값입니다. 누군가에 의해 이 파일이 변조되었거나 악성코드가 포함된 실행파일로 바뀌었는지 확인할 수 있는 해시값입니다. 공문서 위변조 검사처럼 인터넷으로부터 다운로드받은 실행파일의 진짜 여부를 이 해시값으로 확인할 수 있는 것이죠.

◆ 해시 알고리즘은 해시함수라고 부릅니다.

eclipse-inst-win64.exe를 내 컴퓨터로 다운로드받았습니다. 이 실행파일이 진짜인지 확인하기 위해 내가 만든 해시값과 이클립스 홈페이지의 해시값을 비교해보도록 하겠습니다. 아래 프로그램은 해시값을 비교해주는 프로그램입니다. 실행파일을 선택한 후 '검증(Verify)' 버튼을 클릭하니 'SHA 512 Hash matched'라는 결과를 얻었습니다. 아하! 내가 다운로드받은 파일이 진짜인 것 같습니다. 인터넷에 게시된 해시값과 내가 다운로드받은 파일의 해시값이 동일하네요.

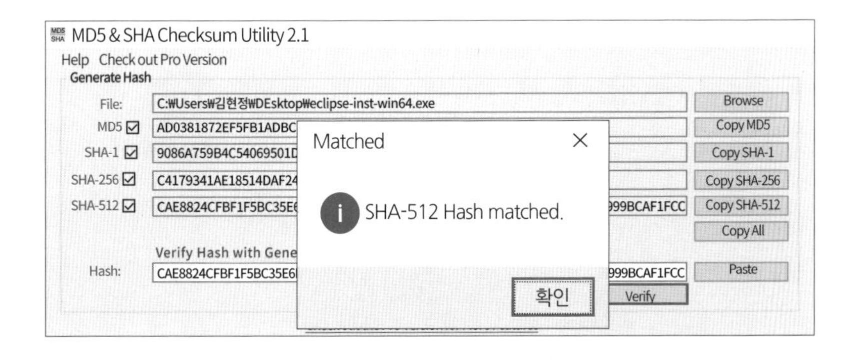

지금까지 설명한 내용을 그림으로 정리해보겠습니다. 인터넷에서 다운로드한 실행파일을 해시함수에 돌리고, 해시함수의 해시값이 웹페이지

의 해시값과 동일하다면(그림의 ★) 이 파일을 믿고 내 컴퓨터에 설치하면 됩니다. 만약 동일하지 않다면 어떻게 해야 할까요? 절대 실행파일을 컴퓨터에 설치해서는 안 됩니다. 악성코드가 숨겨져 있을 수 있으니까요.

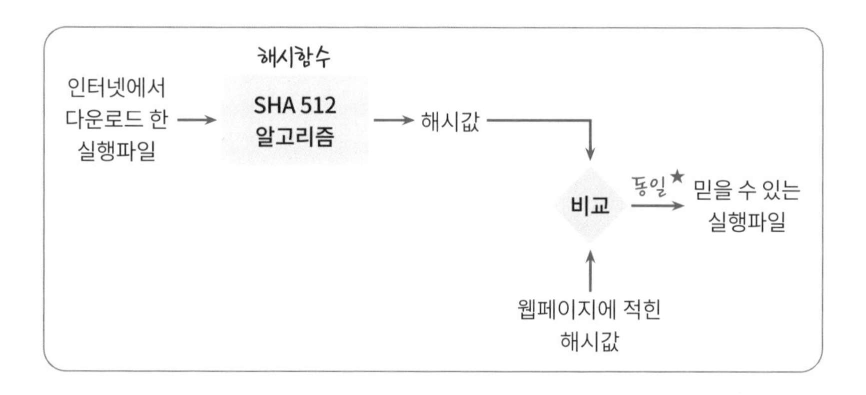

도티가 잠뜰에게 인터넷으로 러브레터를 보냈습니다. 앗! 도티와 잠뜰의 사랑을 시기하는 누군가가 편지를 중간에 훔쳐 글자를 바꿔놓았군요. 이것을 잠뜰이 알아야 할 텐데 걱정입니다. 이런 험악한 세상을 알고 도티가 해시값을 붙여 편지를 보냈네요. 뭔가 희망이 보입니다.

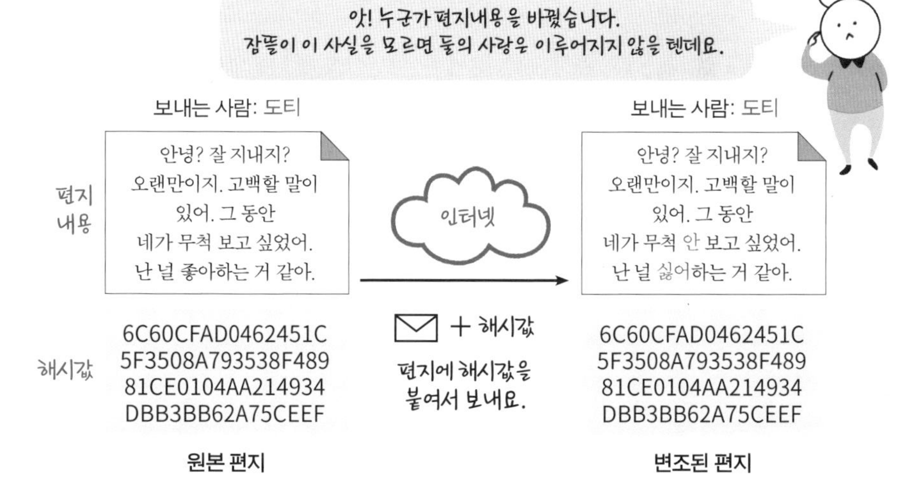

잠뜰이 편지 내용을 보고 무엇인가 이상한 느낌이 들었습니다. 그래서 도티가 보낸 편지를 해시함수에 돌려보았는데요. 이 해시값과 도티가 보낸 해시값이 달라 편지 내용을 믿지 않았습니다. 그리고 전화를 통해 서로의 사랑을 확인했다는 아름다운 이야기입니다.

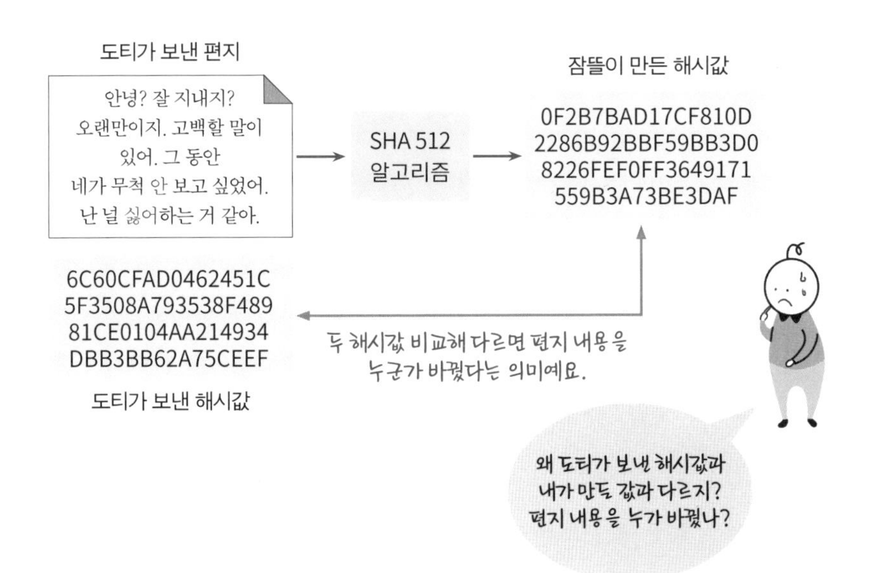

이렇게 해시는 IT 세계에서 문서가 위변조되었는지를 확인하기 위해 사용되고 있습니다. 이것을 어려운 말로 '무결성 검사'라고 합니다. 무결성(無缺性)에서 '무결'이란 결함이나 흠이 없다는 뜻입니다. 인터넷을 통해 전달된 문서가 흠이 없는지, 즉 위조나 변조된 내용은 없는지 확인하는 '무결성 검사'를 위해 해시함수를 이용하고 있습니다.

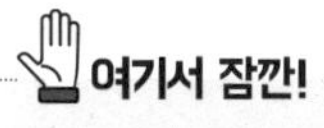

위변조

위변조는 위조와 변조가 합쳐진 말입니다. 우리 실생활의 예를 들어 위변조를 설명할게요. 도티가 성적표에 부모님 서명을 받아야 합니다. 하지만 성적이 좋지 않아 엄마 몰래 수정하려는 나쁜 마음을 먹었습니다. 만약 성적표의 등수를 표시나지 않게 수정하면 이것을 '변조'라고 합니다. 변조가 쉽지 않아 아예 가짜 성적표를 새로 만들었다면 이것은 '위조'라고 하지요. 위조이든 변조이든 문서를 몰래 바꾸는 것은 나쁜 행동입니다.

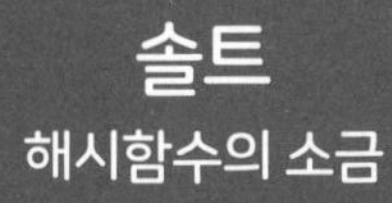

솔트

해시함수의 소금

해시함수에 들어가는 입력값이 같으면 출력값은 항상 같습니다. 만약 친구와 나의 비밀번호가 같다면 동일한 해시값을 얻게 되죠.

많은 사람들이 주변의 사물 명칭을 이용하거나 생년월일, 집주소 등을 이용해 기억하기 쉬운 비밀번호를 만들고 있습니다. 그러니 해시값도 비슷한 패턴을 갖습니다. 심지어 123456, apple, password와 같은 비밀번호를 많이들 사용하고 있기 때문에 이런 패턴은 더욱 쉽게 찾을 수 있겠지요.

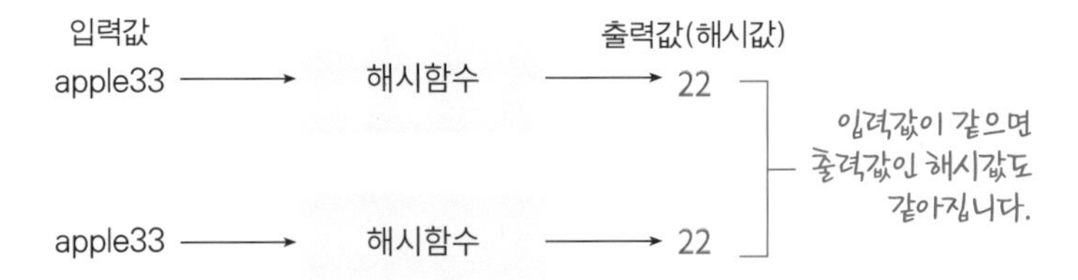

웹사이트 해킹을 위해 해커들은 사람들이 자주 사용하는 비밀번호와 해시값을 미리 표로 만들어놓고 치밀한 공격태세를 갖춥니다. 인터넷을

통해 해시값이 전송되면 이 값을 훔쳐서 미리 만들어둔 비밀번호와 해시값 쌍과 비교하며 비밀번호를 추측합니다. 아무리 해시값을 전송한다 하더라도 이런 상황에서는 비밀번호가 털릴 가능성이 있겠지요.

상황이 이렇다 보니 보안전문가들은 해시함수를 사용할 때 '솔트(salt)'라는 랜덤◆값(무작위수)을 추가하도록 권고하고 있습니다. 소금을 추가해 음식의 간을 적절히 맞추는 것처럼 해시함수의 싱거운 간을 맞췄습니다. 바로 '솔트'라는 입력값을 덧붙여주는 것으로요.

◆ 랜덤(random)은 '무작위의' 뜻을 가진 영단어로, 규칙 없이 매번 달라지는 무작위수를 말합니다.

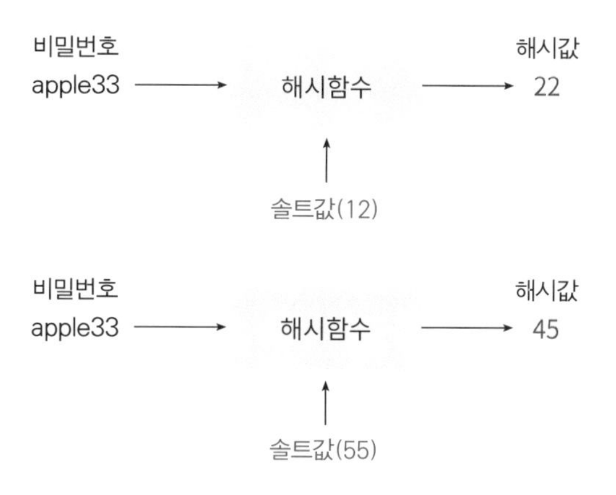

사용자가 비밀번호를 apple33으로 지정하면 여기에 '12'와 같이 무작위 글자를 붙여놓습니다. 이런 무작위 값을 '랜덤값'이라고 합니다. 해시함수에 랜덤값을 추가하면 동일한 비밀번호도 다른 해시값을 얻게 됩니다.

앞에서 설명한 것처럼 해시함수의 입력값에 글자 하나라도 바뀌면 출력값이 와장창 바뀝니다. 이것을 눈사태로 비유해서 '눈사태 효과'라고 부릅니다. 이제는 비밀번호에 대한 해시값을 훔쳐가더라도 원래의 비밀번호를 추측하기는 더욱 어렵겠는데요.

MD5("111111") = 96E79218965EB72C92A549DD5A330112

MD5("11111!") = C741EBE560AB0118EFF5B4DEDA633C79

해시함수의 눈사태 효과

블록체인과 암호화 기술

현재의 암호화 기술이 적용된 블록체인

블록체인 기술에서도 해시함수를 사용합니다. 블록체인에서는 정보의 단위를 '블록'으로 관리합니다. 이 블록에는 예를 들어 '도티가 잠뜰에게 10BTC를 보냈습니다'와 같은 거래내용이 담겨 있습니다. 이 거래기록을 누군가 조작하지 못하도록 해시함수를 사용합니다. 해시함수에 거래내용을 넣어주면 출력값으로 해시값을 얻는 방식이지요.

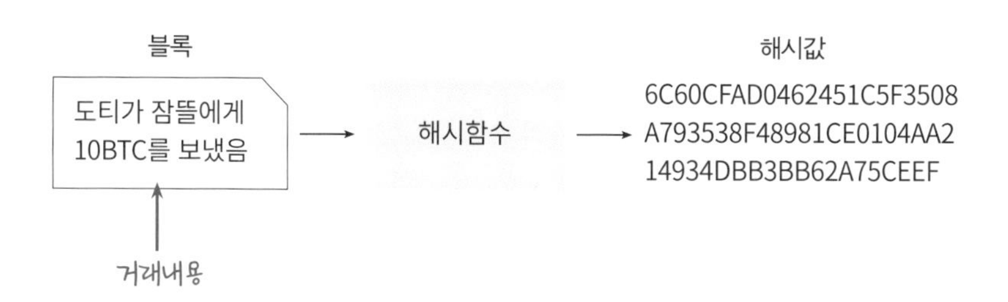

이 해시값을 거래기록에 붙여 다른 사람에게 보내주기 때문에 인터넷 전송 과정에서 거래기록이 바뀌더라도 이 사실을 간단히 확인할 수 있습니다. 이렇게 블록체인에서도 암호화 기술을 사용하고 있답니다.

만약 거래기록을 조작하면서 해시값까지 바꾸면 어떻게 하지요? 그러면 누구나 부자가 될 수 있는 거잖아요. 그래서 블록 간 연결고리인 체인(chain)을 만듭니다. 내 블록과 다른 블록 간에 '체인'을 걸어놓는 것인데요. 내 블록의 해시값을 만들 때 이전 블록의 해시값을 포함해서 만들기 때문에 내 블록을 조작하기 위해서는 나와 연결된 '모든' 기록을 함께 조작해야 합니다. 그러니 '거래기록과 해시값을 조작하는 것은 현실적으로 불가능하겠군!'이라는 결론을 얻을 수 있지요.

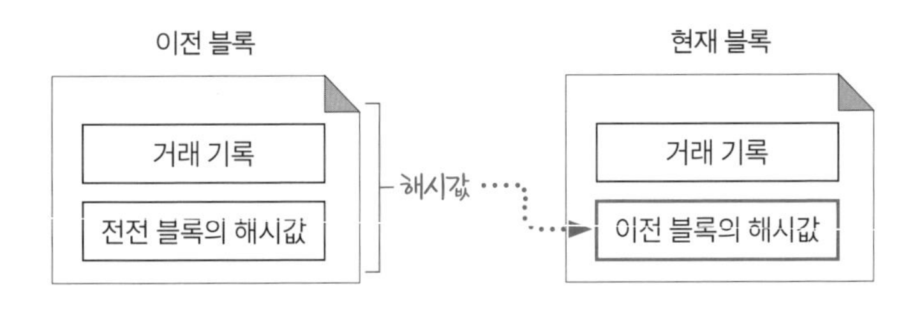

우리가 은행에 돈을 맡길 수 있는 것은 은행을 믿기 때문입니다. 비트

코인과 같은 가상화폐가 확산될 수 있었던 것도 신뢰할 수 있는 암호기술 적용되었기 때문이고요. 블록체인에서는 제3자가 검증하는 과정도 있습니다. '1억 원을 나한테 보낸다'라고 블록의 내용을 가짜로 작성하더라도 다른 사람이 검증하지 않은 블록은 사람들의 외면을 받게 됩니다.

블록체인에는 자발적 검증을 유도하기 위해 거액의 상금을 선물하고 있습니다. 이 상금의 금액이 어마어마한지라 사람들은 금광에서 금을 찾아 헤매듯 블록을 검증하고 있지요. 블록을 검증하는 방법은 일종의 수수께끼를 맞추는 과정과도 유사합니다. 해시값을 만들 때 '넌스(nonce)'라는 것을 추가하는데요. 앞에서 이야기했던 솔트를 블록체인에서는 '넌스'라고 부르고 있습니다. '해시값의 첫 글자가 0000으로 시작하도록 넌스를 찾아라!'라는 미션이 주어지고, 이것을 먼저 맞추는 사람에게 상금을 주는 것입니다. 이렇게 넌스를 찾는 과정을 '블록체인 채굴'이라고 부릅니다.

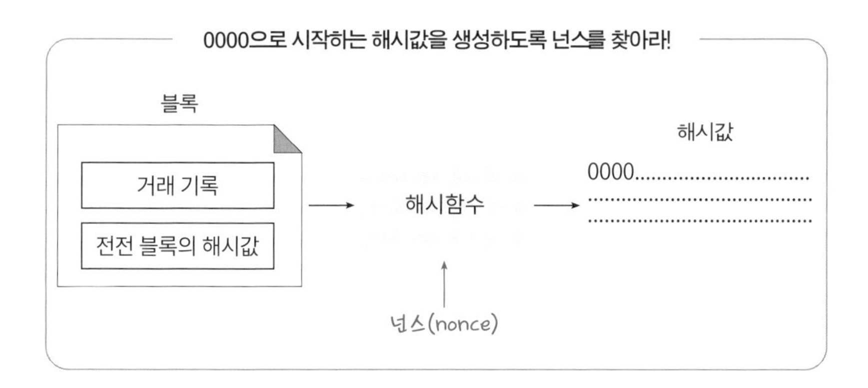

이 값을 어떻게 찾느냐고요? 해시값이 0000으로 시작하도록 넌스에 이것저것 숫자를 넣어봅니다. 빨리 찾아내는 사람이 상금을 받기 때문에 사람들은 속도 빠른 컴퓨터가 필요해졌습니다. 채굴작업이 유행처럼 번지면서 계산 속도가 빠른 그래픽 카드의 품귀현상까지 나타났지요. 빠른 계산을 위해 컴퓨터가 정말 많은 전력을 사용하는데요. 여름도 아닌데 집에서 갑자기 전기세가 많이 나왔다면 집안에 채굴자가 있는지를 의심해봐야 할 수도 있겠습니다.

사이버 공격

소프트웨어를 망가뜨리기 위한 공격

사이버 공격 때문에 '해커'라는 단어는 범죄자의 이미지가 떠오릅니다. 하지만 '해커'의 원래 의미는 범죄자의 이미지가 아니었습니다. '해커(hacker)'라는 단어는 1960년대부터 시작되었는데요. 지적 호기심이 가득해 컴퓨터에 능숙한 사람을 칭했습니다. 컴퓨터 내부를 깊이 있게 연구하고, 사람들이 생각하지 못했던 새로운 것을 구상하는 사람들을 해커라고 불렀답니다. 이들은 컴퓨터 산업의 선구자 역할을 했고, 복잡한 운영체제를 만드는 그런 사람들이었죠. 하지만 범죄자들이 자신들을 해커라고 소개하면서 해커의 의미가 변질되었습니다. 이런 이유에서인지 해커와 범죄자를 구분하기 위해 사이버 범죄자를 '크래커(cracker)'라고 부르기도 합니다.

사이버 공격은 주로 웹서버를 대상으로 발생합니다. 웹서버의 취약점을 이용해 다른 사람의 ID로 로그인을 시도한다거나 서버에게 불필요한 요청을 보내서 서버가 엉뚱한 일을 처리하는 데 시간과 자원을 낭비하게 만듭니다. 불법적으로 서버에 접근해 랜섬웨어 같은 소프트웨어를 설치하고 서버의 중요한 파일을 모조리 암호화합니다. 홈페이지의 첫 페이지를 흉악한 그림으로 바꿔버리는 경우도 있지요.

어떻게 이것이 가능한 걸까요? 그것은 웹서버에 보안상 취약점이 있기 때문입니다. 로그인 과정에서의 취약점을 한번 살펴보겠습니다. 우선 일반적인 로그인 과정입니다. 웹페이지의 로그인 창에서 아이디와 비밀번호를 입력하고 로그인 버튼을 클릭하면 이와 관련된 코드가 실행됩니다. 데이터베이스에서 데이터를 찾아와야 하기 때문에 다음처럼 SQL 문장을 이용해 데이터베이스에 질의를 하지요.

```
select * from T1 where id='john33' and pw='apple33';
```

이 SQL문의 의미는 이렇습니다.

'데이터베이스야! T1 테이블에서 데이터 좀 찾아줄래? ID가 john33이고 비밀번호는 apple33인 데이터야. 이 데이터가 있으면 로그인을 허용해줄 거야!'

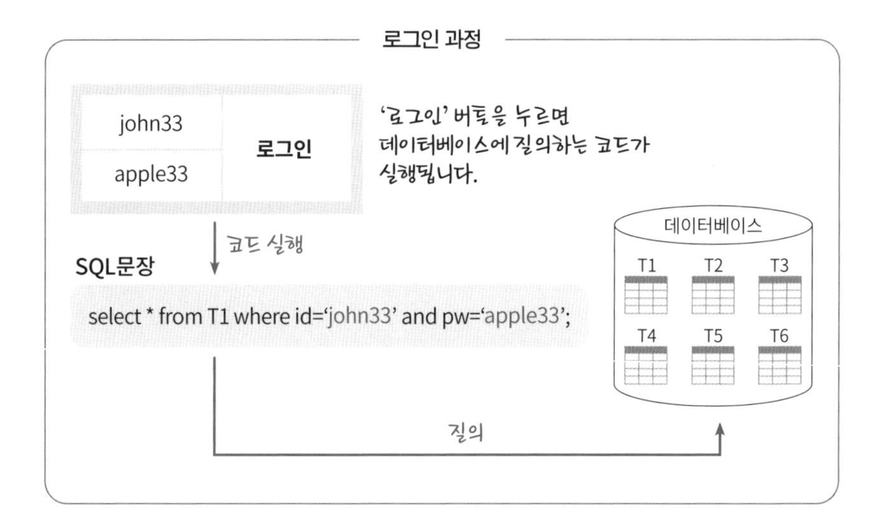

데이터베이스에 질의한 결과 1건의 데이터를 찾았습니다. 아이디와 비밀번호가 동일한 데이터가 있으니 로그인을 허용해줍니다.

어찌 보면 당연한 로그인 과정이지만 해커들은 이 과정에서의 취약점을 이용해 다른 사람의 ID로 로그인을 시도합니다. 해커는 john33의 아이디를 알지만 비밀번호를 모르기 때문에 비밀번호 입력란에 "password' OR 1=1--"으로 작성합니다. 이 비밀번호를 입력하면 SQL문의 문법에 따라 항상 비밀번호가 맞다고 처리되는 문장이지요. 비밀번호를 몰라도 해커는 이 사람의 ID로 로그인할 수 있게 됩니다. 이것이 바로 로그인 과정에서의 보안상 취약점입니다.

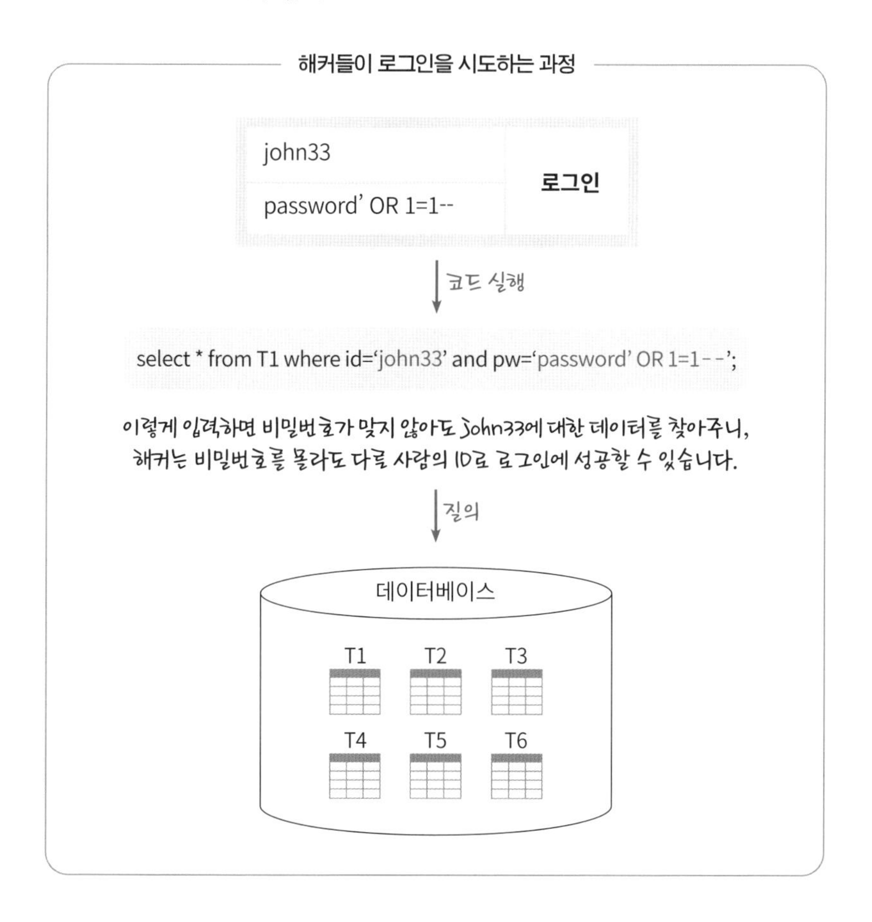

소프트웨어를 만들 때는 보안에 허점이 없도록 개발해야 합니다. 이 허점을 '취약점'이라고 하지요. 로그인 페이지에서 공격 문자열을 사용해 다른 사람 ID로 로그인할 수 있는 약점이 바로 대표적 예입니다.

사이버 공격이 매년 증가하고 있습니다. 이제는 소프트웨어 스스로 자신을 지킬 수 있는 능력이 요구되고 있습니다. 이런 이유로 소프트웨어를 만드는 사람은 보안에 대한 지식을 갖고 코딩을 해야 합니다. 보안을 고려한 코딩을 '시큐어 코딩'이라고 하는데요. 정부, 공공기관 등에서 만드는 소프트웨어의 경우 시큐어 코딩을 적용하도록 요구하고 있습니다. 시큐어 코딩은 이제 대세가 되어가고 있습니다.

화이트해커

선의의 공격자

소프트웨어는 외부 공격에 스스로 방어할 수 있도록 코딩되어야 합니다. 코드를 안전하게 개발하는 것도 중요하지만, 소프트웨어에 취약점이 없는지 검사하는 것도 중요한 일이죠. 그래서 이것을 전문적으로 하는 사람이 필요해졌습니다. 시스템의 약한 부분을 점검하고 취약한 경로가 없는지를 확인하는 사람이지요. 사이버 공격을 대비하기 위해 선의의 목적으로 사이버 공격을 수행하는 이 사람을 '화이트해커(white hacker)'라고 부릅니다. 보안 분야에서는 '화이트'는 좋은 이미지, '블랙'은 나쁜 이미지를 연상케 하는 단어입니다. 블랙리스트는 공격을 가하는 해커를, 화이트리스트는 권한을 가진 사용자를 의미한답니다.

'화이트햇(white hat)'이라고도 불리는 화이트해커는 보안전문가입니다. 바늘로 시스템의 구멍을 찌르는 것처럼 시스템의 취약점을 파헤치는 '침투 시험(penetration testing)'을 하는 사람이지요. 즉 IT 시스템의 보안 능력을 키우기 위해 윤리적 해킹(ethical hacking)을 수행한다고 볼 수 있습니다. 하얀색 모자라는 의미의 '화이트햇'은 악명 높은 '블랙햇(black hat)'과 대조해 사용하는 말입니다. 해커들이 모자를 쓰고 다니는 것도 아닌데

1920년대 흰색 모자를 쓴 영화 스틸컷

모자가 보안을 대표하는 게 신기하다고요? 화이트햇과 블랙햇의 이름은 1920년 미국 영화에서 유래를 찾아볼 수 있습니다. 영웅들은 흰색 모자를 쓰고, 악당들은 검은색 모자를 쓰며 선과 악을 대표했답니다.

흰색 모자를 쓴 화이트해커가 되고 싶나요? 화이트해커가 되기 위해서는 보안 지식뿐만 아니라 시스템 전반에 대한 이해를 갖추어야 합니다. 시스템의 취약점을 찾아내고 사이버 공격이 발생했을 때 빠르게 대응할 수 있는 문제해결능력도 있어야 하지요. 해킹 사고가 발생한 이후에는 범인의 행적을 추적하기 위해 시스템 기록을 뒤져보고 분석할 수 있는 능력도 요구됩니다. 이렇게 다양한 분야를 공부해야 하는 여러분을 위해 이 책이 조금이나마 도움이 되었으면 하는 바람입니다.

시큐어 코딩

사이버 공격으로부터 보호하기 위한 코딩

사이버 공격이 매년 늘어나고 있습니다. 소프트웨어의 보안상 허점으로 소중한 개인정보가 유출되기도 하고, 심지어 서비스가 중단되기도 하지요. 그러다 보니 보안적으로 안전한 소프트웨어를 만들어야 한다는 인식이 점점 높아지고 있습니다.

대부분의 사이버 공격이 웹서버를 대상으로 발생하고 있습니다. 웹서비스를 제공하기 위해 서버에 '포트(port)'라는 구멍을 열어놓기 때문에 이 구멍으로 공격이 침투하고 있는 것이죠. 만약 범인이 서버에 들어오지 못하도록 막으려면 이 구멍을 없애면 됩니다. 하지만 서비스를 제공해야 하는 입장에서 그런 극단적인 방법을 취할 수는 없는 노릇이죠.

은행에 몰래 잠입해서 '나 강도다'라고 표시를 내는 강도는 아무도 없을 겁니다. 고객인 것처럼 은행에 들어와 분위기가 무르익었을 무렵 갑자기 강도로 돌변하는 게 영화 속 레퍼토리이지요. 흔적 없이 중요한 정보를 슬쩍 빼내고 은행 밖으로 조용히 빠져나간 강도도 있겠고요.

웹공간에서의 공격자 행동도 다를 바 없습니다. 웹서버 입장에서는 클라이언트의 요청이 선량한지 아니면 공격인지를 알기 어렵습니다. 그들이 본색을 드러내는 순간, 이것을 사이버 공격이라고 판단하는 것이죠. 그래서 코드를 작성할 때부터 스스로 방어할 수 있는 안전한 코드를 작성해야 합니다.

예를 들어 중요한 정보는 암호화해서 데이터베이스에 저장해야 합니다. 개인정보보호법에 따라 내가 만든 프로그램에서 주민등록번호를 처리해야 한다면, 반드시 사용자의 동의를 얻어야 하고 암호화해서 저장해야 하는 것이죠.

이처럼 소프트웨어를 외부의 공격으로부터 지킬 수 있도록 코드를 추가하는 것을 '시큐어 코딩(secure coding)'이라 부릅니다. 안전한 코드를 작성함으로써 사이버 공격이 있더라도 소중한 IT 자산을 지킬 수 있도록 말이지요. 집에서 외출할 때는 창문을 닫고 현관문을 걸어 잠그는 게 상식인 것처럼, 소프트웨어를 만들기 위해 안전한 코드를 작성하는 것은 이제 우리 사회에서 상식이 되어가고 있습니다.

백신 소프트웨어

바이러스를 잡아주는 소프트웨어

가정에서 사용하는 보안 소프트웨어로 알약, V3와 같은 백신 소프트웨어가 있습니다. 이 소프트웨어는 내 컴퓨터에서 악성코드를 탐지합니다. 여기서 '백신'이라는 말은 병원에서 사용하는 백신과 유사한 의미를 가집니다. 백신은 약한 병원균을 부르는 말인데요. 이 백신이 우리 몸에 들어오면 면역체계가 형성되어 나중에 실제 병에 걸리더라도 우리 몸이 병을 이겨낼 수 있도록 해줍니다. 이처럼 '백신 소프트웨어'도 바이러스, 웜 등과 같은 악성코드를 잡을 수 있도록 컴퓨터에 면역체계를 만들어주는 프로그램을 말합니다.

코딩은 컴퓨터에게 명령을 내리기 위해 코드를 작성하는 과정입니다. 우리는 사람들의 업무를 도와주기 위해 좋은 의도를 가지고 코드를 작성합니다. 하지만 선과 악이 존재하는 우리 세상에서 나쁜 의도를 가진 코드도 있습니다. 내 개인정보를 몰래 빼가는 스파이웨어나 내 컴퓨터의 파일을 모조리 암호화해서 사용하지 못하게 하는 랜섬웨어 같은 존재 말이지요. 이런 나쁜 의도의 코드를 성질이 악하다 하여 '악성코드'라고 합니다. 물론 이것도 소프트웨어이긴 합니다.

우리 몸에 바이러스가 침투해 감기에 걸리듯 악성코드도 컴퓨터에 침투해 컴퓨터를 아프게 합니다. 악성코드가 내 컴퓨터에 잠입하면 백신 소프트웨어는 악성코드를 탐지하고 실행하지 못하도록 차단해줍니다. 물론 국가마다 유행하는 컴퓨터의 바이러스가 달라서 백신 소프트웨어가 모든 바이러스를 탐지할 수 있는 것은 아닙니다. 또 신종 바이러스도 지속적으로 발생하고 있기 때문에 보안 소프트웨어를 개발하는 기업 등 연구자들은 바이러스의 동향을 실시간으로 분석하기 위해 움직이고 있답니다.

랜섬웨어

파일을 모조리 암호화하는 악성 소프트웨어

'악성코드'는 그동안 컴퓨터를 느리게 만들거나 내 개인정보를 훔쳐가는 정도로 인식되어왔습니다. 물론 내 컴퓨터가 DDoS(Distributed Denial of Service)와 같이 사이버 공격에 가담되는 경우도 있었지만, 어느 누구도 악성코드 하나 때문에 돈을 바쳐야 한다는 생각은 추호도 하지 않았습니다. 이런 악성코드에 대한 고정관념은 랜섬웨어(Ransomware)가 등장하자마자 금세 바뀌었습니다. 돈을 요구하는 랜섬웨어 덕분에 악성코드를 바라보는 스케일도 달라졌지요. 사람도 아닌 데이터를 인질로 붙잡아두고 거액의 돈을 요구하는 이 랜섬웨어가 무엇이길래 이토록 유명세를 타고 있는 걸까요?

랜섬웨어는 일종의 소프트웨어입니다. 다만, 나쁜 목적을 위해 만들어진 소프트웨어라는 점에서 지금까지의 소프트웨어와는 근본이 다릅니다. 그동안 인류의 유익을 위해 소프트웨어가 만들어졌던 터라 랜섬웨어를 소프트웨어라고 불러야 할지 고민스럽기도 합니다. 차라리 '악성코드'라는 단어가 더 어울릴 것 같다고요? 소프트웨어가 코드로 작성된 것이기 때문에 '악성코드'나 '악질 소프트웨어'나 뜻은 매한가지일 수 있겠습니다.

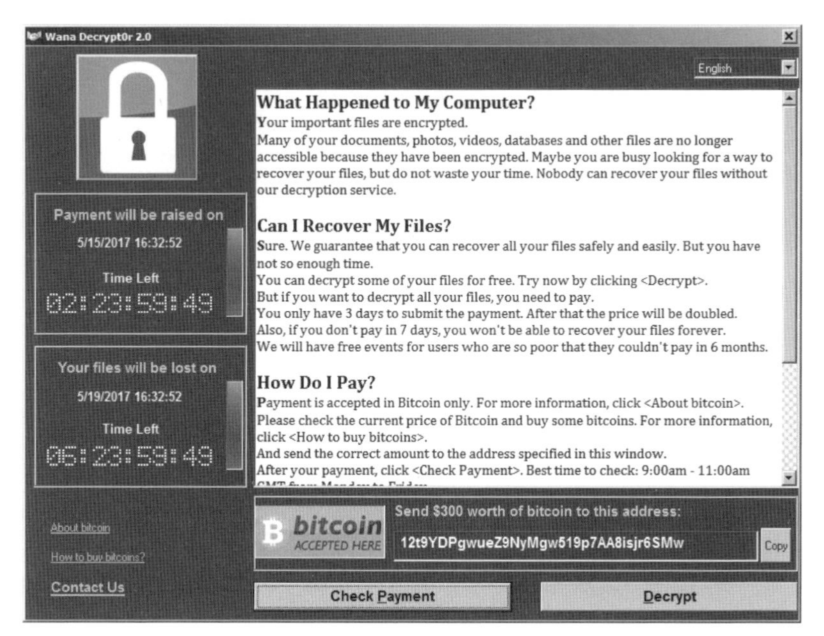

랜섬웨어가 걸린 화면

내가 가진 파일을 인질로 삼아 돈을 요구하는 특징 때문에 '랜섬(ransome, 몸값)'이라는 이름이 붙었습니다. 물론 어떤 분은 '내가 가지고 있는 데이터가 그리 중요하지도 않은데, 돈을 안 주면 되는 것이지'라고 생각할 수도 있습니다. 하지만 해커들은 돈이 될 만한 파일들을 골라 악성코드를 감염시키고 있어서 그리 간단한 문제는 아니었습니다.

인질금을 바쳐야만 했던 상황은 이렇습니다. 수십 년 동안의 경험과 노하우가 반영된 설계도면이 일순간에 암호화되어버렸다고 상상해보세요. 또 수많은 인터넷 쇼핑몰을 운영하는 호스팅 서버의 데이터가 암호화되었다고 상상해봅시다. 호스팅 서버에 저장된 데이터는 기업들의 매출에 막대한 영향을 줄 수 있는 정보였습니다.

상황이 이렇다 보니 인터넷 호스팅 서버가 랜섬웨어에 감염되었을 당시 기업과 정부가 공동으로 대책을 강구했습니다. 하지만 해커에 13억 원이라는 몸값을 바친 후에야 사건이 마무리될 수 있었죠. 악성코드 하나에 억 소리가 나는 돈을 바쳐야 했다니! 이 사건은 우리 사회에 보안의 중요성과 경각심을 다시 한 번 일깨워주는 계기가 되었습니다.

헉! 갑자기 내 컴퓨터가 이상합니다. 내 컴퓨터에 저장된 파일 이름이 이상하게 변경되어 있네요. '이런!' 이 파일을 열려고 클릭했지만 열리지 않습니다. 밤새워 만든 설계도면이 암호화되어 있습니다. 문서를 열 수 없다는 사실을 안 순간 머릿속이 하얘졌습니다. 잠시 후 정신을 차려보니 해커가 내 모니터에 검은색 화면으로 이렇게 자취를 남겨놓았습니다. "내일 오전 12시까지 100만 원을 비트코인으로 보내시오. 그러면 암호문을 풀 수 있는 키를 주겠소"라고요.

이런 공격은 누구나 당할 수 있습니다. 사이버 공격이 너무나 지능적이기 때문에 누구나 이런 순간을 언젠가 한 번은 경험할 수 있지요. 이런 공격은 악성코드를 내 컴퓨터에 잠입시켜놓고 동태를 파악하는 것부터 시작되었을 겁니다. 그리고 트로이 목마에 숨은 그리스군처럼 행동하고 있었을 테니까요.

그렇다면 랜섬웨어를 대비하기 위한 방법은 무엇일까요? 단순해 보이지만, 최선의 방법은 내가 가지고 있는 파일을 주기적으로 백업해놓는 것입니다. '백업'이라는 것은 파일을 복사해서 내 컴퓨터가 아닌 다른 안전한 곳에 저장한다는 의미인데요. 외장하드나 USB 메모리 등이 예가 될 수 있지요. 랜섬웨어가 내 파일을 모조리 암호화한다 하더라도 백업 파일이 있으니 피해를 최소화할 수 있겠지요. 랜섬웨어와 같은 악성코드는 어둠의 세계를 통해 전파됩니다. 그러므로 불법 동영상처럼 신뢰하지 못하는 파일은 다운받지 않아야 합니다. 또 출처를 알 수 없는 이메일을 받으면 첨부파일을 열지 않는 것이 상책이지요.

랜섬웨어를 잡아내는 경찰 소프트웨어가 있으면 얼마나 좋을까요? 여러분이 생각하는 대로 랜섬웨어를 잡는 소프트웨어가 있습니다. 이 소프트웨어는 정말 경찰처럼 행동하는데요. 어떤 수상한 소프트웨어가 내 컴퓨터의 파일을 암호화하고 있다면 이 녀석을 포위해 제압한답니다.

여기서 잠깐!

트로이 목마 이야기

트로이 목마는 그리스와 트로이와의 전쟁 중에 그리스군이 만든 목마예요. 그리스는 트로이와의 10여 년간의 전쟁에도, 트로이 성을 함락시키지 못하자 목마를 만들어 성안에 잠입을 시도합니다. 그리스군은 트로이군을 속이기 위해 전쟁에서 후퇴한 것처럼 목마를 버리고 도망가는 연기를 합니다. 그리스군이 도망가는 모습을 본 트로이군은 성 안으로 목마를 들여놓는 실수를 범하게 되는데요. 목마 안에 그리스군이 잠입한 사실도 모르고 말이지요. 목마에 잠입한 그리스군이 잠들어 있는 트로이군을 기습 공격하면서 전쟁에서 승리하게 된다는 이야기입니다.

방화벽

공격의 불길을 막는 보안 소프트웨어

건물에 화재가 발생하면 스프링클러가 동작해 사방에 물을 뿌리고 방화문이 닫혀 불길의 이동을 막습니다. 불의 이동을 막는 방화문(firedoor)은 안전을 위해 꼭 필요한 문이기 때문에 건물의 주요 이동 경로마다 설치되어 있어야 하지요.

IT 세계에서도 방화문과 같은 개념이 있습니다. 하지만 여닫을 수 있는 문이 아니라 벽을 사용합니다. 실제 불길을 잡는 데 사용되지도 않는 소프트웨어이지만 '방화벽(firewall)'이라고 부릅니다. 아마도 사이버 공격의 불길을 잡기 위해 이런 단어를 사용한 것은 아니었을까요?

방화벽은 내 컴퓨터를 외부의 침입자로부터 지키는 보안 시스템입니다. 시스템은 하드웨어와 소프트웨어로 이뤄지지요. 하드웨어는 CPU, 메모리, 하드디스크가 장착된 컴퓨터를 의미합니다. 그리고 컴퓨터에는 방화벽 기능을 하는 소프트웨어가 설치되어 있습니다.

방화벽은 수도 한양을 지켰던 남한산성과 북한산성과도 같은 존재입니다. 길고 높다란 성벽을 통해 적군의 침입을 막고 성문 앞 군사들이 사람들의 신분을 일일이 확인한 후 성안으로 들여보냅니다. 방화벽도 동일한

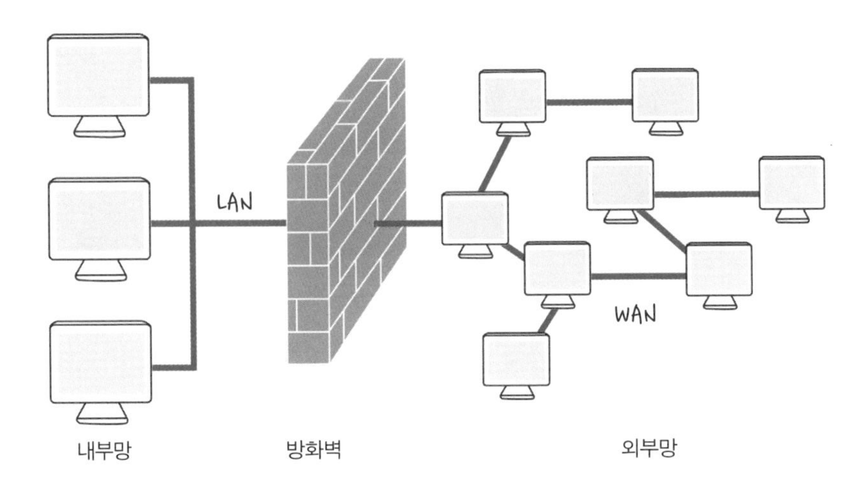

시스템 구성도

기능을 제공하고 있습니다.

방화벽은 우리가 회사나 학교에서 사용하는 컴퓨터를 보호합니다. 전 세계 컴퓨터들이 인터넷을 통해 하나로 연결되어 있지만, 이들 네트워크를 내부와 외부로 구분할 수 있습니다. 내부와 외부의 관점은 내가 어느 곳에 있는지에 따라 달라지는 주관적 용어이지요. 즉 내가 있는 곳이 내부가 되는 것이고, 그 밖의 공간은 외부가 됩니다.

학교의 컴퓨터가 내가 있는 공간이라면, 이곳은 내부망이 됩니다. 내부망의 컴퓨터를 외부의 침입자로부터 보호하기 위해 방화벽을 사용합니다. 방화벽의 주인공은 소프트웨어입니다. 이 소프트웨어는 성문의 군사들처럼 출입 가능 컴퓨터의 명단을 가지고 외부의 접근을 일일이 통제합니다. 출입 명단에 있는 외부 컴퓨터만 내부 컴퓨터로 무엇인가를 요청하도록 허용하는 것이죠.

만약 이상한 놈이 내부망을 기웃거립니다. 이유도 없이 패킷을 보내는 의심스러운 컴퓨터를 발견하면 방화벽은 이 컴퓨터의 IP주소를 블랙리스트에 포함합니다. 그리고 다음부터는 이상한 짓을 하는 컴퓨터의 패킷이 내부망으로 들어가지 못하도록 방화벽이 알아서 막아버립니다.

재미있게도 IT 세계에서는 방화벽이 전달하는 이미지를 생생하게 전달하고자 '시스템 구성도'와 같은 그림에서 붉은색 벽돌을 사용했습니다. 실제로 이런 벽이 설치되는 것도 아닌데 말이지요.

컴퓨터를 사용하다 다음과 같은 방화벽 설정창을 본 적이 있을 텐데요. 이 방화벽 프로그램이 바로 붉은색 벽돌의 방화벽입니다. 내 컴퓨터를 외부의 침입으로부터 보호해주는 든든한 성문과 같은 존재이지요.

방화벽 설정 창

6장

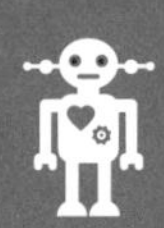

코딩을 위한 소프트웨어

저는 코딩을 도와주는 소프트웨어입니다. 이런 저를 사람들은 '개발 도구'라고 부릅니다. 컴퓨터에서 코드를 작성한다고 코드가 바로 실행되지는 않습니다. 코딩을 위한 개발환경이 마련되어 있어야 하지요. 사람들이 작성한 코드를 컴퓨터가 이해할 수 있도록 번역하는 일 등의 여러 개발환경이 갖추어져야 코딩이 가능하답니다. 이렇게 개발환경을 만드는 것이 제가 담당하는 일입니다. 그동안 코드를 작성하는 일에만 열중했다면, 이제는 한 단계 더 넓은 시야로 저의 존재를 알아주길 바라며 마지막 장을 시작하겠습니다.

코딩 언어

컴퓨터에게 명령을 내리는 언어

함께 살아가야 하는 우리는 스스로의 생각을 나누기 위해 태어날 때부터 언어를 배웁니다. "엄마"라는 말을 신호탄으로 평생 동안 언어를 쓰고 공부하며 살아가죠. 엄마의 언어인 모국어를 비롯해 글로벌 세상에 나아가기 위해 영어, 중국어도 배웁니다. 사람 간의 대화뿐만 아니라 사람과 컴퓨터 간의 대화를 위해서도 언어라는 것이 사용됩니다. '언어'란 생각을 표현하기 위한 음성과 문자 등을 말하는데요. 컴퓨터에게 명령을 내리는 코딩 언어도 생각을 표현하는 언어입니다.

사람들 간의 대화뿐만 아니라 컴퓨터와 사람 간의 소통도 중요한 사물인터넷의 시대가 왔습니다. 대화를 위해서는 사람과 컴퓨터가 동일한 언어를 사용해야 하지만 현실은 쉽지 않습니다. 사람과 기계의 언어는 언어의 장벽 수준으로 볼 만큼 완전히 다르거든요. 그래서 코딩 언어를 만든 전문가들은 사람의 언어를 기계의 언어로 바꾸기 위해 일종의 번역 프로그램이 필요하겠다고 생각했습니다.

전 세계에 다양한 언어가 공존하는 것처럼, 컴퓨터가 사용하는 인어도 너무나 다양합니다. 대학교에서는 C, 자바(Java), 파이썬(Python) 등과 같은 언어를 배웁니다. 소프트웨어 교육이 의무화되면서 초등학교에서는 스크래치, 엔트리와 같은 블록코딩을 배우긴 하지만, 재미와 교육을 위한 코딩 언어이기 때문에 나중에는 자바, 파이썬과 같은 텍스트 코딩 언어를 배워야 하지요.

세상에는 정말 다양한 코딩 언어들이 있는데요. 전 세계적으로 사용하는 코딩 언어를 지금부터 다 섭렵할 필요는 없습니다. 자기가 일하는 분야에 맞는 코딩 언어를 배우면 되거든요. 다음 표는 전 세계 코딩 언어의 순위를 보여주고 있습니다. 파이썬, C, 자바, C++, R과 같은 코딩 언어의 순위가 높긴 하지만, 역시 배우기 쉽고 라이브러리◆가 많은 파이썬이 가장 많이 사용되고 있습니다. 파이썬은 국내에서도 코딩 언어의 대세가 되고 있지요.

◆ 라이브러리는 이번 장의 347쪽에서 설명하고 있습니다.

이렇게나 많은 코딩 언어를 보면 어떤 언어를

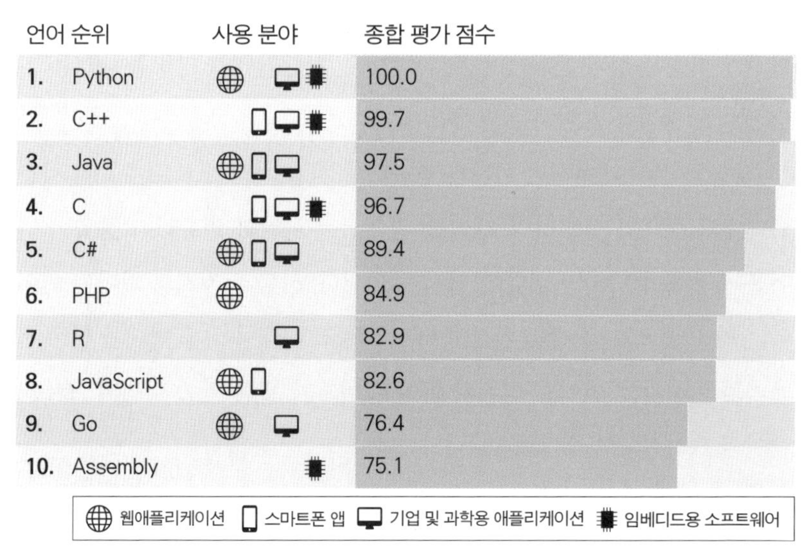

전 세계 프로그래밍 언어 순위(2018년)

언어 순위		사용 분야	종합 평가 점수
1.	Python	웹애플리케이션, 기업 및 과학용 애플리케이션, 임베디드용 소프트웨어	100.0
2.	C++	스마트폰 앱, 기업 및 과학용 애플리케이션, 임베디드용 소프트웨어	99.7
3.	Java	웹애플리케이션, 스마트폰 앱, 기업 및 과학용 애플리케이션	97.5
4.	C	스마트폰 앱, 기업 및 과학용 애플리케이션, 임베디드용 소프트웨어	96.7
5.	C#	웹애플리케이션, 스마트폰 앱, 기업 및 과학용 애플리케이션	89.4
6.	PHP	웹애플리케이션	84.9
7.	R	기업 및 과학용 애플리케이션	82.9
8.	JavaScript	웹애플리케이션, 스마트폰 앱	82.6
9.	Go	웹애플리케이션, 기업 및 과학용 애플리케이션	76.4
10.	Assembly	임베디드용 소프트웨어	75.1

출처: IEEE SPECTRUM

먼저 공부해야 하는지 더 아리송해지는데요. 코딩 초보자들을 위해 코드버스트(codebust.io)라는 웹사이트에서는 '웹개발자를 위한 코딩 로드맵'을 제공하고 있습니다.

웹코딩은 웹페이지를 표현하는 프론트엔드(Front-end)와 데이터, 계산 등을 처리하는 백엔드(Back-end)로 나뉩니다. 다음 그림은 프론트엔드 개발자에게 HTML, CSS, JavaScript 등을 공부하라고 로드맵을 제시하고 있군요.

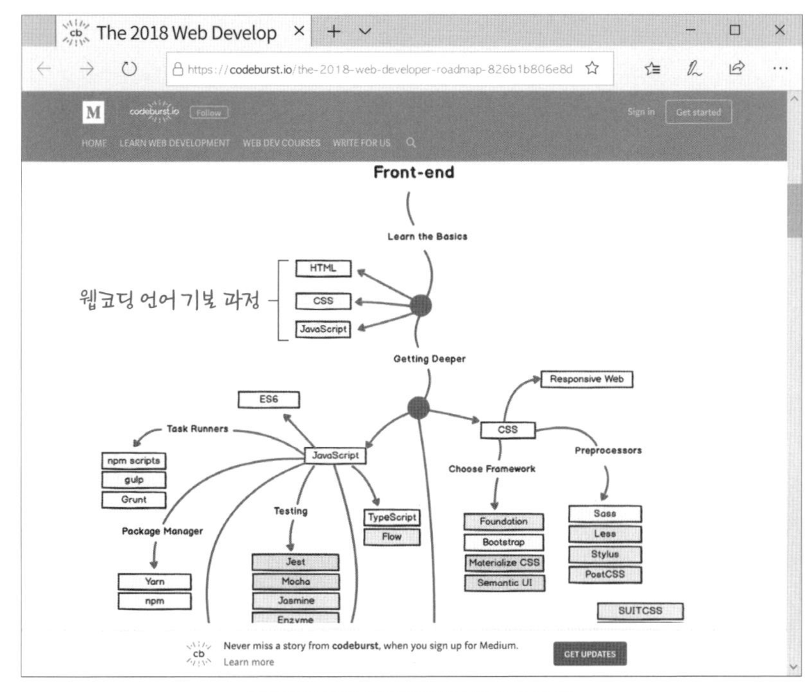

코드베스트의 '웹개발자를 위한 로드맵'

소스코드와 바이너리 코드
사람을 위한 코드와 기계를 위한 코드

컴퓨터는 0과 1로 이뤄진 기계어를 사용하고 있습니다. 반면, 사람이 사용하는 언어는 자연어입니다. 사람과 컴퓨터가 대화를 나누기 위해서는 서로 알아들을 수 있는 언어로 말을 걸어야 합니다. 하지만 대화의 상대가 기계인지라 서로 맞추기는 어려웠던 것이 사실이지요. 그래서 지능을 가진 사람이 컴퓨터에 맞출 수밖에 없었습니다. 이런 배경으로 컴퓨터에게 명령을 내리는 코딩 언어가 만들어졌습니다.

컴퓨터에게 '인쇄 좀 해줘!'라고 명령을 내릴 수 있는 것은 인쇄 기능을 할 수 있는 코드가 미리 작성되어 있기 때문입니다. 01011010과 같은 기계어 대신 if, while, try와 같은 영어를 이용해 인간에게 친숙한 단어로 명령을 내릴 수 있는 언어를 만들었습니다. 바로 자바(Java), 파이썬(Python), HTML 등과 같은 코딩 언어입니다.

코딩은 프로그래밍과 같은 말입니다. 프로그래밍(programming)은 카카오톡, 웹브라우저와 같은 프로그램을 만드는 과정을 말하는데요. program에 ing가 붙으면서 행동을 나타내는 의미로 바뀐 것입니다. 01010101과 같은 코드(code)를 작성한다는 의미로 코딩(coding)이라고 부르고 있지요.

사람들이 이해할 수 있는 코딩 언어를 고급 프로그래밍 언어(High Level Programming Language)라고 부릅니다. 반대로 컴퓨터가 이해할 수 있는 언어를 저급 프로그래밍 언어(Low Level Programming Language)라고 하지요. 고급 프로그래밍 언어를 사용해 컴퓨터에게 일을 시키려면, 이 코드가 기계어로 번역되어야 합니다.

코드를 작성한 후 '컴파일' 버튼을 누르는 일은 개발자들이 늘 하는 일입니다. 소스코드 작성이 완료되면 꼭 거쳐야 하는 이 과정은 사람이 만든 코드를 컴퓨터가 이해할 수 있도록 처리하는 것이죠. 컴파일러는 컴퓨터와 사람의 대화를 도와주는 일종의 '통역사'로 볼 수 있습니다.

사람이 작성한 코드와 컴퓨터가 번역한 코드를 구분해서 부릅니다. 사람이 작성한 코드는 '원본(source)'이라는 의미로 '소스코드'라고 부르고, 번역되어 0과 1로 작성된 코드를 '바이너리 코드'라고 하지요. 바이너리는 0과 1로 표시하는 이진수를 의미하거든요.

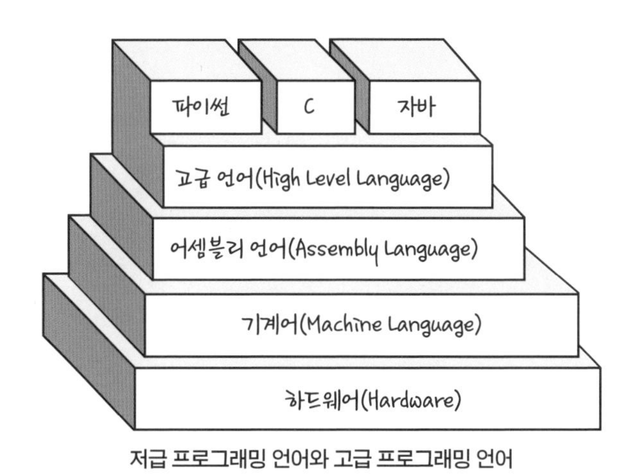

저급 프로그래밍 언어와 고급 프로그래밍 언어

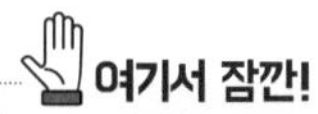

왜 영어로 코딩 언어를 작성해야 할까요?

코딩 언어를 반드시 영어로만 만들 필요는 없습니다. 'if'를 대신에 '만약'이라고 코드를 작성할 수 있는 한국형 코딩 언어를 만들 수도 있지요. 오래전 한국어를 이용한 코딩 언어가 소개된 적도 있습니다. 블록코딩의 경우 코딩을 시작하는 아이들을 위해 명령어가 한글로 표시되기도 하지요. 한국 문화에 친숙한 코딩 언어를 만드는 것도 좋지만 하루가 다르게 변화하는 소프트웨어 분야의 글로벌 트렌드를 따르기 위해서는 전 세계적으로 사용하는 코딩 언어를 사용하는 것이 더 바람직합니다. 그래야 새로운 기술을 쉽고 빠르게 익히고 세계 트렌드에 맞게 소프트웨어 기술력을 높일 수 있기 때문이지요.

컴파일러와 인터프리터
소스코드를 기계코드로 바꾸는 통역사

소스코드를 기계가 이해할 수 있도록 바이너리 코드◆로 번역하는 프로그램을 '컴파일러(compiler)'◆◆ 혹은 '인터프리터(interpreter)'라고 부릅니다. 컴파일(compile)과 인터프리트(interpret)는 모두 '번역하다'라는 의미를 가진 영단어입니다.

◆ 바이너리 코드는 기계가 이해하고 실행할 수 있는 코드이기 때문에 실행코드(executable code) 혹은 기계코드(machine code)라고 부릅니다.

◆◆ 컴파일러를 사용하는 코딩 언어로는 C와 C++가 있습니다.

두 가지 모두 소스코드를 번역해주는 일을 하는데, 왜 이름을 다르게 지었을까요? 우선 이 번역 프로그램의 차이를 살펴보겠습니다.

컴파일러는 소스코드를 기계코드(바이너리 코드)로 번역해줍니다. 내 컴퓨터는 기계코드를 메모리에 올려놓고 CPU가 이 코드를 실행하도록 CPU의 일하는 사이클에 맡깁니다. 코드가 실행되면 컴퓨터 모니터 화면에 결과가 나타납니다. 만약 CPU의 종류가 다르거나 운영체제가 변경된다면 이 코드는 실행이 불가능하지요.

우리가 만든 소프트웨어는 다양한 플랫폼에서 실행되어야 합니다. 만약 컴파일러를 이용한다면 이 소프트웨어가 설치될 수 있는 플랫폼을 모

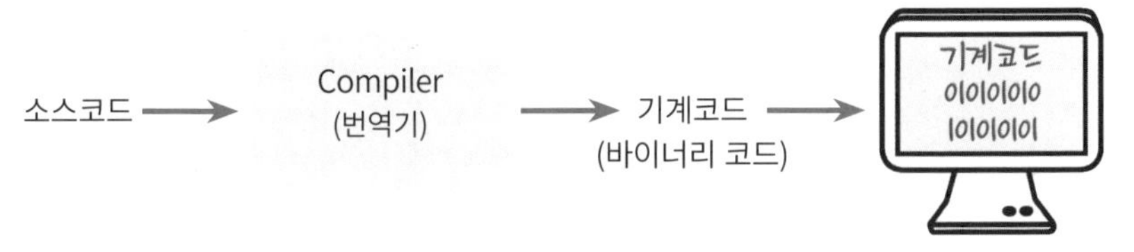

컴파일 방식의 실행 과정

두 파악해서 종류별로 미리 번역해둬야 합니다. 하지만 이것은 현실적인 방법은 아니었던 것 같습니다.

이 방법 대신 인터프리터를 사용하기 시작했으니까요. 컴파일러와 다르게 인터프리터 방식은 번역을 두 번에 걸쳐서 수행합니다. 예를 들어 '자바' 플랫폼은 소스코드를 바이트코드로 번역해줍니다. 이것이 1차 번역입니다. 이렇게 번역된 자바 프로그램은 '바이트코드'로 배포◆됩니다.

◆ 사용자에게 프로그램을 나누어준다는 의미로 '배포'라는 말을 사용합니다.

소스코드가 바이트코드로 번역되었다면 CPU가 실행할 수 있는 코드는 아닙니다. 운영체제에 설치된 자바가상머신(Java Virtual Machine, JVM)이 바이트코드를 기계코드로 최종 번역을 해줘야만 CPU가 이해하고 실행 가능한 코드가 됩니다. 자바가상머신 덕분에 자바 소스코드를 어떤 환경에서도 실행할 수 있게 되었습니다.

그렇다면 인터프리터가 이렇게 좋은데, 왜 컴파일러를 사용하는 걸까요? 그 이유는 소프트웨어의 특징에 따라 컴파일러로 번역한 코드가 더 장점이 많은 경우가 있기 때문입니다. 예를 들어 냉장고에 들어가는 소프트웨어는 항상 그 냉장고에만 들어갑니다. 다양한 플랫폼을 고민할 필요가 없는 소프트웨어인 것이죠. 그래서 미리 기계코드로 컴파일(번역)해놓고 동일한 냉장고에 이 코드를 설치해놓습니다. 이렇게 컴파일해놓은 코드는

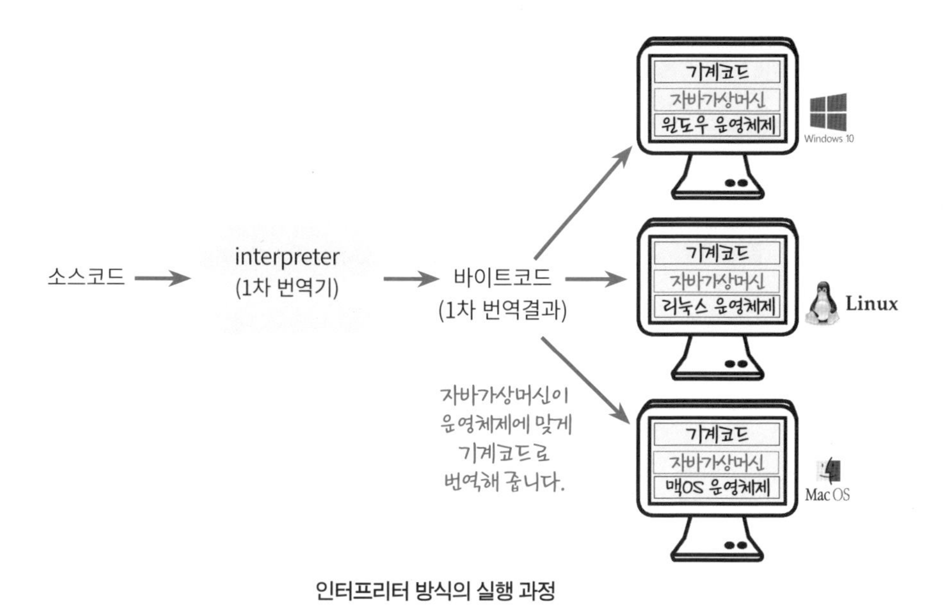

인터프리터 방식의 실행 과정

인터프리터 방식의 코드보다 실행 속도가 빠릅니다. 이러한 이유로 다양한 플랫폼에 대한 고려사항이 적은 임베디드 소프트웨어◆ 개발을 위해 컴파일러가 사용되고 있지요.

인터프리터로 번역된 프로그램은 실행 전에 한 줄씩 코드를 번역합니다. 모든 코드를 미리 번역해놓는 컴파일 방식보다 인터프리터 방식의 실행 속도가 느릴 수밖에 없답니다.

◆ 임베디드 소프트웨어는 '1장. 코딩 언어로 작성된 응용 소프트웨어'의 25쪽에서 설명하고 있습니다.

자바 언어

국제 대표 객체 지향 코딩 언어

자바(Java)는 썬마이크로시스템즈 회사의 제임스 고슬링이 25세가 되던 해 만든 코딩 언어입니다. 객체(object)를 중심으로 코드를 작성하는 대표적인 객체 지향 언어이지요.

```
int age=20;
if (age > 18) {
  System.out.println("성인이에요");
  System.out.println("영화를 볼 수 있어요");
}

else if(age <=18) {
  System.out.println("성인이 아니에요");
  System.out.println("영화를 볼 수 없어요");
```

Java로 작성된 코드

1990년대만 해도 소스코드를 만들면 한 종류의 장비에서만 동작했습니다. 장비마다 소스코드를 개발해야 했던 시기였지요. 썬마이크로시스템즈에 근무했던 제임스 고슬링은 하나의 소스코드를 여러 장비에서 실행할 수 있는 프로그래밍 언어를 개발하기로 결심하고, 마음 맞는 동료들과 함께 '오크'라는 프로그래밍 언어를 만들어냈는데요. 오크 언어로 소스코드를 작성하면 여러 장비에서 실행될 수 있기 때문에 개발자들의 개발 시간과 노력을 줄일 수 있었지요.

> 한 번 작성하고 어디서든 실행하게 하라!
>
> Write Once, Run Anywhere!

썬마이크로시스템의 슬로건입니다. 플랫폼◆에 독립적인 언어를 만들겠다는 썬마이크로시스템즈의 철학을 잘 설명해주는 문장이지요. 자바는 인터프리터 기반의 언어입니다. 그래서 소스코드를 바이트코드로 1차 번역하여 사용자에게 제공하면, 컴퓨터에 설치된 자바가상머신(Java Virtual Machine, JVM)이 바이너리 코드로 번역해줍니다. 가상머신이 설치된 어떠한 컴퓨터에서든 실행 가능하기 때문에 플랫폼에 독립적인 언어라고 합니다. 자바로 작성된 소프트웨어를 보통 '자바애플리케이션'◆◆이라고 부릅니다. 이 애플리케이션은 바이트코드 형태로 번역된 소프트웨어이지요.

◆ 플랫폼은 '6장. 코딩을 위한 소프트웨어'의 318쪽에서 설명하고 있습니다.

◆◆ 애플리케이션과 프로그램, 그리고 소프트웨어는 유사한 의미를 가진 말입니다. 이들 개념들을 '1장. 코딩 언어로 작성된 응용 소프트웨어'의 27~32쪽에서 설명하고 있습니다.

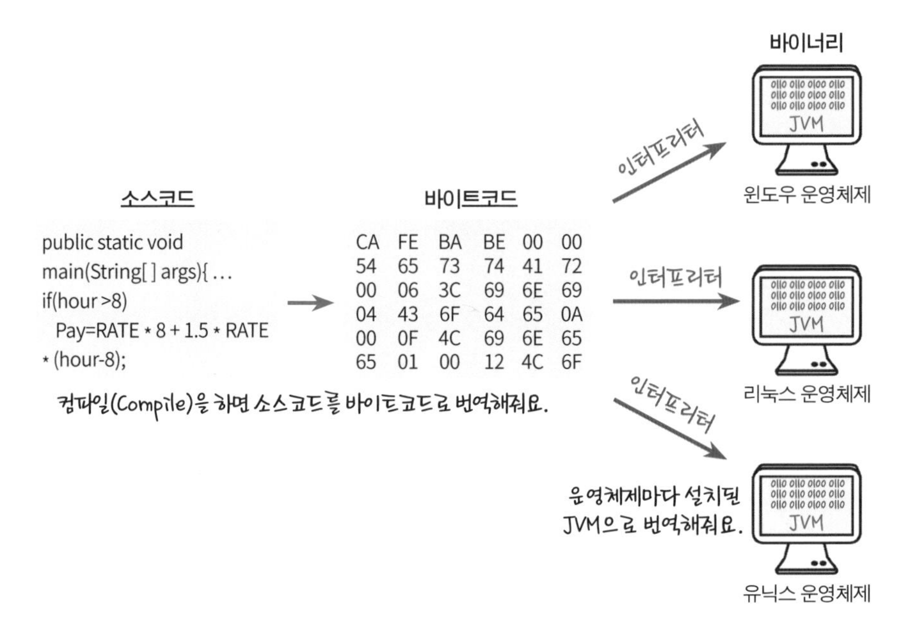

자바의 원래 이름인 '오크'는 사무실 밖의 오크나무를 보고 이름을 지었다고 합니다. 하지만 상표권이 이미 등록되었다는 사실을 알게 되어 '자바'◆라는 이름으로 변경했습니다. 커피 이름인 '자바'는 커피를 사랑하는 CEO의 영향을 받았다고 합니다.

◆ 2009년 '자바' 언어의 주인이 썬마이크로시스템즈에서 오라클로 변경되었습니다.

C 언어

역사와 전통을 자랑하는 코딩 언어

'씨'라고 읽는 이 코딩 언어는 1970년대 초에 탄생해 지금까지 대중적으로 사용되는 장수 언어입니다. 컴파일러를 이용해 소스코드를 기계코드로 번역하는 코딩 언어로, 하드웨어에 밀접한 운영체제, 임베디드 시스템, 펌웨어를 만들 때 주로 사용합니다. 또한 새로운 코딩 언어를 만들 때도 사용하지요.

대부분의 코딩 언어는 응용 소프트웨어를 만들기 위해 사용하지만, C 언어의 탄생은 시스템 소프트웨어로부터 비롯되었습니다. 미국의 벨연구소는 '유닉스(Unix)'라는 운영체제를 만들기 위해 코딩 언어가 필요했습니다. 이를 위해 C 언어를 만들었고, 1970년대 운영체제 개발을 위해 탄생한 언어가 현재까지도 글로벌 순위 안에 들 정도이지요. 대학교에 가면 C, Java를 기본적으로 배우는데요. 이 언어들의 대중성에도 이유가 있지만 두 프로그래밍 언어의 다른 패러다임을 비교하며 경험할 수 있는 장점이 있습니다. 또한 C, Java를 배워두면 다른 코딩 언어로 쉽게 확장해 공부할 수 있기 때문에 기본적으로 배워야 하는 코딩 언어이지요.

```
#include <stdio.h>
int main(void)
{
    printf("hello, world\n");
}
```

C로 작성된 소스코드

앞에서 말한 것처럼, C는 컴파일러를 사용하는 코딩 언어이기 때문에 소스코드를 작성하면 컴파일러가 실행 가능한 코드로 번역해줍니다. 자판기, 전자레인지 등과 같은 임베디드 시스템의 소프트웨어를 개발하기 위해 C 언어를 사용합니다.

그런데 코딩 언어의 이름을 왜 'C'로 정한 것일까요? 그것은 바로 이 코딩 언어가 B 언어 다음에 나왔기 때문입니다. 유닉스 운영체제를 만들기 위해 사실은 B 코딩 언어가 먼저 개발되었다고 합니다. 하지만 B 코딩 언어의 능력 부족으로 C 언어 개발을 착수하게 되었지요. 이렇게 탄생한 C 코딩 언어는 C++, C#, 자바, PHP 등 수많은 코딩 언어에 영감을 주는 인플루언서(influencer)가 되었답니다.

파이썬 언어

전 세계 1위, 배우기 쉬운 코딩 언어

파이썬(Python)은 네덜란드 개발자 귀도 반 로섬이 만들었습니다. 구글, 드롭박스에서도 일한 유능한 개발자인데요. 반 로섬은 '모든 사람을 위한 컴퓨터 프로그래밍'이라는 철학을 가지고 누구나 활용할 수 있고 이해하기 쉬운 프로그래밍 언어를 만들었습니다. 1991년에 태어난 파이썬은 반 로섬의 바람대로 누구나 쉽게 무료로 사용할 수 있는 대중적인 프로그래밍 언어가 되었답니다. 파이썬의 이름은 대중적으로 큰 인기를 끌었던 '몬티 파이썬 플라잉 서커스(Monty Python's Flying Circus)'라는 코미디쇼에서 따온 것입니다.

현재 파이썬은 전 세계 코딩 언어 사용의 1위 자리를 차지하고 있습니다. 이렇게 파이썬이 개발자들로부터 사랑받는 이유는 배우기 쉽고 다양한 라이브러리를 제공하고 있기 때문이지요. 또한 통합개발환경이 오픈소스로 배포되고 있어 회사뿐만 아니라 대학교에서도 선호도가 높습니다.

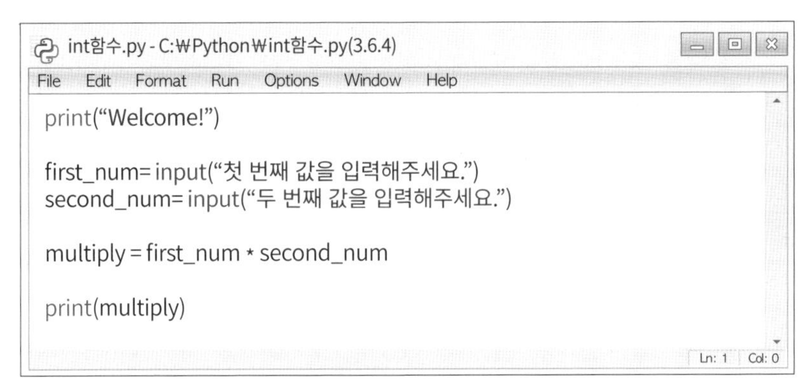

파이썬 에디터의 텍스트 코드

파이썬도 플랫폼에 독립적인 언어입니다. 다양한 운영체제에서 파이썬 프로그램이 실행되도록 인터프리터를 제공하고 있거든요. 잘 알려진 운영체제의 경우, 인터프리터를 사용하지 않아도 파이썬 코드가 실행되도록 파이썬 프로그램을 만들 수 있습니다. 동일한 코드를 플랫폼에 맞게 번역할 수 있으니 다양한 플랫폼에서 실행이 가능한 것이죠.

또한 객체 지향 언어이기 때문에 객체 지향 프로그래밍에서 제공하는 다형성과 재사용성의 장점을 그대로 살릴 수 있는 언어랍니다.

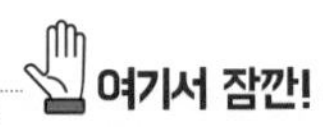

객체 지향 프로그래밍(Object-Oriented Programming)에서는 클래스를 다양한 형태로 사용할 수 있는 '다형성'의 특징을 가지고 있습니다. 또한 자식 클래스가 부모 클래스의 멤버 변수와 메소드를 재사용할 수 있으니, '재사용성'의 장점도 가지고 있지요. 다형성과 재사용성 덕분에 코드를 체계적으로 활용할 수 있고, 중복된 코드를 줄일 수 있게 되는 등 여러 모로 장점이 많답니다.

C++ 언어
객체 지향 언어의 탄생

1979년 덴마크 출신의 컴퓨터 과학자 '비야네 스트롭스트룹'에 의해 C++ 언어가 탄생합니다. 그는 객체 지향 언어의 장점을 활용하고 효율적일 뿐 아니라 품격 있는 프로그래밍을 하고 싶었습니다. C 언어에서 부족한 그 무엇인가를 채우고 다양한 기능과 새로운 패러다임을 반영하고 싶었지요. 그의 머릿속 구상은 'C with Classes'라는 이름과 함께 실현되었습니다. C 언어보다 한 단계 진보된 코딩 언어가 탄생한 것이죠.

그는 자신이 만든 코딩 언어에 객체 지향 프로그래밍의 느낌을 한껏 살려 이름을 지어주고 싶었습니다. 객체 지향 프로그래밍에서는 객체를 중심으로 코드를 작성하기 위해 '클래스'를 사용하는 것에 착안하여, 이 코딩 언어의 이름에 '클래스가 있는(with Classes)'이라는 수식어를 붙였습니다.

C with Classes 언어는 계속 성장했습니다. 개발 패러다임의 장점들을 하나씩 반영하면서 다중 상속, 연산자 오버로드, 예외처리 등의 다양한 기능을 제공했지요. 그래서 새로운 이름이 필요했나 봅니다. 'C with Classes'라는 긴 이름 대신에 C++(씨플러스플러스)◆로 한결 짧아진 이름으로 다시 탄생합니다.

◆ 우리나라에서는 '씨뿔뿔'이라고 발음하기도 합니다.

코딩에서 '++'는 숫자를 1만큼 증가시킬 때 사용하는 기호입니다. C 언어에 기능이 추가되었다는 느낌을 전달하고자 '++'를 사용한 것이지요.

C++에 다양한 개발 패러다임이 집약되어 많은 기능을 제공하긴 하지만 그만큼 복잡합니다. 그래서 코딩을 처음 공부하는 학생들은 C++를 어렵게 생각합니다. 이런 불편이 새로운 언어가 탄생하는 밑거름이 되었나 봅니다. 객체 지향 언어의 장점을 살리면서 단순한 설계를 표방한 Java 언어가 세상에 나오기 위해 꿈틀거리고 있었거든요.

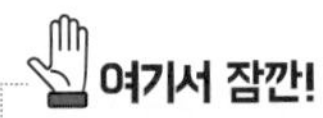

마이크로소프트 회사에서 만든 '비주얼 C++'라는 개발 도구가 있습니다. 이것은 C, C++ 등의 코딩 언어를 지원하는 통합개발환경(IDE)을 제공하는데요. 개발자 세계에서는 이 도구를 모르면 명함도 내밀지 못할 정도로 유명합니다. 현재 '비주얼 C++'는 '비주얼 스튜디오'에 포함되어 판매되고 있습니다.

C# 언어

자바의 열기 속에 태어난 언어

C#이라는 언어가 있습니다. 이 코딩 언어는 마이크로소프트 회사에서 만든 언어인데요. 자바(Java)가 전 세계적으로 확산될 즈음에 탄생한 대표적인 객체 지향 프로그래밍 언어입니다.

당시 객체 지향 프로그래밍의 장점이 반영된 자바의 인기는 매우 뜨거웠습니다. 대학교에서는 자바를 가르치기 시작했고, 개발자들도 이 언어를 공부하기 시작했지요. 이 언어를 위한 자격증이 있을 정도였습니다. 언어의 대세가 자바로 기우는 것처럼 보였으니까요.

자바의 이런 인기에 위기감을 느꼈을까요? 마이크로소프트 회사는 자바와 매우 흡사한 C# 언어를 개발했습니다. 코딩 작성 스타일이 너무 흡사해 자바를 공부한 개발자들은 며칠 만에 C#을 공부할 수 있었답니다.

피아노에서 C#은 C보다 반음 높은 소리를 냅니다. 그런 연유에서일까요? 마이크로소프트 회사는 C++보다 한 단계 더 개선된 이 코딩 언어의 이름을 C#으로 지었습니다. C# 언어는 윈도우 운영체제 기반의 응용 프로그램 개발을 위해 많이 사용되고 있습니다.

Go 언어

복잡함이 사라지고 친숙함이 다가오는

'구글(Google)'이라는 회사는 전 세계 시장에서 검색 엔진으로 정평이 나 있는 기업입니다. 대학교, 연구소에서는 일찌감치 구글 검색 사이트를 이용해 논문을 찾고 있었으니까요. 아래 그림은 구글의 검색 사이트의 모습입니다. 웹페이지의 모습이 정말 단순하기 그지없지만, 검색기능만은 강력하답니다.

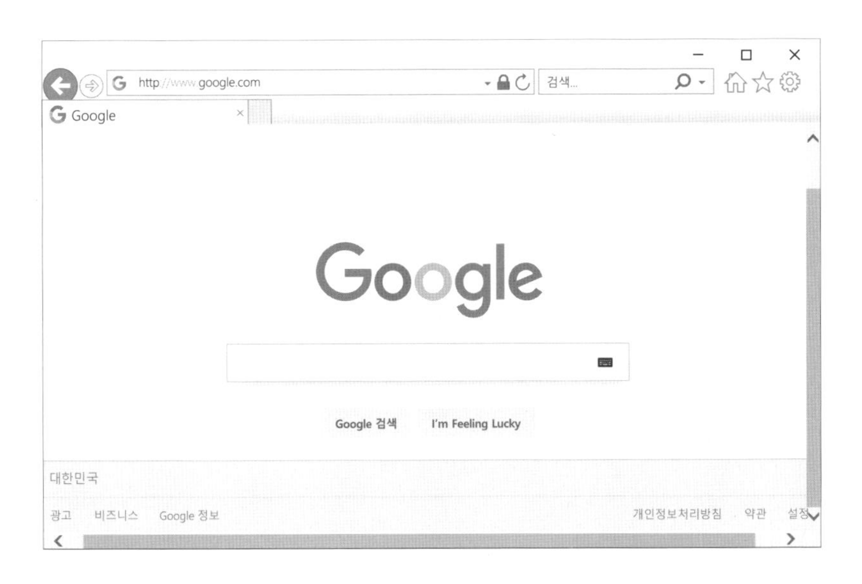

구글에서도 코딩 언어를 만들었습니다. 코딩 언어의 이름이 'Go'인데요. 2009년 11월에 발표된 이 언어는 다른 언어의 장점을 십분 활용하면서 개발자들의 고민들을 해결하기 위해 만들어졌습니다. 그들의 고민은 다음과 같은 것들이었죠.

- C++, 자바처럼 변수타입이 정적으로 정해지고 효율적인 언어일 것.
- 파이썬이나 자바스크립트처럼 생산적이고 사용하기 쉬운 언어일 것.
- 통합개발환경(IDE)을 지원하지만, 사용자에게 IDE 사용을 강요하지 않을 것.
- 고성능 네트워킹과 멀티프로세싱을 가능하게 할 것.

이 언어를 설계한 개발자들은 C++ 언어의 복잡함이 싫어 새로운 언어를 만들었다고 합니다. 국내에서는 아직 대중화되지 않았지만, 해외에서는 Go를 사용하는 프로젝트가 많아지고 있습니다. 프로그래밍 언어 순위에서 9위를 차지할 정도이지요. 다음 그림은 Go 언어의 귀여운 마스코트입니다. 코딩 언어의 복잡함은 사라지고 친숙함이 전달되는 아주 귀여운 마스코트이지요.

'현재의 고퍼 마스코트이자 옛 로고'

어셈블리어

기계와 가까운 저급 언어

기계어는 기계가 이해할 수 있는 언어로 0과 1로 표현됩니다. 여기서 기계는 컴퓨터를 의미하는데요. 코딩 언어가 탄생할 즈음에는 0과 1로 코드를 작성했습니다. 당시 0과 1로 코드를 작성하는 것은 매우 험난한 과정이었습니다. 그래서 사람이 알아보기 쉬운 니모닉 기호(mnemonic symbol)를 사용하기 시작했습니다. 예를 들어 '10110000 01100001'을 'mov al, 061h'◆와 같이 바꿔서 표현했지요.

◆ 'mov al, 061h'는 16진수 61을 al 레지스터에 넣으라는 뜻입니다.

이렇게 생긴 언어를 '어셈블리어'라고 부릅니다. 어셈블리어는 기계어와 일대일로 대응되는 낮은 수준의 '저급 프로그래밍 언어'인데요. 어셈블리어로 'Hello World'를 화면에 출력하는 프로그램을 만들려면 313쪽의 코드처럼 복잡한 코드를 작성해야 합니다. 화면에 'Hello, World!'라는 글자만 출력하는데도 정말 복잡해 보이네요.

코딩을 이제 시작하는 우리가 어셈블리 언어를 공부할 일은 없긴 합니다. 어셈블리어는 컴파일러 엔지니어, 펌웨어 엔지니어, 보안 전문가 등과 같이 하드웨어에 가까운 분야에 일하는 사람들이 사용하는 편이랍니다.

```
adosseg
.model small
.stack 100h
.data
hello_message db 'Hello, World!',0dh,0ah,'$'
.code
main proc
        mov     ax, @data
        mov     ds, ax
mov  ah, 9
        mov     dx, offset hello_message
        int     21h
mov  ax, 4C00h
        int     21h
main endp
end main
```

출처: 위키피디아

어셈블리 코드

웹코딩 언어

웹서비스를 개발하기 위한 코딩 언어

코딩의 뜨거운 인기로 '프로그래밍'이라는 말보다는 '코딩'이라는 말이 대세가 된 지 오래입니다. 그래서인지 '웹개발 언어'라는 말도 이제는 '웹코딩 언어'가 대신하고 있지요. 웹코딩 언어는 웹서비스를 개발하기 위한 코딩 언어입니다. 정적인 웹페이지뿐만 아니라 동적인 웹페이지를 개발하는 것도 모두 웹코딩의 영역이지요.

정적인 웹페이지를 개발하려면 HTML, CSS, 자바스크립트◆를 공부해야 합니다. 동적인 웹페이지를 개발하기 위해서는 JSP, PHP, Node.js 등을 알아야 하고, 데이터베이스도 사용할 수 있어야 하기 때문에 MySQL, 오라클과 같은 DBMS도 공부해야 한답니다. 공부할 것 많은 웹코딩의 세계입니다.

◆ HTML, CSS, 자바스크립트 등은 '3장. 전 세계 웹을 연결하는 소프트웨어'의 140~152쪽에서, MySQL은 '4장. 빅데이터를 위한 소프트웨어'의 184쪽에서 설명하고 있지요.

소프트웨어 교육이 의무화되면서 웹코딩 언어 공부에도 붐이 일고 있습니다. 그래서인지 HTML, CSS, 자바스크립트 등을 위한 책이 많이 소개되고 있지요. 동적인 웹페이지를 만들기 위해서는 이 코딩 언어만으로는 부족합니다. 그래서 대학생들은 APM을 공부하는 편입니다. APM은

Apache(웹서버), PHP(동적 웹코딩 언어), MySQL(DBMS)의 앞글자를 따서 부르는 말인데요. 이들은 동적인 웹페이지를 만들기 위한 코딩 언어와 소프트웨어이지요. 모두 오픈소스인지라 무료로 다운로드받아 사용할 수 있습니다. 보통 리눅스(Linux) 운영체제에 APM을 설치하기 때문에 LAMP (Linux, Apache, MySQL, PHP)라고 부른답니다.

객체 지향 프로그래밍

객체를 주인공으로 하는 코딩 방법

'객체(客體)'는 '생각과 행동이 미치는 대상'을 말합니다. 주로 '주체'와 대비되어 사용되는 단어이지요. 쉽게 설명하면 주체는 '무언가를 하는 사람'이고, 객체는 '무언가를 당하는 사람'입니다. 영어 문법으로 보면, 주체는 '주어'가 되고, 객체는 '목적어'가 되는 것이지요. '난 너를 영원히 사랑할 거야'라는 문장에서 '나'는 주체이고 '너'는 객체가 됩니다. '너'라는 객체가 사랑을 당하고 있으니까요.

목적어는 영어로 object입니다. object의 유사어로 target, focus가 있지요. 코딩에서도 객체(object)는 어떤 일의 목적(target)이 되거나 관심(focus)을 받는 대상을 말해요. 이러한 이유로 여러 코딩책에서 객체를 사물이나 사람이라고 설명합니다.

객체 지향 프로그래밍(Object-Oriented Programming)에서는 소스코드를 작성할 때 객체를 주인공으로 하여 작성합니다. 그리고 객체의 행동과 속성 등을 정의하지요. 예를 들어 내가 관심이 있는 객체가 '자전거'라고 생각해보겠습니다. 자전거의 색깔, 크기 등은 자전거의 '속성'입니다. 자전거에 속한 성질이라고나 할까요? 자전거가 움직이거나 멈추는 것은

'행동'이라고 말합니다. 브레이크를 잡는다거나 페달을 밟는 것이 행동이지요. 우리는 객체의 속성을 바꾸기 위해 '자전거야, 너의 색을 노란색에서 빨간색으로 바꾸거라!'라고 명령할 수도 있고, 객체에게 행동을 바꾸기 위해 '자전거야, 자전거 속도를 높일 수 있도록 페달을 밟아줄래?'라고 명령할 수도 있습니다. 이처럼 객체 지향 프로그래밍에서는 모든 사물을 속성과 행동으로 정의하고, 이것을 코드로 작성합니다. 즉 객체를 중심으로 생각하고 코드를 작성하는 것이죠.

객체 지향 프로그래밍 이전에는 절차적 프로그래밍이 있었습니다. 절차적 프로그래밍(Procedural Programming)은 이름 그대로 컴퓨터에게 명령을 내리는 순서대로 코드를 죽 작성하는 방법입니다. 이렇게 작성하다 보니 소프트웨어 개발을 완료한 후 유지보수하는 일이 어려워졌습니다. 앞에서 코드를 수정하면 다른 코드에 영향을 주는 단점이 있었고, 반복적으로 사용하는 코드의 재사용에 어려움도 있었지요. 1950년대 개발된 포트란(Fortran), 코볼(Cobol)◆ 그리고 1970년대 개발된 C가 대표적인 절차적 프로그래밍 언어입니다.

이런 단점을 개선하기 위해 코딩의 패러다임이 변화하고 있습니다. 그래서 요즘 사용하는 대부분의 코딩 언어는 객체 지향 프로그래밍의 방법을 따르고 있지요.

◆ 포트란과 코볼은 역사책에서나 볼 수 있는 프로그래밍 언어입니다. 요즘은 잘 사용하지 않는 편이지요.

플랫폼
응용 소프트웨어가 실행되는 환경

기차역에서 기차를 타고 내리는 곳을 '플랫폼'이라고 합니다. 하루에도 수십 대의 기차들이 플랫폼을 이용해 탑승객을 승하차시킵니다. 플랫폼에는 승객이 앉을 수 있는 의자도 있고 기차의 도착시각을 알려주는 전광판도 있지요. 이렇게 플랫폼은 여러 사람이 이용할 수 있는 공간을 제공해줍니다. 플랫폼(platform)에서 plat은 '평평한', form은 '형태'를 뜻하는 단어입니다. 기차가 발명되었던 오래전 흙과 자갈이 깔려 있는 기차역에 사람들의 승하차를 돕기 위한 평평한(plat) 형태(form)의 장소가 필요하지 않았을까라고 생각해봅니다.

컴퓨터에도 '플랫폼'이라는 용어를 사용합니다. 하지만 추상적인 용어이기 때문에 사람들은 이 단어를 어려워하지요. 플랫폼은 파워포인트, 카카오톡 등의 응용 소프트웨가 구동(실행)되는 '환경'을 의미합니다. 심지어 플랫폼은 웹서버일 수도 있고 웹브라우저일 수도 있습니다. 일반적으로 플랫폼은 소프트웨어와 하드웨어 플랫폼으로 나뉩니다.

'사물인터넷(IoT) 플랫폼'이라는 말을 가지고 플랫폼의 의미를 다시금 생각해볼까요? 사물인터넷(Internet Of Things)은 사물들이 인터넷을 할 수 있는 기술을 말합니다. 여기서 사물은 스마트냉장고, 스마트세탁기 등이 될 수 있는데요. 컴퓨팅 세계에서 대화란 데이터를 주고받는 과정을 말합니다. 이것을 전문용어로 '통신'이라고 하지요.

사물들은 서로 제각각 만들어졌기 때문에 서로 통신하는 방법이 다릅니다. 사물들이 만들어지는 초기에 데이터를 어떻게 주고받을지 약속하지 않았기 때문에 당연히 통신은 잘 안 될 겁니다. 그래서 사물인터넷의 기술에 플랫폼이 필요해졌습니다. 이 플랫폼은 학교의 교무실과 같은 존재이지요. 학생들이 새로운 학교에 입학하기 위해 교무실에 방문해 등록 과정을 거치는 것처럼 '사물'이라고 불리는 장치들은 이 플랫폼을 통해 자신의 존재를 알립니다. '플랫폼님, 저는 스마트세탁기라고 합니다. 제가 당신에게 데이터를 보내려고 하는데 저를 등록해주세요.'

사물을 인지한 플랫폼은 스마트세탁기로부터 데이터를 받아와 다른 사물이나 사람에게 공유합니다. 이 플랫폼을 이용해 사람들은 사물에게 명령을 내리기도 합니다. '세탁기를 돌리거라!'라고요.

플랫폼의 다른 예를 살펴볼까요? 웹애플리케이션이 실행되는 환경인 WAS(Web Application Server)를 웹플랫폼이라고 부릅니다. 자바로 작성된 소프트웨어를 실행하기 위해서 JRE(Java Runtime Environment)를 설치하는데요. JRE를 자바 플랫폼이라고 합니다. 이렇게 플랫폼은 응용 소프트웨어가 실행될 수 있는 환경을 제공한다는 점에서 폭넓게 사용되고 있습니다.

플랫폼 독립적인 언어

어느 환경에서나 실행될 수 있는 코딩 언어

플랫폼은 인텔 PC, SPARC 서버, IBM 메인프레임과 같은 하드웨어 장비일 수도 있고 리눅스, 맥OS, 윈도우, 유닉스 등의 운영체제일 수도 있습니다. 응용 소프트웨어가 돌아가는 어떤 환경이라면 플랫폼이 될 수 있지요.

응용 프로그램은 운영체제 위에서 구동하기 때문에 운영체제에 의존적일 수밖에 없습니다. 그러니 동일한 응용 프로그램도 운영체제에 맞게 개발해야 하지요. 운영체제, 하드웨어 등의 플랫폼 종류가 다양하기 때문에 개발자들은 플랫폼에 독립적인 언어를 사용하고 싶어합니다. '플랫폼에 독립적이다'라는 말은 동일한 소스코드로 변경 없이 어떤 플랫폼에서든 실행할 수 있다는 의미이거든요.

이를 위해 가상머신(JVM, Java Virtual Machine)의 개념이 사용되었습니다. '가상머신'의 머신(machine)이라는 말 때문에 어떤 장비가 있어야 하는 것은 아닌지 오해하면 안 됩니다. 여기서 가상머신은 하드웨어가 아니라 소프트웨어이거든요.

가상머신 덕분에 자바 코드를 작성하는 개발자들은 플랫폼의 종류를 신경 쓰지 않아도 됩니다. 소스코드를 인터프리터로 1차 번역해주면, 컴퓨터마다 설치된 자바가상머신이 2차 번역을 시작합니다. 이렇게 번역된 코드는 이제 CPU가 실행할 수 있는 코드가 되는 것이죠.

자바의 번역 과정을 보면 글로벌 환경에서 통용되는 영어가 문득 떠오릅니다. 자바가 플랫폼 독립적인 언어라면, '영어'도 특정 국가에 국한되지 않은 플랫폼에 독립적인 언어가 아닐까요?

운영체제의 종류가 달라도 가상머신 때문에 소스코드를
한 번만 작성해 다양한 운영체제에서 실행할 수 있습니다.

컴퓨터를 사용하다 보면 '자바실행환경(JRE, Java Runtime Environment)'을 설치하라는 화면을 본 적 있을 겁니다. 이것은 내 컴퓨터에서 자바로 작성된 소프트웨어가 실행될 수 있도록 '자바가상머신을 설치하세요!'라는 의미입니다.

JRE를 설치하면 자바 프로그램이 실행되는 환경이 마련됩니다. 그리고 자바가상머신(JVM)을 통해 자바 프로그램을 기계어로 번역해주면서 코드가 실행됩니다. '자바가상머신'은 자바 프로그램을 효율적으로 실행하기 위해 막중한 임무를 가진 일종의 플랫폼이지요. 자바가상머신 때문에 개발자들은 플랫폼별로 기계코드를 만들 필요가 없어졌습니다. 바이트코드만 있으면 자바가상머신이 알아서 운영체제에 맞게 번역해줄 것이기 때문이죠. 이런 번역 방식 덕분에 플랫폼 독립적인 소프트웨어를 개발할 수 있게 되었지요.

자바만 플랫폼에 독립적이지는 않습니다. 파이썬, C#, 루비 등과 같은 인터프리터 방식의 코딩 언어들도 플랫폼에 독립적으로 만들어졌거든요. 플랫폼을 넘나드는 이런 특징 때문에 '크로스 플랫폼(Cross Platform)'이라는 말을 사용하기도 한답니다.

개발 도구와 통합개발환경

코드 작성을 위한 프로그램

인간은 도구를 사용할 수 있는 동물이라고들 하지요. 여기서 '도구'는 어떤 일을 할 때 사용하는 연장을 말합니다. 청소도구, 세면도구, 마술도구 등 여러 단어 뒤에 붙어다니며 이들 물건들을 연상케 만드는 꼬리말이기도 합니다. 우리 생활에 도구가 필요하긴 하지만 반드시 그런 것은 아닙니다. 도구가 없어도 일은 할 수 있기 때문이지요. 다만, 없으면 매우 불편하고 효율이 떨어지겠지요. 우리가 못을 박을 때 망치라는 도구를 사용합니다. 물론 돌을 이용해 못을 막을 수도 있지만, 망치를 사용하면 더 쉽고 정확하게 못을 박을 수 있기 때문에 돈을 들여서라도 망치를 하나씩 구비해 놓습니다.

이런 도구 사용의 습성 때문인지 코딩을 할 때도 도구를 사용합니다. '코딩'은 컴퓨터에게 명령을 내리기 위해 코드를 작성하는 과정이므로 메모장과 같은 간단한 프로그램을 이용해 코드를 작성해도 됩니다. 하지만 코드 길이가 길기도 하고, 까다로운 문법을 지켜야 하니 이만저만 피곤한 일이 아닌지라 이런 것들을 친절하게 체크해주는 프로그램이 필요해졌습니다. 손에 연장을 든 것도 아니지만, 이 프로그램을 '소프트웨어 개발도구' 혹은 '코딩도구'라고 부르고 있지요. 하루 종일 1년 내내 코드를 작성하는 개발자에게는 망치처럼 훌륭한 도구가 필요했던 게 분명합니다. 이 개발도구를 사용하면 오류가 난 위치를 붉은색 줄로 표시해주고, 들여쓰기도 자동으로 해주기 때문에 한 번 쓰고 나면 도구가 없는 코딩은 상상할 수 없을 정도가 되어버리지요. 버튼 한 번만 누르면 소스코드를 바이너리 코드로 변경해주는 이 도구는 개발자들에게 'MUST HAVE ITEM'임에 틀림없습니다.

개발도구는 언어마다 다릅니다. 언어마다 문법이 다르기도 하고 소스코드를 바이너리 코드로 변환해주는 번역 기능도 다르기 때문이지요. 자바(Java), 파이썬(Python), C# 등과 같이 새로운 코딩 언어들이 탄생하면 이들을 위한 개발도구들도 함께 소개됩니다. 어떤 도구는 돈을 내야 하고 어떤 도구는 무료로 사용할 수 있습니다.

개발도구를 IDE(Integrated Development Environment)라고 부릅니다. 우리말로 뜻을 옮기면 통합개발환경인데요. 좀처럼 이해하기 어려운 코딩의 세계이지만, 도구를 왜 뜬금없이 '개발환경'이라고 부르는 것인지도 도통 이해가 되지 않는다고요? 그것도 '통합'이라는 말까지 붙이면서 말입니다. 우리가 메모장 프로그램에 코드를 작성하면 이것은 사람들만 이해할 수 있는 코드입니다. 이런 코드를 '소스코드(source code)'라고 부릅니다. 0과 1밖에 모르는 컴퓨터에게 이런 코드를 주면 그냥 무시해버릴 겁니다. 컴퓨터에게 내가 작성한 코드를 실행하도록 부탁하려면 친절하게 번역까지 해줘야 하는데요. 이런 번역을 대신해주는 소프트웨어를 '컴파일러(compiler)' 혹은 '인터프리터(interpreter)'라고 부릅니다. 이제 개발환경이 슬슬 갖추어지고 있습니다.

여러 줄의 코드를 키보드로 작성하다 보면 당연히 오타가 있기 마련입니다. 어떨 때는 문법에 맞지 않는 코드도 있지요. 개발도구에서 그런 오타를 그때마다 알려준다면 컴파일 오류를 미리 찾을 수 있겠지요. 소프트웨어를 개발하다 보면 단순한 실수 때문에 기능이 동작하지 않는 경우가 있습니다. 심지어 밤을 새워가며 문제의 원인을 찾아야 하는 일도 비일비재합니다. 이런 오류들을 도구에서 일찌감치 찾아준다면 불필요한 고생이 줄어들 수 있겠지요. 그래서 워드프로세서의 맞춤법 검사와 같은 기능을 개발도구에서도 제공하고 있답니다. 이런 개발환경 덕분에 문법을 철저하게 지켜야 하는 코딩에 대한 거부감이 점차로 줄어들게 됩니다.

아무리 문법에 맞춰 코드를 잘 작성하더라도 결과가 이상하게 나올 때가 있습니다. 변수를 잘못 정했거나 계산식을 잘못 작성했을 수 있지요. 그래서 디버깅(debugging)◆을 도와주는 프로그램도 필요해졌습니다. 이 프로그램은 오류의 원인을 찾을 수 있는 친절한 기능을 포함하고 있습니다.

◆ 프로그래밍을 하다 보면 명령어를 잘못 사용하기도 하는데요. 이런 잘못된 명령어를 '버그(bug)'라고 합니다. 버그를 고치기 위해 원인을 찾고 코드를 고치는 과정을 '디버깅'이라고 부르지요.

앗! 내가 짠 코드를 실행해보니 결과가 이상하게 바뀝니다. 그 원인을 찾기 위해 디버깅 프로그램을 이용해 소스코드 중간에 '중단점(breakpoint)'을 지정했습니다. 중단점은 프로그램이 메모리에 올라가 한 줄 한 줄 실행되는 중이라도 이 중단점에서는 멈추라는 표시입니다. 이 지점에서 변수값이 무엇인지 확인해서 오류의 원인을 찾는 데 도움을 얻을 수 있기 때문입니다. 이제야 내 컴퓨터가 통합개발환경을 갖춘 것 같습니다.

이렇게 코딩을 하려면 소스코드를 바이너리 코드로 번역해주는 '컴파일러(compiler)'가 필요합니다. 그리고 들여쓰기를 자동으로 처리해주고 문법, 오타 등을 체크해주는 '에디터(editor)'도 있어야 하지요. 오류의 원인을 찾을 수 있도록 도와주는 '디버거(debugger)'도 마찬가지로 필요하답니다.

자동차서비스센터에 있는 수많은 연장과 장비들만큼이나 소프트웨어를 개발할 때도 여러 가지 도구가 필요하다는 사실을 다시금 느끼게 되네요. 과거에는 이들 도구들이 하나씩 개발되어 따로 사용했지만, 이제는 하나로 통합되어 배포되고 있습니다. 그래서 '통합'이라는 말이 붙게 되었지요.

여러 가지 프로그램이 내 컴퓨터에 설치되어 통합개발환경(IDE)을 조성해줍니다. 자연이 선물한 환경에서 시냇물이 흐르고, 시냇물이 흐르는 박자에 맞춰 새들이 노래를 부르는 것처럼, 내 컴퓨터의 IDE는 여러 개발 도구를 통합으로 제공해줘 코딩을 쉽고 재미있게 즐길 수 있도록 도와줍니다. 이러한 이유로 내 컴퓨터에 IDE를 설치하면 개발환경이 준비되었다고 말하는 것이지요.

JDK, 자바개발키트

자바 코딩을 위한 과학상자? 코딩상자!

자바로 코딩을 하기 위해서는 개발환경이 내 컴퓨터에 준비되어 있어야 합니다. 개발환경은 '이클립스'와 같은 개발도구, 도서관의 책과 같은 유용한 '표준 라이브러리', 소스코드를 번역해주는 '인터프리터(interpreter)' 그리고 버그를 찾아주는 '디버거(debugger)' 등을 의미합니다. 표준 라이브러리와 인터프리터 등을 설치하려면 자바개발키트를 자바 홈페이지에서 다운로드받으면 됩니다. 일종의 과학상자와 같은 이것을 자바개발키트(Java Development Kit)라고 합니다. 줄여서 JDK라고 부르지요.

2009년 썬마이크로시스템즈가 오라클 회사로 인수합병됨에 따라 자바 언어의 주인이 오라클 회사가 되었습니다. '신의 말씀'이라는 의미를 가진 오라클(Oracle)은 DBMS를 만드는 회사입니다. 그런데 DBMS의 이름도 '오라클'입니다. 회사의 이름과 소프트웨어의 이름이 동일해서 처음 이 이름을 접할 때 고개가 갸우뚱해질 수 있습니다. 하지만 전 세계적으로 유명한 글로벌 기업인지라 이것조차 상식이 되어버렸답니다.

자바는 오픈소스로 시작한 코딩 언어입니다. 전 세계 개발자들의 협력으로 코딩 기술의 흐름을 주도할 정도로 강력한 코딩 언어가 되었지요. 이렇게 좋은 코딩 언어를 자유 소프트웨어의 정신으로 전 세계 개발자들이 무료로 사용하고 있습니다. 하지만 2018년 오라클 회사의 자바 유료화 선언으로 전 세계 개발자들에게 정신적 충격을 주었습니다. 대표적인 오픈소스가 유료화된다는 사실이 도저히 믿기지 않았던 것이죠.

자바의 주인이 썬에서 오라클로 바뀜에 따라 큰 변화를 맞이하게 되었습니다. 상용 소프트웨어를 판매하는 오라클은 JDK를 2개로 구분했습니다. '오픈 JDK'와 '오라클 JDK'로요. 그동안 무료로 사용할 수 있었던 오라클 JDK가 2019년 1월부터 유료로 판매되고 있습니다. 물론 오픈 JDK를 무료로 사용할 수는 있지만, JDK가 무료라는 기존의 고정관념이 바뀌게 된 역사적 순간임에는 틀림없어 보입니다.

이클립스

자바 통합개발도구, 빛의 세계로 초대합니다

대표적으로 사용하는 통합개발도구인 '이클립스'를 소개합니다. 개발자 세계에서 이 도구를 모르면 화성에서 온 외계인으로 오해받을 수 있을 정도로 정말 많이 사용되는 도구입니다. 주로 자바(Java) 코딩을 위해 사용하는 도구이지만, 다른 코딩 언어도 사용할 수 있습니다.

'빛을 잃어버린다'는 의미를 가진 '이클립스(eclipse)'는 달이나 태양이 일시적으로 보이지 않은 현상을 의미하는 말입니다. 자바를 개발한 회사의 이름(Sun Microsystems)이 '태양(sun)'이라는 사실을 되새겨본다면, 어

이클립스 아이콘

일식의 모습

떻게 '이클립스'라는 단어가 선택되었는지 미루어 짐작케 합니다. 이클립스 아이콘도 이름에 걸맞게 일식을 연상하도록 디자인되었습니다. 많은 개발자들이 이클립스를 사용하고 있지만, 이런 멋진 의미가 있다는 사실을 모르는 경우가 적잖습니다.

다음은 이클립스의 모습입니다. 정가운데 코드를 작성하는 편집창이 보이는데요. public, int, void와 같은 예약어는 붉은색으로 표시해줍니다. 코드가 잘 정돈되도록 단축키만 누르면 들여쓰기도 척척 알아서 해준답니다.

오른쪽은 소스코드에 포함된 함수 목록을 보여줍니다. 그리고 아래쪽에는 코드 실행 결과를 알 수 있는 콘솔 창(Console)도 보이네요.

코드를 작성하다 보면 많은 명령어들을 모두 기억하기 어렵습니다. 이

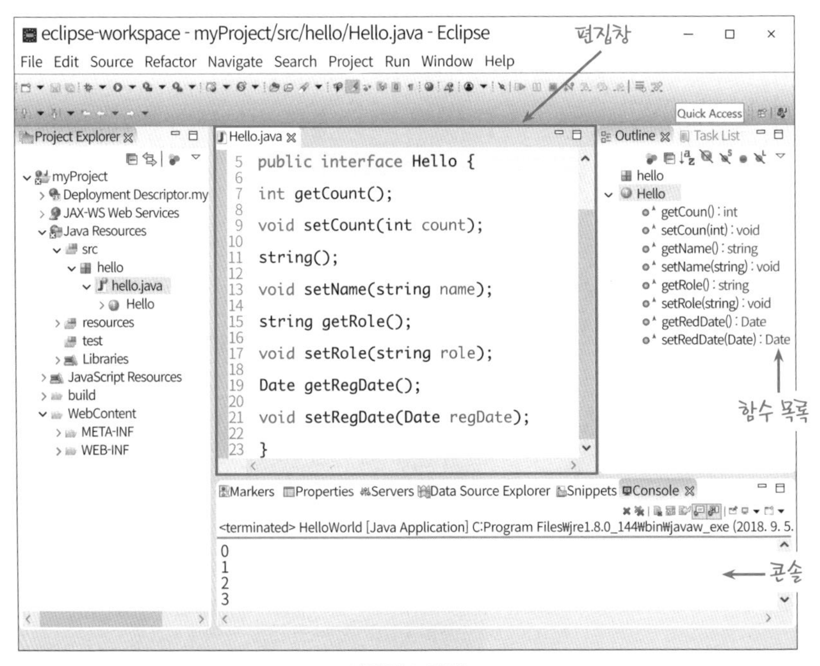

이클립스 화면

런 개발자들의 어려움을 이클립스에서도 이해했던지 메소드 이름을 일부만 작성해도 알아서 작성해주는 기능을 제공하고 있지요. 다음과 같이 java를 작성하고 점(.)을 찍으면 사용할 수 있는 코드 목록이 나타납니다. 코딩에서 이 점(.)은 특별한 의미를 가집니다. 예를 들어 '할아버지.아버지.나'로 코드를 작성하면 할아버지와 나와의 관계를 표시해주는 것처럼 모듈 간의 관계를 알려주지요.

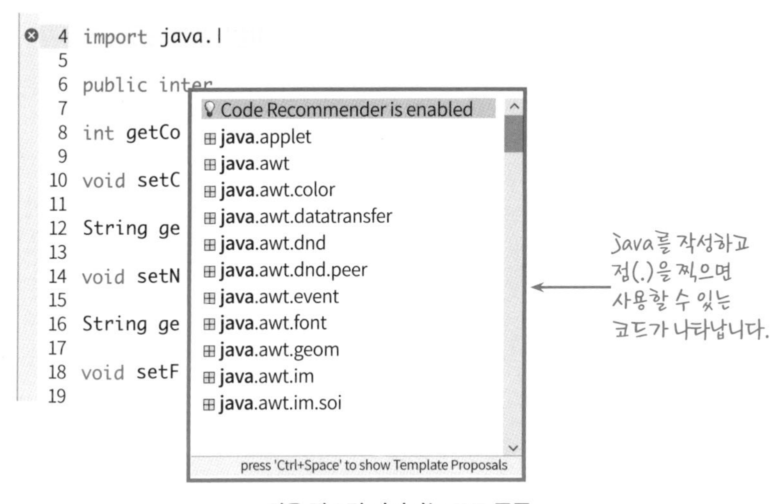

점을 찍으면 나타나는 코드 목록

이뿐만이 아닙니다. 명령어에 오타라도 있으면 붉은색 줄을 죽 그어줍니다. 붉은색 줄에 마우스 포인터를 가까이 가져가면 올바른 명령어까지 추천해주니 개발도구를 더 자주 사용할 수밖에 없는 이유이지요.

```
26    public Helloworld(String name, String role) {
27        super();
28        this.name = name;
29        this.role = role;
30    }
31
32    public int getCount() {
33        rdeturn count;|
34    }
35
```

return을 rdeturn으로 잘못 작성하면 붉은색 줄이 생깁니다.
마우스 포인터를 가져다 놓으면 아래와 같이 가이드를 보여줍니다.

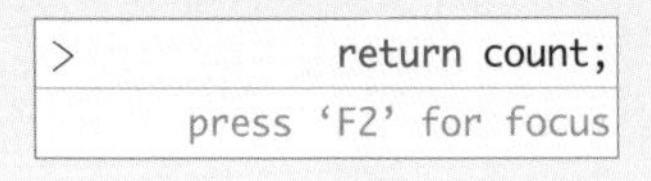

코드 오류 수정을 가이드해주는 기능

비주얼 스튜디오와 닷넷 프레임워크

마이크로소프트 회사의 통합개발도구와 라이브러리

비주얼 스튜디오(Visual Studio)라는 말을 접하면 왠지 방송국에 온 느낌입니다. 스튜디오의 'On Air' 글자가 머릿속에 그려지지만, 절대 방송국과는 관련 없는 용어랍니다. 비주얼 스튜디오는 마이크로소프트 회사에서 만든 코딩을 위한 소프트웨어입니다. 즉 통합개발환경(IDE, integrated development environment)이지요. '통합'이라는 이름에 걸맞게 이 소프트웨어는 코드를 편집할 수 있는 에디터(editor), 오류를 찾아주는 디버거(debugger), 화면 디자인을 위한 폼디자이너(form designer), 웹페이지를 디자인하기 위한 웹디자이너(web designer) 등 다양한 기능들을 통합적으로 제공합니다.

마이크로소프트 회사에서 만들었기 때문에 소프트웨어의 이름에 '마이크로소프트'가 붙어 있습니다. 마이크로소프트 오피스, 마이크로소프트 윈도우 등 '마이크로소프트'가 너무나 익숙한 IT 세상입니다. 비주얼 스튜디오는 이클립스와 유사한 툴이지만 다른 구석이 있습니다. 이클립스가 오픈소스 커뮤니티를 통해 탄생한 코딩 도구인 데 반해, 비주얼 스튜디오는 마이크로소프트가 개발한 상용 소프트웨어이거든요. 두 도구가 다양한 코딩 언

마이크로소프트의 '비주얼 스튜디오'

오픈소스 진영의 '이클립스'

어를 작성할 수 있는 소프트웨어임에도 불구하고, 이클립스는 'Java'를 위한 개발도구, 비주얼 스튜디오는 'Visual C++' 혹은 'C#'을 위한 개발도구로 인식되고 있습니다. 두 개발도구는 코딩계의 양대 산맥이라고 봐야 할 정도로 유명하답니다.

비주얼 스튜디오 프로그램을 사용하다 보면 다음과 같은 오류창을 볼 기회가 있습니다. 내 컴퓨터에 .Net Framework(닷넷 프레임워크)가 제대로 설치되지 않아 발생하는 오류창이지요.

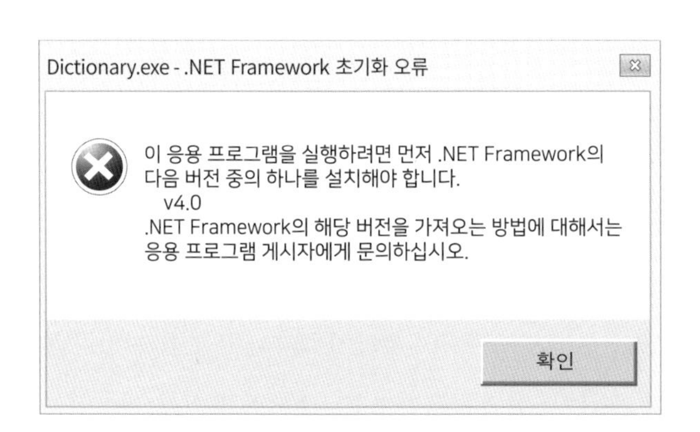

◆ 닷넷 프레임워크를 이용해 프로그램을 만든 개발자들을 '윈도우 개발자' 혹은 '닷넷 개발자'라고 부릅니다.

닷넷 프레임워크◆는 마이크로소프트 회사에서 제공하는 소프트웨어 프레임워크(software framework)입니다. 이 프레임워크에는 개발자들이 가져다 쓸 수 있는 방대한 라이브러리가 포함되어 있습니다. 라이브러리는 일종의 코딩 도서관으로 사용자 인터페이스 모듈, 데이터베이스 모듈, 암호 모듈, 통신 모듈 등을 제공하지요. 이런 모듈들의 활용법을 배우는 것이 코딩 공부의 일환이랍니다.

닷넷 프레임워크로 개발한 프로그램을 내 컴퓨터에서 실행하려면, 내 컴퓨터에 실행 환경이 준비되어 있어야 합니다. 이 실행 환경을 보통 '런타임 환경'이라고 하는데요. 자바의 JRE(Java Runtime Environment)처럼, 닷넷 프레임워크를 이용한 프로그램은 CLR(Common Language Runtime)이라는 런타임 환경이 필요하답니다.

웹페이지 저작도구

웹페이지를 뚝딱 만들 수 있는 프로그램

웹페이지를 쉽게 디자인할 수 있는 소프트웨어가 있습니다. 'HTML 에디터'라는 이 소프트웨어는 웹페이지에 표를 만들거나 이미지를 추가하는 일을 '워드 프로그램'처럼 마우스 클릭만으로 할 수 있습니다. 일일이 〈table〉, 〈img〉와 같은 태그를 작성하지 않아도 되니 위지위그(WYSIWYG)라는 수식어를 선물해주었습니다. WYSIWYG는 'What You See Is What You Get'의 약자로 '여러분이 보는 문서 그대로 얻을 수 있답니다'라는 의미를 가진 말이지요.

HTML 에디터 프로그램을 통해 표 모양의 아이콘을 클릭하면 웹페이지에 표를 추가할 수 있습니다. 표 안의 내용을 정렬하기 위해 별도의 태그(〈center〉)를 작성할 필요 없이 아이콘만 클릭하면 되지요.

에디터를 이용해 웹페이지(html 문서)를 만들 수 있는 것처럼, 메뉴 클릭만으로 웹사이트를 만들어주는 신기한 소프트웨어도 있습니다. 기본적인 웹코딩을 이해한다면 이런 개발도구를 이용해 버튼 클릭만으로 웹사이트를 뚝딱 만들 수 있지요.

'표' 아이콘을 누르면 태그를 작성하지 않아도
웹페이지에 표를 추가할 수 있습니다.

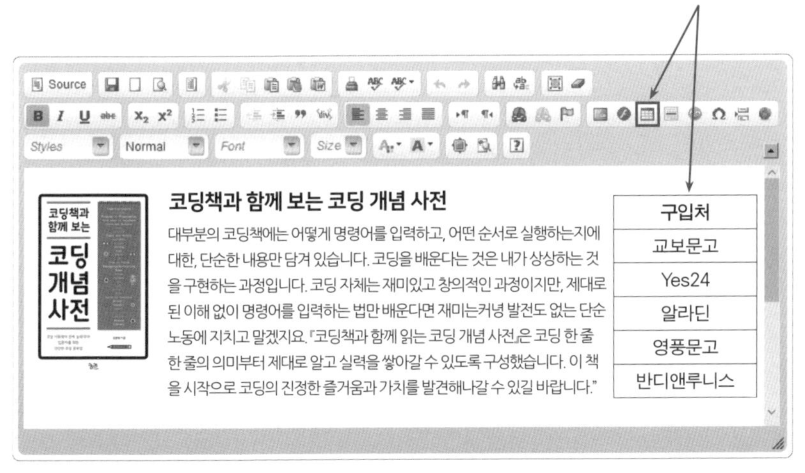

HTML 에디터(CKEditor)

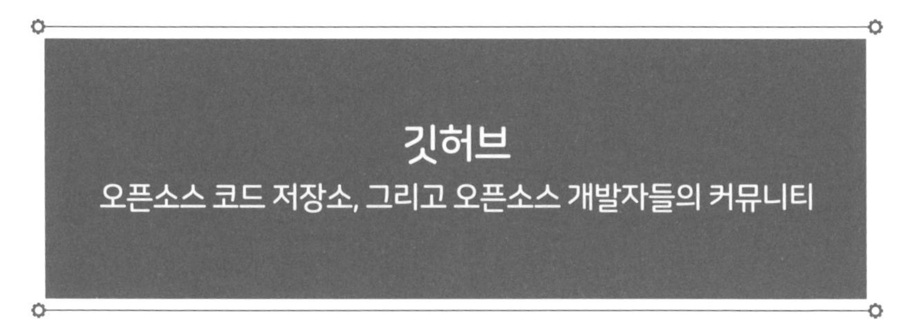

깃허브
오픈소스 코드 저장소, 그리고 오픈소스 개발자들의 커뮤니티

깃허브(GitHub)는 소스코드를 공유하는 홈페이지입니다. 깃(Git)이라는 버전 관리 도구를 이용해서 여러 사람이 소스코드를 고치고 변경되는 사항이 발생하면 버전을 높여가며 코드를 관리해줍니다.

여러 사람이 깃허브에 접속해 소스코드를 수정하다 보니, 이를 통제할 수 있는 기능을 제공하고 있습니다. 또한 결함이 발생하면 이를 추적할 수

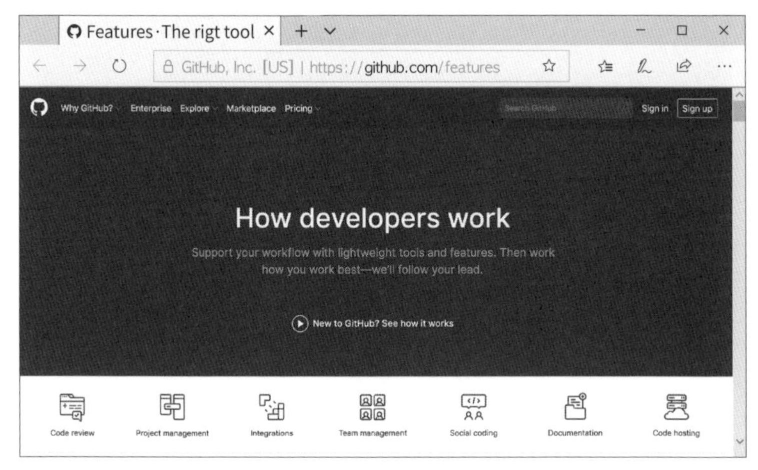

깃허브 웹사이트

있는 버그트래킹(bug tracking) 기능도 포함하고 있지요. 소스코드를 공유하며 사용자들의 의견을 받아 개선하는 협력의 공간이기 때문에 사용자들이 기능 추가를 요청할 수 있는 서비스도 제공합니다.

비슷한 웹서비스가 많이 존재하지만 가장 인기 있는 곳이 바로 '깃허브'입니다. 약 6,000개의 저장공간에 다양한 오픈소스가 저장되어 있어 수백만 명이 사용하는 개발자 커뮤니티랍니다. 오픈소스를 이용해 함께 소프트웨어를 개발해나가는 소셜 코딩 문화에서 깃허브는 개발자들이 꼭 알아야 하는 상식인 셈이지요.

다음은 깃허브 사용자와 오픈소스 코드를 올리는 사용자를 색깔로 표시한 그림입니다. 색이 진할수록 사용자의 수가 많다는 의미인데요. 확실히 소프트웨어 강국인 미국, 영국에 깃허브 사용자가 많습니다.

전 세계 개발자들을 연결해주고 창의적인 아이디어를 공유해 소프트웨어를 함께 개발할 수 있도록 하는 깃허브를 '플랫폼'이라고 부릅니다. 개발자들이 함께 개발할 수 있는 환경을 제공한다는 점에서 플랫폼이 되는 것이죠.

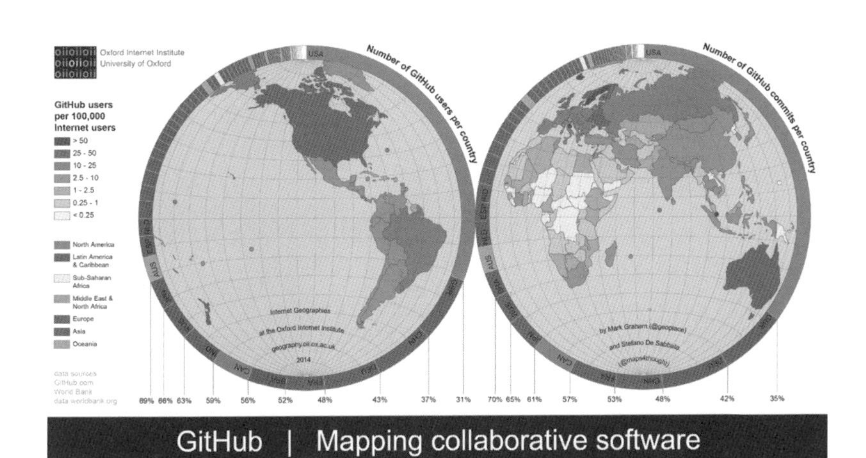

프레임워크

뼈대를 제공하는 소프트웨어

프레임워크(framework)는 우리말로 '뼈대'입니다. 어떤 일이든 골격을 잡는 것이 중요하기 때문에 프레임워크라는 단어는 다양한 분야에서 사용되고 있습니다. 예를 들어 학교에서 학생관찰보고서를 작성해야 한다면 보고서 양식이 프레임워크가 될 수 있고, 자동차를 만드는 공장에서는 자동차 뼈대가 바로 프레임워크에 해당합니다.

어떤 일을 할 때 기본 틀을 제공해주면 개발을 수월하게 진행할 수 있습니다. 우리가 에세이를 작성할 때 개요(outline)를 먼저 작성해서 문서의 틀을 잡는 것처럼 말이지요. 프레임워크(framework)는 뼈대(frame)와 일(work)이라는 단어가 합쳐진 말입니다. '일의 뼈대'를 가리키는 이 단어는 소프트웨어 개발 분야에서도 동일한 맥락으로 사용되고 있습니다. 그래서 인지 프레임워크를 사용했다고 하면 기본기를 갖추었다는 의미로 받아들입니다.

학생관찰보고서 양식을 제공하지 않고 선생님들에게 보고서를 작성해 달라고 요청하면, 아마도 내용 구성이나 작성 방식이 사람마다 제각각일 겁니다. 심지어 어떤 보고서에서는 중요한 학생 정보가 빠져 있을 수도 있

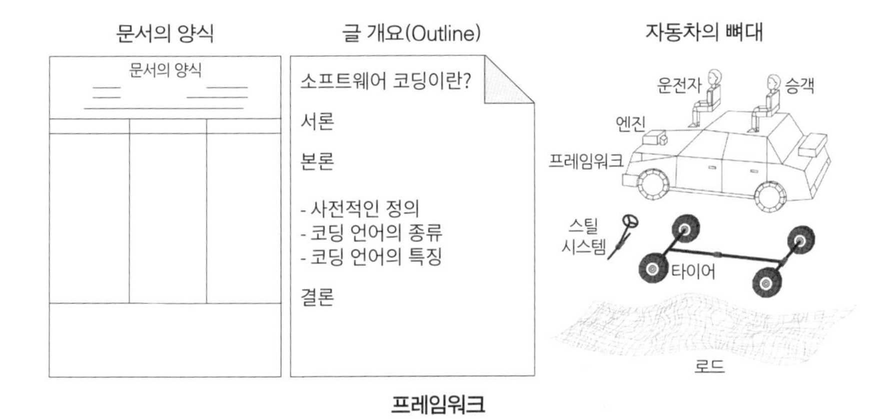

프레임워크

습니다. 하지만 꼭 작성해야 하는 정보를 포함해 양식을 나눠준다면 어떨까요? 보고서의 일관성 문제나 중요한 정보가 빠지는 상황은 예방할 수 있겠지요.

소프트웨어도 마찬가지입니다. 제각각 코드를 작성해 소프트웨어를 개발해왔던 과거와 달리 요즘은 프레임워크을 활용해 소프트웨어를 개발하고 있습니다. 물론 프레임워크도 소프트웨어입니다. 다만, 소프트웨어 코딩을 위해 틀을 제공한다는 의미에서 '프레임워크'라는 이름이 붙은 것뿐이지요. 이 프레임워크는 경험이 많은 개발자들이 이것저것 개발의 어려움을 해결했던 지혜를 담은 결과이기도 합니다. 그래서 프레임워크를 사용하면 소프트웨어를 체계적으로 개발할 수 있고, 개발 이후에도 유지보수를 쉽게 할 수 있습니다. 전문적으로 소프트웨어를 공부하는 사람들이 코딩 언어를 배운 후 프레임워크를 공부하는 이유가 이것이지요.

요즘은 스프링 프레임워크가 인기입니다. 스프링 프레임워크는 코드들을 성격에 따라 분리해 작성하도록 틀을 제공하고 있습니다. 예를 들어 디자이너들이 작성해야 하는 코드와 개발자들이 작성하는 코드를 분리하는 식이지요. 수백 줄의 코드를 하나의 파일에 작성하고, 여러 종류의 코드가 얼기설기 섞여 있으면 코드가 복잡해질 뿐만 아니라 오류를 찾는 데도 오랜 시간이 걸립니다. 프레임워크를 이용해 성격이 다른 코드들을 분리해 작성하는 것이 베테랑 개발자들의 지혜이지요. 이렇게 코드를 분리하면 디자이너들이 화면을 수정하더라도 개발자들이 작성한 코드에 영향을 주지 않기 때문에 그만큼 유지보수가 수월해지게 됩니다.

프레임워크는 말 그대로 뼈대만 제공하기 때문에 이를 바탕으로 개발자들이 살을 채워야 합니다. 보고서 양식에 맞춰 학생관찰보고서를 작성하듯 살을 채우기 위해서는 코드를 작성해야 합니다. 물론 어떤 코드를 채울지는 개발자들의 몫이 되겠지요.

MVC, 모델-뷰-컨트롤러

코드를 성격에 따라 구분해 작성하는 방식

MVC는 Model-View-Controller의 앞글자를 딴 말로 '모델-뷰-컨트롤러'라고 읽습니다. 이것은 코드를 3개 영역으로 나누어 작성하는 디자인 패턴을 말하는데요. 이 모델에 따라 코딩을 하려면 코드를 한덩어리로 작성하지 않고 3개 부분으로 나눠서 작성해야 합니다. 코드를 나누는 이유는 체계적 개발과 효율적 유지보수◆를 위해서인데요. 그 이유를 살펴보도록 하겠습니다.

◆ 유지보수는 '유지'와 '보수'가 합쳐진 단어입니다. 시스템을 항상 최상의 상태로 유지하고, 오류가 발생한 코드를 수정하는 활동을 말합니다.

개발자들마다 서로 전문 분야가 다르기도 하고, 소프트웨어의 규모가 워낙 크기 때문에 여럿이 함께 개발을 해야 합니다. 그러니 개발을 위한 큰 틀이 필요했지요. 코딩 영역은 웹화면에 보이는 프론트엔드(front-end) 영역, 화면에 보이지는 않지만 동적인 웹페이지를 만들기 위한 백엔드(back-end) 영역, 화면을 스타일리시하게 만들어주는 디자인 영역으로 나눌 수 있습니다.

웹개발의 경우 개발자들은 디자이너와 협업을 해야 합니다. 특히 규모가 큰 소프트웨어일수록 많은 개발자들이 함께 코드를 개발해야 하지요.

큰 규모의 소프트웨어 개발을 위해 소프트웨어를 모듈 단위로 개발하고, 개발이 완료되면 모듈들을 합쳐나갑니다. 이들 모듈들이 서로 통신할 수 있도록 인터페이스(interface)도 미리 정하지요.

코딩을 배우기 시작한 학생들은 코딩 문법부터 배우기 시작합니다. 문법 공부가 중요한 시기이기 때문에 이 단계에서는 보통 MVC 고려 없이 코드를 한덩어리로 작성하지요. 코딩을 처음 시작하는 신참과는 달리 소프트웨어 규모의 방대함과 유지보수의 어려움을 겪은 선임자들은 이런 모델의 필요성을 절실히 공감하기 시작합니다.

MVC 모델은 소프트웨어를 체계적으로 개발하기 위한 전 세계 전문가들의 노력이자 노하우가 담긴 결과물입니다. 타의 모범이 되는 개발방식이기 때문에 '모델'이라는 말을 사용하기도 하고, 개발을 위한 큰 틀을 제공한다고 해서 '프레임워크'라는 말을 붙이기도 합니다.

이런 이유로 다양한 코딩 언어에서 MVC 모델을 채택하고 있습니다. 이것은 코딩 문법도 아니고 함수도 아닙니다. 하지만 코딩의 경험이 쌓이면서 코딩을 잘하기 위한 방법을 찾는 사람이라면 기본적으로 섭렵해야 하는 기본 소양으로 여기고 있지요.

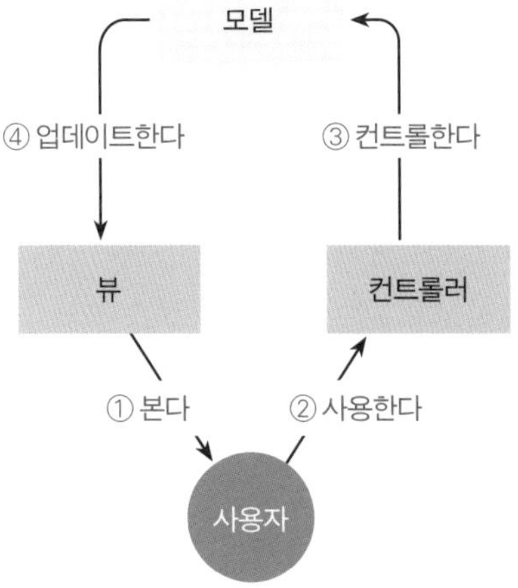

모델, 뷰와 컨트롤러의 관계

그럼, MVC 모델을 본격적으로 소개해보겠습니다. 뷰(view)는 화면에 보이게 하는 코드이고, 모델(model)은 동적인 웹페이지를 위한 코드를 말합니다. 컨트롤러(controller)는 사용자의 입력에 따라 모델을 컨트롤(control)하는 코드이지요.

다음 왼쪽 그림은 모델, 뷰, 컨트롤러의 관계를 표현한 것입니다. 게시판의 검색필드에 ‘라이프’와 같은 글자를 입력해 게시글을 찾는 과정을 예로 들어 생각해보겠습니다.

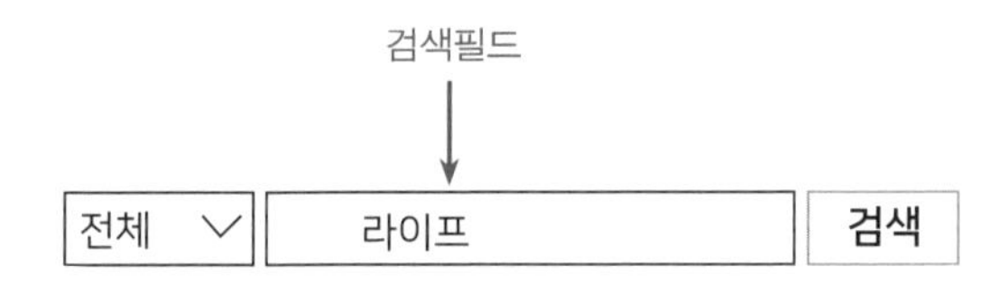

뷰 코드를 통해 게시판이 웹브라우저를 통해 보입니다(344쪽 그림의 ①). 제목의 테두리는 녹색이고 게시판의 글자는 돋움체이군요. 테이블에는 번호, 제목, 날짜 등의 칼럼이 있습니다. 이것이 뷰 코드를 통해 보이는 내용입니다.

우리가 화면에서 ‘검색’ 버튼을 누르면 컨트롤러의 코드가 움직입니다(그림의 ②). 컨트롤러는 모델을 제어(control)해주는 코드입니다. ‘모델 코드야! 실행되거라!’라고 명령을 내립니다. 그래서 컨트롤러(controller)라고 부르지요.

컨트롤러는 ‘검색’ 버튼과 연결된 모델의 코드를 실행해줍니다(그림의 ③). 그러면 모델 코드는 검색필드에 입력된 단어(라이프)를 데이터베이스에서 뒤집니다. 이 단어가 포함된 내용을 찾으면, 마지막으로 이 내용을 웹브라우저 화면에 보여주기 위해 뷰 코드를 업데이트해줍니다(그림의 ④).

뷰를 위한 코딩 언어로는 HTML, CSS, 자바스크립트 등이 있습니다. 컨트롤러와 모델은 자바, 파이썬과 같은 코딩 언어로 작성되지요. MVC 모델 덕분에 디자이너들이 뷰 영역을 디자인하는 동안 개발자들은 컨트롤러와 모델 코드를 작성할 수 있게 되었습니다. 또한 개발자가 코드를 변경하더라도 뷰에 영향을 미치지 않는 장점이 생겼습니다. 이런 개발환경 덕분에 디자이너와 개발자는 사이좋게 소프트웨어를 개발할 수 있었다는 행복

뷰 코드를 통해 보이는 웹페이지

한 이야기가 있습니다.

또한 모델의 코드를 모듈화하고, 모듈화된 코드를 컨트롤러로 제어하는 MVC 모델 덕분에 여러 개발자들이 협력해서 병렬적으로 코드를 작성할 수 있게 되었습니다. 만약 한 덩어리로 코드를 작성했다면 상상도 못했을 일이지요.

표준 라이브러리

표준화된 방법으로 만들어진 코딩의 도서관

라이브러리는 모든 코딩 언어에 포함되는 개념입니다. 코딩 언어는 다르지만 라이브러리의 본래 목적은 비슷하답니다. 우리가 도서관에서 책을 빌려볼 수 있는 것처럼 코딩 언어에서도 라이브러리를 제공하고 있습니다. 코딩을 손쉽게 할 수 있도록 돕는 일종의 코딩 도서관이지요. 이 라이브러리에는 코딩을 할 때 사용할 수 있는 방대한 자원(자료형, 모듈, 예외 처리 방법 등)이 담겨 있습니다. 파일을 읽고 쓰는 모듈뿐만 아니라 수학과 관련된 모듈, 압축하는 모듈, GUI(Graphical User Interface)를 개발하는 모듈 등을 다양하게 제공하고 있지요.

라이브러리는 프로그래밍 과정에서 발생할 수 있는 문제들을 해결하는 '표준화된 방법'을 제공하는데요. '표준'은 약속한 방법이나 절차를 의도할 때 사용하는 말로, 여기서 '표준화된 방법'이란 프로그래밍◆ 세계에서 일반화되고 잘 알려진 문제 해결 방법을 말합니다. 그래서 그냥 라이브러리가 아니고 '표준 라이브러리'라고 하지요.

◆ 코딩과 프로그래밍은 같은 말입니다.

JAR
자바 코드 파일의 묶음

자바 코딩을 하다 보면 확장자가 jar인 파일을 종종 볼 수 있습니다. JAR는 Java ARchive의 약자로 자바 압축파일을 의미합니다. 좀처럼 생소해 보이는 아카이브(Archive)라는 영단어는 '기록 보관소'의 의미를 갖습니다.

코딩 언어에서는 이미 만들어진 코드를 다른 사람이 가져다 사용할 수 있도록 라이브러리를 제공하는데요. 기록보관소(아카이브)의 문서박스처럼 여러 개의 코드를 묶어 한꺼번에 제공하고 있습니다.

개발자들은 이 라이브러리 파일을 '자르 파일(jar file)'이라고 부릅니다. 이 파일에는 바이트코드로 번역된 코드 파일(일명 클래스 파일), 코드 실행과 관련된 리소스(이미지 등)가 들어 있습니다. jar 파일은 Zip◆ 파일과 같은 압축파일입니다. 다만, 자바 코드가 들어간 압축파일이라는 점이 다릅니다.

역사적인 기록을 보관하는 공간, 아카이브

jar 파일을 일종의 코드들이 담긴 박스라고 생각해도 좋습니다. 다른 사람들에게 파일을 낱개로 배송하기보다는 박스로 묶어서 배송하는 것이 효율적이기 때문에 사용하지요.

◆ '1장. 코딩 언어로 작성된 응용 소프트웨어'의 59쪽에서 압축파일 형식인 Zip을 설명하고 있습니다.

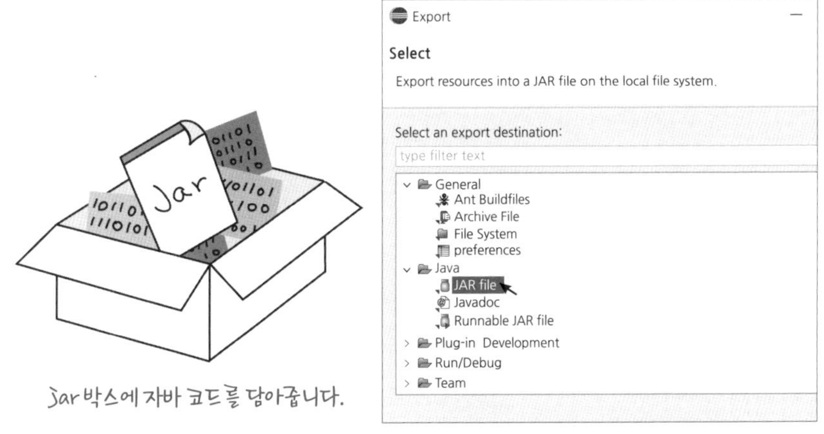

jar 파일의 개념

이클립스의 JAR 파일 만들기 화면

플러그인

이미 있는 프로그램에 추가하는 모듈

'플러그인(Plugin)'은 이미 있는 프로그램에 기능을 추가할 수 있는 소프트웨어 모듈을 말합니다. 멀티콘센트에 플러그를 꽂듯 현재 사용하고 있는 소프트웨어에 모듈을 추가하는 것이죠.

사전적 의미

플러그인(plugin): ~의 플러그를 꽂다, ~에 연결하다.

애드온(add-ons): ~를 추가하다.

무엇인가를 추가한다는 의미에서 '애드온(add-ons)'이나 프로그램 기능을 확장한다는 의미에서 '익스텐션(extension)'이라는 말을 사용하기도 합니다. 플러스인을 통해 다른 개발자들이 만든 기능들을 현재 사용하고 있는 프로그램에 추가할 수 있습니다.

파이어폭스(firefox) 웹브라우저에서는 애드온 기능을 통해 부가기능을 찾고 설치할 수 있습니다. 애드온은 브라우저에 다양한 기능을 추가할 수 있는 소프트웨어 모듈입니다. 내가 원하는 애드온을 추가해서 평범한 웹브라우저보다는 나만의 웹브라우저를 만들 수 있답니다. 다음 브라우저에 '파이어폭스 개인화하기'라는 제목이 붙은 이유가 이런 맥락이지요.

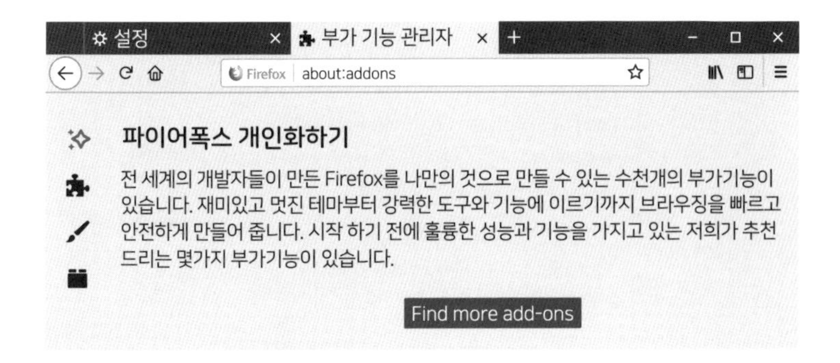

'Find more add-ons'를 클릭하면 검색도구, 쇼핑, 번역 등 수천 개의 부가기능을 검색할 수 있는데요. 이것은 전 세계 개발자들이 만들어놓은 모듈이랍니다.

352쪽의 그림은 파이어폭스 웹브라우저에 추가된 플러그인 목록을 보여줍니다. 이클립스(eclipse)의 '플러그인'도 개발자들에게는 꽤나 익숙한 단어입니다. 이 플러그인을 통해 개발도구의 기능을 다양하게 확장할 수 있기 때문이지요. 이클립스가 자바 개발자 세계에서는 워낙 유명한 도구

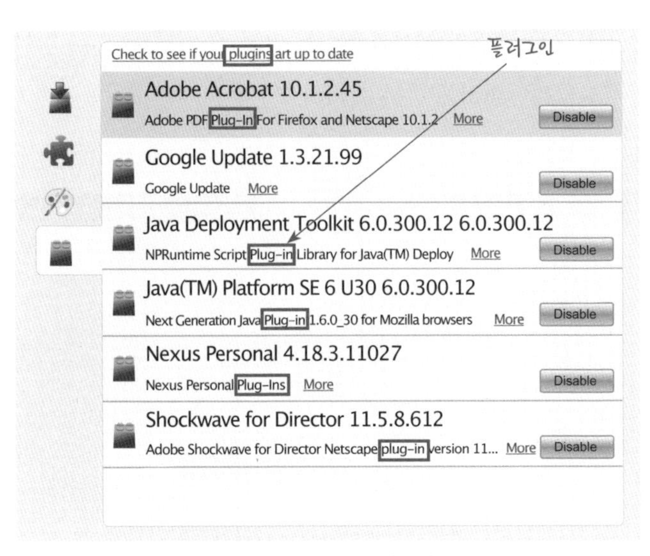

파이어폭스에 설치된 플러그인 목록

이기 때문에 이 도구에 추가할 수 있는 플러그인도 다양하게 소개되고 있습니다. 심지어 이클립스 플러그인을 위한 마켓플레이스(market place)도 있습니다. 쉽게 말해, 플러그인을 사고팔거나 무료 플러그인을 다운로드 받을 수 있는 장터이지요.

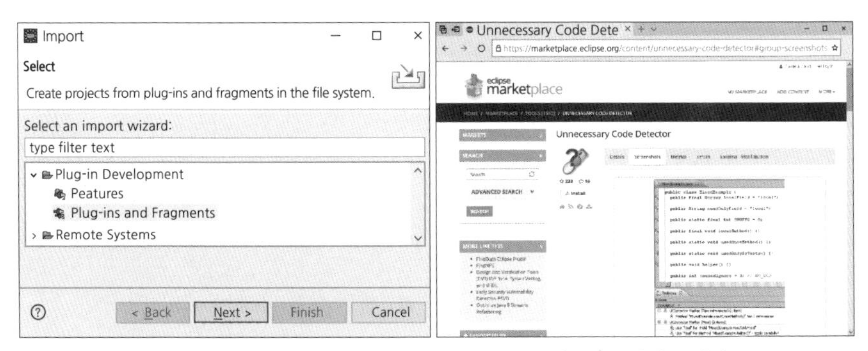

이클립스 플러그인 가져오기 창

이클립스 마켓 플레이스

레거시 시스템
구닥다리 옛날 시스템

신입사원이 IT 회사에 입사하게 되면 아마 모르는 말투성이일 겁니다. 학교에서 실무를 경험하지 못했던 이들에게 레거시와 같은 익숙하지 않은 말들이 등장하면 당황스럽기 그지없지요. 더구나 '레거시(legacy)'를 국어사전에서 찾으면 '유산'으로 뜻을 알려주니, 신입사원이 회사에서 시행착오를 거치는 것쯤은 어느 정도 이해해줘야 하지 않을까요?

'레거시 시스템(legacy system)'은 오래된 옛 기술이나 컴퓨터 시스템을 의미합니다. 5년 전 학교에서 웹서버를 구축해놓았다면 구닥다리 기술이 사용되고 있을 겁니다. 하루가 다르게 다양한 기술이 선보이고 있고, 시장의 요구와 트렌드가 계속 바뀌기 때문에 IT 기업들은 일정 주기로 시스템을 업그레이드하고 있습니다.

'레거시 시스템'이라는 말은 보통 새로운 시스템과 기존의 시스템을 구분하기 위해 사용합니다. 짐작하겠지만, 여기서 기존 시스템을 '레거시 시스템'이라고 부르는 것이지요. 만약 레거시 시스템이 필요하지 않을 경우, 이 시스템의 데이터를 새로운 시스템으로 옮겨놓은 후 과감히 오래된 장비를 폐기 처분합니다. 하지만 레거시 시스템을 계속 사용해야 한다면 새

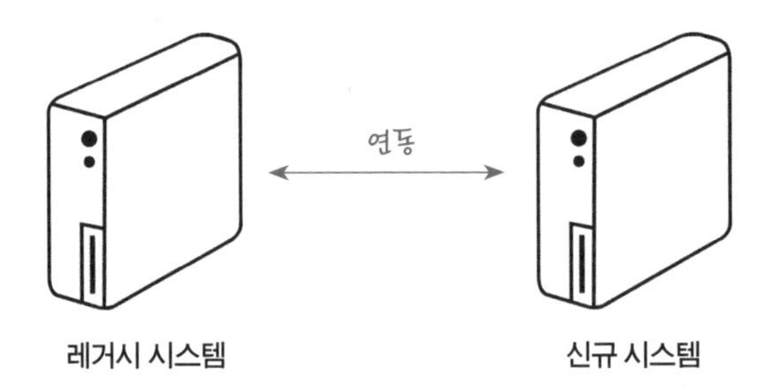

◆ 인터페이스는 이번 장의 357쪽에서 설명하고 있습니다.

로운 시스템과 연동할 수 있도록 인터페이스◆를 개발하지요. '연동'은 두 시스템이 연결되어 동작한다는 의미로, 연동을 위해서는 두 시스템이 서로 데이터를 주고받을 수 있는 기능이 추가되어야 한답니다.

함수
상자 속에 숨겨둔 기능

'함수(函數)'의 뜻을 풀이해보면, 상자 속에 넣어둔 숫자를 의미합니다. 마법 같은 기능이 있어서 입력을 넣으면 짠하고 출력이 나오는 그런 상자 같은 존재이지요.

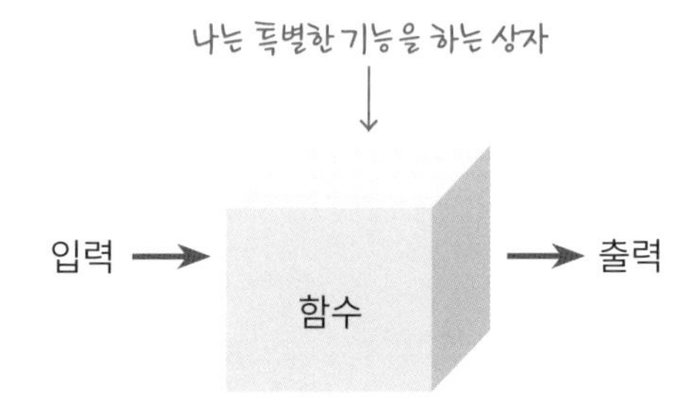

이런 함수의 개념은 코딩의 세계까지 확장됩니다. 입력하면 결과를 얻을 수 있는 이 상자를 코딩에서도 '함수'라고 부릅니다. 영어로는 function이라고 하지요. 코딩을 통해 우리가 원하는 무엇이든 상자로 만들 수 있습니다. 남들이 만들어놓은 상자일 수도 있고, 내가 직접 만드는 상자일 수도 있습니다.

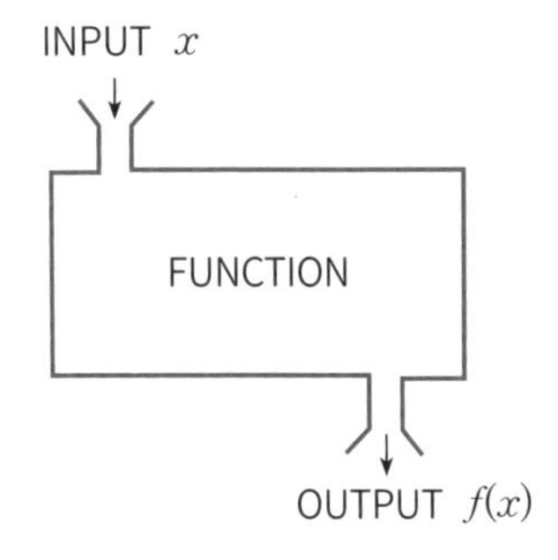

다음의 왼쪽 그림을 보면, 상자 위쪽에 x가 들어갑니다. 상자 안에서 무슨 일이 일어나는지는 모르겠지만 상자 아래쪽에서 $f(x)$가 쑥 나옵니다. 이 함수는 마치 마법상자 같습니다. 주문을 외우면 내가 원하는 것을 출력해주거든요. 함수를 자판기에 비유하기도 합니다. 돈을 넣고 자판기 버튼을 누르면 쿵 하고 내가 원하는 음료수가 떨어지는 것처럼 말이에요.

남들이 이미 만들어놓은 함수에는 우리가 프로그램을 만들 때 유용하게 사용할 수 있는 기능들이 구현되어 있습니다. 자바, 파이썬 등을 만든 회사나 단체에서는 개발자들을 위해 다양한 함수를 제공하고 있는데요. 이것이 바로 API(Application Programming Interface)라고 부르는 존재입니다. 코딩을 잘하려면 이 함수를 잘 사용하는 방법을 배워야 합니다. 만약에 내가 원하는 함수가 없다면 직접 만들어도 되고, 인터넷에서 가져와 사용해도 되지요.

여기서 잠깐!

함수는 영어로 하면 'function'인데요. function은 우리말로 '함수'라는 뜻뿐 아니라 '기능'이라는 뜻도 가지고 있어요. 함수와 기능에는 밀접한 관계가 있습니다. 인쇄하기, 표 추가 등이 프로그램의 기능인데요. 이런 기능들은 print(), addTable() 같은 함수가 코드로 작성되어야 실행 가능하거든요. 객체 지향 프로그래밍 언어의 경우 객체에서 제공되는 함수를 특별히 '메소드(method)'라고 부릅니다.

모듈과 인터페이스

작업을 처리하는 소프트웨어와 이들 사이의 연결 지점

'모듈(module)'은 특정 작업을 처리할 수 있는 소스코드를 말합니다. 예를 들어 계산기 프로그램에는 '더하기', '나누기' 등의 기능이 있습니다. 계산기에서 버튼을 클릭해 기능을 실행할 수 있는 것은 이를 위한 모듈이 이미 소스코드로 작성되어 있기 때문입니다. 즉 sum(), divide()와 같이 함수가 작성되어 있는 것이죠. 모듈은 간단하게 작성된 몇 줄의 함수일 수도 있고 여러 함수들이 포함된 클래스일 수도 있습니다. 모듈의 크기나 단위는 정하기 나름이지만, 보통 모듈의 장점을 살리기 위해 하나의 모듈에는 하나의 작업을 처리하기 위한 코드들을 모아둔답니다.

두 개의 모듈을 연결하기 위해서는 인터페이스가 필요합니다. 인터페이스(interface)는 '얼굴(face) 사이의(inter)'라는 뜻을 가진 말인데요. 스마트폰과 PC의 사이를 연결해주는 케이블이 바로 인터페이스에 해당합니다. 소프트웨어 모듈에도 물론 인터페이스가 있습니다. 기다란 케이블 모양은 아니지만, 이 인터페이스를 358쪽 그림처럼 모듈 A와 모듈 B를 연결해줍니다.

소프트웨어에서의 인터페이스는 어떤 모습일까요? 색다르게도 함수의 이름과 매개변수를 통해 모듈의 인터페이스를 만들 수 있습니다. 예를

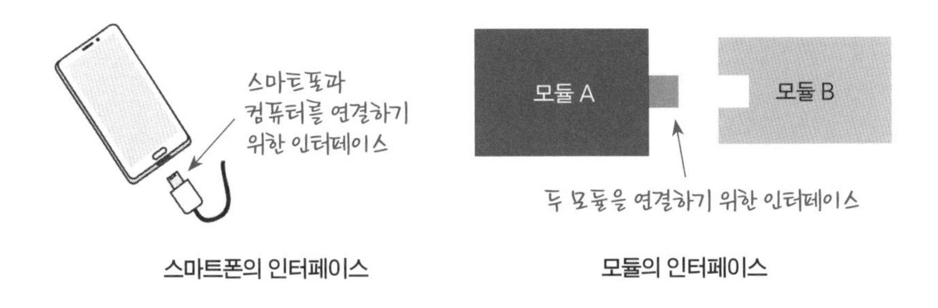

스마트폰의 인터페이스 모듈의 인터페이스

들어 sum(a, b)라고 정의된 함수명과 매개변수가 바로 인터페이스 역할을 해줍니다. 다음 그림의 모듈 B에서 sum(1, 2)라는 코드를 작성하면 찌리릭 모듈 A로 신호가 흘러갑니다. 신호를 받은 모듈 A는 sum(a, b)를 실행하고 그 결과를 모듈 B로 반환하지요. 그래서 반환된 값은 모듈 B의 result라는 변수에 담깁니다.

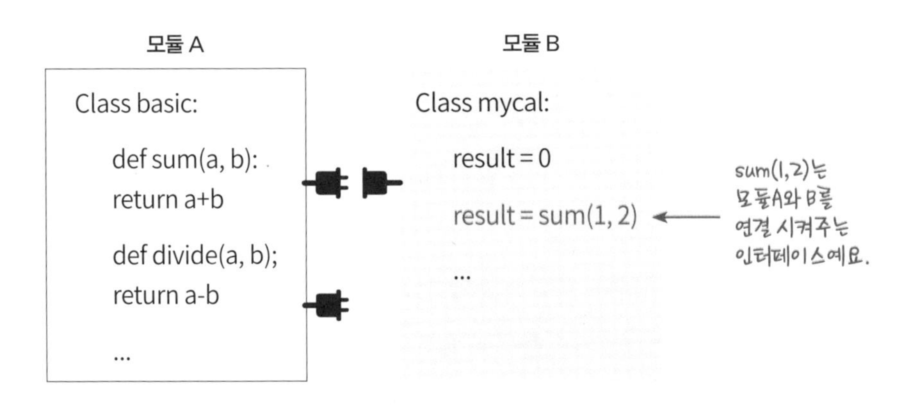

보통 프로그램을 만들어 판매하는 경우가 대부분이지만, 모듈만 만들어 판매하는 경우도 있습니다. 이 모듈을 구입해 사용하는 기업들은 인터페이스 정보(함수 정보)를 이용해 모듈을 실행합니다. 모듈 안의 코드에는 기업의 기술력이 담겨 있어서 모듈 내부의 코드는 공개하지 않는 편입니다. 함수 이름, 매개변수, 반환값 등과 같은 인터페이스 정보만 제공하지요.

'파이썬'◆ 코딩 언어에는 개발자의 편의를 위해 다양한 모듈을 제공되고

9.2.5. Hyperbolic functions

Hyperbolic functions are analogs of trigonometric functions that are based on hyperbolas instead of circles.

math.**acosh**(x)
Return the inverse hyperbolic cosine of x.

math.**asinh**(x)
Return the inverse hyperbolic sine of x.

math.**atanh**(x)
Return the inverse hyperbolic tangent of x.

math.**cosh**(x)
Return the hyperbolic cosine of x.

math.**sinh**(x)
Return the hyperbolic sine of x.

math.**tanh**(x)
Return the hyperbolic tangent of x.

파이썬 웹사이트의 API 설명

있습니다. 또한 이 모듈을 사용할 수 있도록 홈페이지를 통해 다음처럼 함수 설명을 제공하고 있지요. 이 함수를 API(Application Programming Interface)라고 부릅니다. API는 소프트웨어 코딩에 사용되는 인터페이스를 말합니다. 쉽게 생각하면, 함수의 목록을 인터페이스라고 이해해도 되지요.

◆ 파이썬은 오픈소스이기 때문에 이 모듈의 소스코드를 공개하고 있습니다.

소스코드를 모듈화하면 이해하기 쉽고 관리도 쉬워져 '좋은 코드'라고 칭찬받는 코드가 된답니다. 규모가 크고 복잡한 프로그램은 여러 개발자가 함께 소스코드를 작성하는데요. 이런 코드는 누가 봐도 읽기 쉽고 간결하게 작성해야 하죠. 그래야 프로그램에 오류가 발생하더라도 원인을 빨리 찾고 버그도 쉽게 고칠 수 있거든요.

모듈을 서로 연결해야 하나의 프로그램이 완성됩니다. 여러 하드웨어 부품을 케이블로 연결해 하나의 제품을 만들 수 있듯이 소프트웨어에도 프로그램을 만들기 위해 모듈을 연결하는 인터페이스가 필요합니다.

인터페이스는 두 모듈이 서로 '통신'하는 지점을 말합니다. '통신'이라는 단어에서 '통(通)'은 '통하다'라는 의미를 가진 글자이지요. 하드웨어 부품처럼 소프트웨어에서도 모듈이 있고 이 모듈을 연결하는 인터페이스가 필요합니다. 케이블과 같이 손에 잡히는 것은 없지만 인터페이스는 두 모듈이 통신할 수 있는 수단을 제공하지요.

모듈화에 대한 아이디어는 하드웨어로부터 시작되었습니다. 자동차 부품을 만들 때 다른 부품에 영향을 받지 않도록 부품을 모듈화하고 있습니다. 부품을 모듈화하면 여러 가지 장점이 생기지요. 한 부품에 문제가 발생해도 다른 부품에 영향을 주지 않기 때문에 수리도 간단해지고 비용도 줄일 수 있습니다. 부품이 연결되는 방식을 통일하니 어느 회사에서 부품을 만들어도 연결에 문제 없이 사용할 수 있고요. 자동차를 폐차라도 하면 이들 부품을 재활용할 수 있으니 일석이조인 셈이죠. 이런 장점 때문에 하드웨어 부품처럼 소프트웨어도 한 덩어리로 프로그램을 만들지 않고 모듈화해서 만들고 있습니다. 레고 블록을 끼워 에펠탑을 만들 수 있듯이 프로그램도 여러 개의 모듈을 모아 만든답니다.

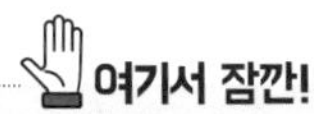

매개변수

'매개'라는 단어는 '둘 사이의 관계를 맺어줌'이라는 의미를 가집니다. 함수를 호출하는 코드와 함수를 정의하는 코드 사이에서 관계를 맺어주는 역할을 하지요. def sum(a, b)와 같이 함수를 정의할 때 a, b가 바로 매개변수입니다. 함수이름, 매개변수 그리고 반환값은 함수들을 서로 구분해주는 정보입니다. 아래와 같이 매개변수를 다르게 만들면 함수의 특징이 달라지기 때문에 이들을 함수의 '시그니처(signature)'라고 부릅니다.

- sum(a, b)
- sum(a, b, c)

API
라이브러리 사용을 위한 인터페이스

프로그램을 개발할 때 이미 잘 만들어진 라이브러리를 이용하면 수고를 한층 줄일 수 있습니다. 라이브러리에서 제공하는 다양한 기능은 API(Application Programming Interface)를 통해 사용할 수 있는데요. 코딩을 하다 보면 API라는 용어를 종종 접하게 됩니다. 다음 그림은 개발자를 위해 제공하는 네이버 오픈 API 목록이지요.

인터넷 쇼핑몰에서 네이버 아이디로 로그인을 하는 경우가 있습니다. 이것이 네이버 오픈 API를 활용한 예입니다. 네이버 아이디를 다른 웹사이

네이버 오픈 API 목록

N 트윗 공유하기 4개

네이버 오픈 API 목록 및 안내입니다.

API명	설명	호출제한
검색	네이버블로그, 이미지, 웹, 뉴스, 백과사전, 책, 카페, 지식iN 등 검색	25,000회/일
지도(Web, Mobile)	네이버 지도 표시 및 주소 좌표 변환	20만/일
네이버 아이디로 로그인	외부 사이트에서 네이버 아이디로 로그인 기능 구현	없음
네이버 회원 프로필 조회	네이버 회원 이름, 닉네임, 이메일, 성별, 연령대, 프로필 조회	없음

트에서 사용할 수 있도록 오픈 API를 제공하고 있어, 이 API를 활용한 웹사이트에서는 별도로 회원 가입을 하지 않고도 로그인을 할 수 있답니다.

API는 Application Programming Interface의 약자로, 애플리케이션 개발에 활용할 수 있도록 제공하는 인터페이스를 말합니다. 예를 들어 자판기에서 사이다를 사기 위해 동전을 넣고 버튼을 누르면 사이다가 쿵 하고 떨어지는데요. 이 버튼이 바로 인터페이스입니다. 사람과 자판기 사이를 연결해주는 지점이기 때문이죠. 바탕화면의 아이콘도 인터페이스입니다. 프로그램과 사람을 연결해주는 지점이기 때문입니다.

API도 라이브러리를 활용하는 지점을 제공합니다. 자판기 버튼을 통해 원하는 음료수를 선택할 수 있는 것처럼 API를 통해 라이브러리를 이용할 수 있습니다.

라이브러리를 사용할 때 메소드 안의 코드까지 일일이 다 알 필요는 없습니다. 메소드 안의 코드를 공개하지 않는 경우도 많거든요. 메소드 안의 코드를 모르더라도 메소드 이름과 매개변수만 알면 라이브러리를 충분히 활용할 수 있지요.

보통 다음과 같은 메소드 목록을 API라고 부릅니다. 메소드 이름과 매개변수를 알려주고 메소드의 기능을 설명해주고 있지요. API 설명이 이렇게 무미건조하게 제공되기 때문에 처음에는 코딩책으로 공부하다가 코딩에 능숙해지면 API 설명을 찾아본답니다. 코딩의 세계에서 '오픈'이라는 용어는 모든 사람에게 공개한다는 의미입니다. '오픈 API'에서 '오픈'이라는 단어를 사용한 이유는 내가 개발한 기능을 다른 사람이 사용할 수 있도

9.2.5. Hyperbolic functions

Hyperbolic functions are analogs of trigonometric functions that are based on hyperbolas instead of circles.

math.**acosh**(x)
  Return the inverse hyperbolic cosine of x.

math.**asinh**(x)
  Return the inverse hyperbolic sine of x.

math.**atanh**(x)
  Return the inverse hyperbolic tangent of x.

math.**cosh**(x)
  Return the hyperbolic cosine of x.

math.**sinh**(x)
  Return the hyperbolic sine of x.

math.**tanh**(x)
  Return the hyperbolic tangent of x.

파이썬 웹사이트의 API 설명

록 인터페이스를 공개하기 때문이지요. 인터페이스를 공개하는 것이지 소스코드를 공개한다는 의미는 아닙니다. 한편 '오픈소스'는 개발자들이 자신이 개발한 모듈을 소스코드 형태로 인터넷에 공유할 때 사용하는 말입니다.

버전과 배포판

소프트웨어의 나이와 배포 버전

소프트웨어 버전(version)은 사람으로 보면 '나이'와도 같습니다. 소프트웨어는 나이를 먹어감에 따라 기능이 추가되거나 결함이 수정되기도 합니다. 이렇게 소프트웨어가 변경될 때 버전도 함께 바뀌어갑니다. 소프트웨어가 출시되면 보통 1.0부터 버전이 시작됩니다. 나이는 정수이지만 버전은 실수로 표현하지요. 1.0과 같이 소수점을 기준으로 정수 부분은 큰 변화가 있을 때 1씩 올라가고, 소수점 이하는 소소한 변화가 있을 때 올라가지요. 모든 소프트웨어를 1.0처럼 숫자로만 표시하는 것은 아닙니다. 버전이 'X'인 경우도 있고, 숫자 대신 'Enterprise'와 같은 이름을 붙이는 경우도 있습니다.

최근 소프트웨어 버전에 이름을 붙이는 것이 트렌드가 되고 있습니다. 예를 들어 소프트웨어 업계에서 많이 사용하는 이클립스의 버전을 보면 흥미롭습니다. 이클립스의 버전은 4.8이지만, 그저 멋없이 4.8이라고 부르지 않습니다. '이클립스 포톤'이라고 부릅니다. 포톤(photon)은 '광양자'라는 의미로 '이클립스(Eclipse)'◆의 의미답게 빛과 행성들로 버전 이름이 장식되었습니다.

◆ 이클립스는 '빛을 잃어버린다'는 의미를 가집니다.

이클립스의 배포판 이름

배포판	배포일	플랫폼 버전	의미
Photon	2018년 6월 27일	4.8	광양자
Oxygen	2017년 6월 28일	4.7	산소(O2)
Neon	2016년 6월 22일	4.6	네온(Ne)
Mars	2015년 6월 24일	4.5	화성
Luna	2014년 6월 25일	4.4	달
Kepler	2013년 6월 26일	4.3	케플러
Juno	2012년 6월 27일	4.2	주노
Indigo	2011년 6월 22일	3.7	남색
Helios	2010년 6월 23일	3.6	태양신
Galileo	2009년 6월 24일	3.5	목성 4대 위성을 발견한 사람
Ganymede	2008년 6월 25일	3.4	목성의 4대 위성 중 하나로 태양계 최대의 위성
Europa	2007년 6월 29일	3.3	목성의 4대 위성 중 하나
Callisto	2006년 6월 30일	3.2	목성의 4대 위성 중 하나
Eclipse 3.1	2005년 6월 28일	3.1	
Eclipse 3.0	2004년 6월 21일	3.0	

출처: 위키피디아

이클립스는 매년 6월 말에 '배포'되고 있는데요. '배포(distribution)'는 소프트웨어를 사람들에게 나눠준다는 의미를 가지고 있습니다. 보통 오픈 소스는 홈페이지를 통해 배포되고 있지요. 배포판에서 '판'은 책의 개정판처럼 일종의 버전을 뜻합니다.

초기 이클립스의 버전 이름에는 목성의 위성 이름인 칼리스토(Callisto),

유로파(Europa), 가니메데(Ganymede), 갈릴레이(Galileo)가 붙었습니다. 여러분이 만든 소프트웨어 버전에 이름을 붙인다면 어떤 행성이 머리에 떠오르나요?

소프트웨어를 개발하는 기간은 짧게는 몇 개월, 길게는 몇 년이 걸립니다. 개발을 전문으로 하는 회사에서는 개발 프로젝트가 여러 개 돌아갑니다. 개발자들은 자신의 프로젝트에 이름이 필요해졌습니다. 꼭 필요해서라기보다 멋진 이름을 원했을 수도 있습니다. "너는 지금 무슨 프로젝트하고 있어?"라고 물으면, "엉, 칼리스토"라고 답하는 모습이 영화 속 한 장면 같습니다. 개발 프로젝트에 감성적인 이름을 붙이다니 소프트웨어 개발의 세계가 왠지 낭만적이고 매력적으로 보입니다. 개발 프로젝트의 이런 멋진 이름들은 나중에 소프트웨어의 배포판 이름으로 소개되어 딱딱하게만 보였던 IT 세계에 관심과 궁금증을 이끌어내는 효과도 있답니다.

소프트웨어 라이선스

소프트웨어를 사용할 수 있는 권리

소프트웨어 라이선스(Software License)는 소프트웨어 사용이나 소유와 관련되어 사용자에게 부여된 권리를 말합니다. 우리말로는 '소프트웨어 사용권'이라고 하지만, 보통 '라이선스'라는 말을 더 많이 사용합니다.

라이선스는 소유권과 사용권으로 구분할 수 있습니다. 소유권은 사용자가 소프트웨어를 소유할 수 있는 권리를 의미하고, 사용권은 특정 기간 동안만 사용할 수 있는 권리를 말합니다. CD에 담겨 판매되는 대부분의 소프트웨어는 일반적으로 사용자에게 소유권을 제공합니다. 반면, 소프트웨어를 빌려쓸 수 있는 클라우드 컴퓨팅 서비스에서는 특정 기간 소프트웨어를 사용할 수 있도록 사용권을 부여하고 있지요.

라이선스는 상용 라이선스와 오픈소스 라이선스로 구분할 수 있습니다. 전자의 경우는 사용자에게 소프트웨어를 사용할 수 있는 권리만을 제공하는데요. 소스코드를 수정한다거나 다른 사람에게 소프트웨어를 빌려주는 권리는 제공하지 않습니다. 반면, 후자는 소프트웨어 사용과 함께 소스코드를 수정하고 재배포◆하는 권리도 제공한답니다.

◆ '재배포'는 누군가로부터 받은 소프트웨어를 다른 사람에게 다시 나눠준다는 의미입니다.

다음은 라이선스를 정리한 표입니다. 표의 왼쪽으로 갈수록 소프트웨어 사용이 관대해지고, 오른쪽으로 갈수록 소프트웨어 사용이 엄격해지는 점을 알 수 있습니다. 특히 '영업 비밀'로 분류된 정보는 기업 내부에서만 볼 수 있는 대외비 정보이기 때문에 남에게 보여줄 권리도, 복제할 권리도 없는 라이선스이지요.

라이선스별 권한

제공되는 권한	퍼블릭 도메인	관대한 FOSS 라이선스 (예: BSD)	방어적 FOSS 라이선스 (예: GPL)	프리웨어/셰어웨어/프리미엄	사유 라이선스	영업 비밀
저작권 보유	아니요	예	예	예	예	예
공연권	예	예	예	예	예	아니요
보여줄 권리	예	예	예	예	예	아니요
복제할 권리	예	예	예	종종	아니요	아니요
수정할 권리	예	예	예	아니요	아니요	아니요
배포할 권리	예	예 (동일한 라이선스에서)	예 (동일한 라이선스에서)	종종	아니요	아니요
서브라이선스 권리	예	예	아니요	아니요	아니요	아니요
예제 소프트웨어	SQLite, ImageJ	아파치 웹서버, ToyBox	리눅스 커널, GIMP	Irfanview, 윈앰프	윈도우, 하프라이프 2	서버사이드 월드 오브 워크래프트

출처: 위키피디아

'프리웨어'라고 불리는 소프트웨어를 많이들 사용하는데요. 이 라이선스는 무료로 소프트웨어를 사용할 권리는 있지만, 소스코드를 수정할 권리는 없습니다.

'사유 라이선스'는 기업에서 판매하는 상용 소프트웨어에 대한 라이선스로 기술 보호를 위해 소스코드를 공개하고 있지 않습니다. 그러니 당연히 수정할 권리가 없는 것이지요.

사용자가 상용 소프트웨어를 구입하면, 이 사용자에게만 소프트웨어를 사용할 권리가 주어집니다. 만약 다른 사람에게 이 소프트웨어를 사용하도록 복사해준다면 '저작권 침해'가 발생하는 것이죠. 저작권에 맞지 않게 소프트웨어를 복제한 것이기 때문에 이것을 '불법 복제'라고 말합니다.

소프트웨어를 만드는 과정은 전문가들의 시간과 노력이 들어가는 과정입니다. 이런 저작의 노력을 보호해줘야 새로운 소프트웨어에 대한 연구개발 생태계가 조성될 수 있습니다. 이러한 이유로 정부에서는 소프트웨어 저작권을 법적으로 보호하고 있습니다. 열심히 소프트웨어를 만들었는데 누군가 슬쩍 복사해서 사용한다면, 소프트웨어 개발 문화는 후진국처럼 쇠퇴하고 말겠지요. 노력의 대가를 인정하지 않는다면 제4차 산업혁명을 이끌 우리나라의 모습도 초라해질 수밖에 없습니다. 이런 이유에서 소프트웨어를 사용하는 우리도 라이선스에 관심을 가지고 라이선스에 맞게 소프트웨어를 구입해서 사용해야 하는 점을 꼭 기억하세요!

카피라이트와 카피레프트

소스코드를 보호하는 권리, 공유하는 권리

일반적으로 내가 작성한 소스코드는 독점적으로 나만 고칠 수 있는 저작의 권리가 있습니다. 이것을 '저작권(Copyright)'이라고 하지요. 내가 힘들게 만든 소스코드를 다른 사람이 허락 없이 베꼈다면 법적으로 보호받을 수 있습니다.◆ 저작권은 기술 발전을 위해서도 우리 사회가 보장해야 하는 필수적인 권리이니까요. 기업에서는 저작권을 보호하기 위해 소스코드에 대한 보안을 매우 중요하게 생각합니다. 기술력이 담긴 소스코드를 누군가 훔쳐가기라도 한다면 그동안의 투자와 개발의 노력이 물거품이 될 수 있기 때문이지요. 소스코드를 공개한다는 의미의 '오픈소스(open source)'와는 대조적으로 기업의 코드는 폐쇄성을 가지고 있어 '크로즈드 코드(closed code)'라는 말이 어울립니다.

◆ 누군가 내 소스코드를 베낀 경우 '저작권 침해'라는 말을 합니다.

카피라이트(Copyright)와 카피레프트(Copyleft)의 로고는 다음과 같이 생겼습니다. 두 로고는 매우 흡사해 보이지만, 다른 점이 하나 있습니다. 바로 C 자가 뒤집혀 있는 것이지요. 작은 차이지만 이 점이

카피라이트

카피레프트

둘의 대조적 의미를 분명히 표현하고 있습니다.

네이버 홈페이지 하단에 "ⓒ NAVER Corp."라는 문장이 있습니다. 여기서 ⓒ가 카피라이트를 의미합니다. 이 홈페이지의 저작권은 네이버에 있다는 의미이지요. 이런 식의 기호는 홈페이지 제작 권리를 보호받기 위한 것으로 여타의 홈페이지 하단에서 많이 볼 수 있습니다. 반면, 오픈소스 커뮤니티의 철학이 담긴 카피레프트는 소스코드에서 발견할 수 있답니다. 다음 그림은 1976년 카피레프트가 사용된 코드입니다.

```
;*********************************
;
;     TINY BASIC FOR INTEL 8080
;           VERSION 2.0
;        BY LI-CHEN WANG
;    MODIFIED AND TRANSLATED
;      TO INTEL MNEMONICS
;        BY ROGER RAUSKOLB
;        10 OCTOBER,1976
;           @COPYLEFT
;     ALL WRONGS RESERVED
;
;*********************************
```

카피레프트 표시

카피라이트(저작권)가 소유의 개념에서 비롯되었다면, 카피레프트(copyleft)는 공유와 협력의 개념인 '자유 소프트웨어 운동(free software movement)'을 통해 시작되었습니다. 이 운동은 소스코드를 나만을 위해 혼자만 가지려는 폐쇄적 분위기 속에서 새로운 기조였음은 틀림없습니다. 또한 모든 사람이 함께 공유하고 협력할 수 있는 변화를 위한 역사적 순간이기도 했습니다. 이 운동으로 소프트웨어를 사용하는 전 세계 사람은 자유를 선물받았습니다.

오픈소스의 세계에서는 소스코드를 대가 없이 공유하고, 누구에게나 수정할 수 있는 권리를 제공하고 있습니다. 수정한 코드는 다른 사람에게 공개하고 배포해야 하는 책임도 뒤따릅니다. 저작자를 기억하기 위해 소스코드에 이름을 기재해야 한다는 것이 중요한 포인트이지요. 이것은 전 세계 석학들이 자신들의 연구 결과를 공유하고 이를 기반으로 기술을 더 한층 발전시킬 수 있는 환경을 만들어주었습니다.

물론 오픈소스를 단순히 공짜라고 생각해서는 안 됩니다. 돈을 주고 판매하는 소프트웨어에 오픈소스가 포함되기라도 한다면 상용 소프트웨어의 소스코드를 공개해야 하는 상황까지 올 수 있습니다. 그렇다고 모든 라이선스가 공개를 요구하는 것은 아닙니다. 소스코드 공개를 요구하지 않는 라이선스도 있지요.

오픈소스 라이선스◆마다 소프트웨어에 대한 사용 권리가 다릅니다. 그러므로 소프트웨어 전문가라면 한 번쯤은 소프트웨어 라이선스를 짚고 넘어가야 합니다.

소프트웨어를 개발하는 기간은 짧게는 몇 개월, 길게는 몇 년이 걸리는 작업입니다. 이렇게 시간과 노력을 쏟아부은 소프트웨어를 돈을 주고 팔아야 당연지사일 테지만, 공유와 나눔의 철학을 가진 오픈소스 개발자들은 자유의 정신을 따르고 있는 것이죠.

만약 소스코드를 재사용하지 못해 여러 사람이 동일한 코드를 작성한다고 생각해보세요. 누군가 만들어놓은 소스코드를 사용한다면 더욱 생산적일 수도 있는데 말이지요. 또한 특정 기술을 누군가 독점하게 되면 다른 사람은 그 기술을 사용할 수 없게 됩니다. 독점이라는 것은 사회적으로나 경제적으로 부정적인 측면이 강하니까요.

◆ 오픈소스 라이선스는 아파치 라이선스, MIT 라이선스, GPL(General Public License) 라이선스, BSD(Berkeley Software Distribution) 라이선스, CC(Creative Common) 라이선스 등이 있습니다. 지금 당장 라이선스를 자세히 공부할 필요는 없지만, 소프트웨어를 개발할 때는 라이선스가 중요하다는 점은 꼭 기억해야 합니다.

CC 라이선스 표시

반면, 힘들게 만든 소스코드를 공개하는 일은 어찌 보면 손해가 되는 일처럼 느껴지기도 합니다. 특히 돈을 벌어야 하는 개인이나 기업의 입장에서는 더더욱 말이죠. 하지만 오픈소스 개발은 개발자들에게 새로운 기회를 주고 있습니다. 오픈소스 개발을 통해 개발자들이 자신들의 기술력을 알리고 있으니까요. 소프트웨어 기업에서 오픈소스 개발 경험이 있는 개발자를 찾을 정도이니 오픈소스 개발이 커리어를 위해 의미 있는 활동이 될 수도 있습니다.

이뿐만이 아닙니다. 사람들이 오픈소스를 다운로드받아 사용하기 때문에 오픈소스 개발자나 회사들에게 비용을 지불하면서 유지보수를 요청하는 경우도 있습니다. 오픈소스를 사용하더라도 기능을 추가하거나 결함을 고쳐야 하는 일들이 계속 생기기 때문이지요. 요즘은 소프트웨어를 개발하는 많은 기업들이 오픈소스를 많이 사용합니다. 안정화된 소스코드를 재사용할 수 있으니 개발 기간과 비용을 줄일 수 있기 때문이지요. 오픈소

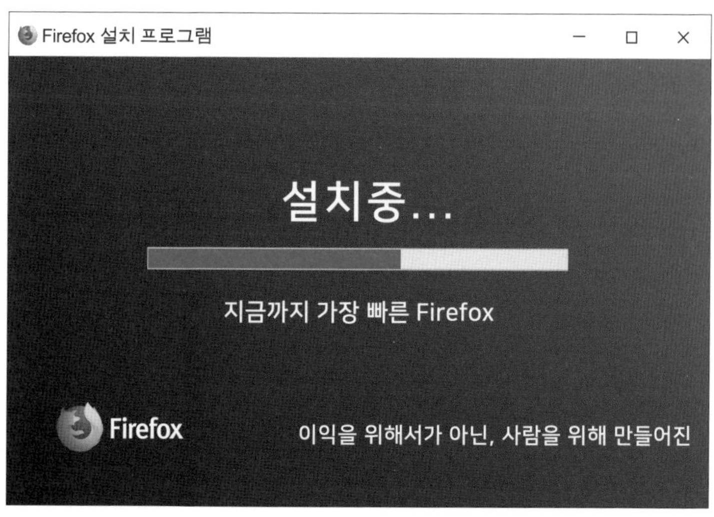

오픈소스 소프트웨어인 파이어폭스를 설치창입니다. "이익을 위해서가 아닌, 사람을 위해 만들어진"이라는 말을 통해 오픈소스의 철학을 느끼게 해줍니다.

스는 코딩을 공부하는 우리가 이해해야 하는 소프트웨어의 흐름이 되었습니다.

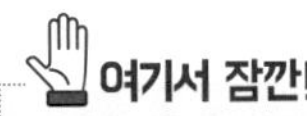

자유 소프트웨어(free software)는 소프트웨어의 자유(free)를 지향하며 나눔과 공유를 실천하는 운동에서 비롯된 말입니다. 요즘은 '자유 소프트웨어'라는 말 대신에 '공개 소프트웨어(open software)'라는 말을 사용한답니다. 자유 소프트웨어는 소스코드를 공개하자는 의미를 가지고 있는 것이지 무료를 의미하지는 않습니다. 무료 소프트웨어는 '프리웨어(freeware)'라고 부른답니다.

찾아보기

가나다순

ㄱ

ㄴ

ㄷ

ㄹ

ㅁ

알파벳순

코딩책과 함께 보는
소프트웨어 개념 사전

1판 1쇄 펴냄 2019년 7월 12일
1판 3쇄 펴냄 2021년 8월 25일

지은이 김현정

주간 김현숙 | **편집** 김주희, 이나연
디자인 이현정, 전미혜
영업 백국현, 정강석 | **관리** 오유나

펴낸곳 궁리출판 | **펴낸이** 이갑수

등록 1999년 3월 29일 제300-2004-162호
주소 10881 경기도 파주시 회동길 325-12
전화 031-955-9818 | **팩스** 031-955-9848
홈페이지 www.kungree.com | **전자우편** kungree@kungree.com
페이스북 /kungreepress | **트위터** @kungreepress
인스타그램 /kungree_press

ISBN 978-89-5820-595-1 03560

책값은 뒤표지에 있습니다.
파본은 구입하신 서점에서 바꾸어 드립니다.